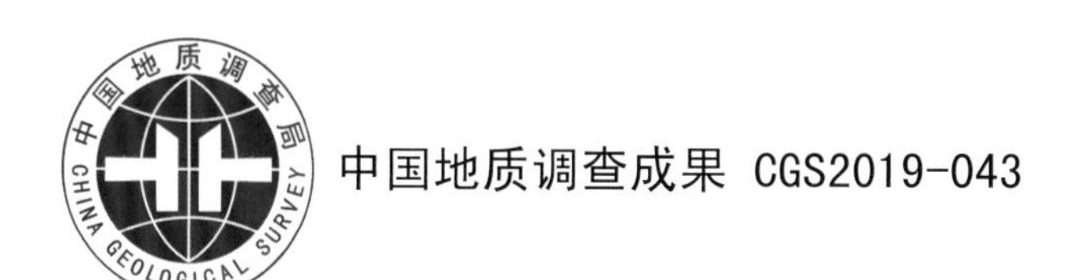

扬子陆块及周缘地质矿产调查工程丛书

湘桂地区新元古代地层序列物源分析与构造演化

牛志军　杨文强　宋　芳　何垚砚　田　洋　著

科学出版社

北　京

内容简介

扬子与华夏陆块拼合、碰撞时限及方式是华南重大基础地质问题。湘桂地区处于两大块体过渡区域，前寒武纪地层分布广，沉积类型复杂，连续的沉积记录为从地层学角度认识这一重大地质问题提供了思路。本书从新元古代不同相区典型剖面沉积相、沉积物源、重要构造界面等方面对比分析入手，以亲扬子型物源和亲华夏型物源转换界面为突破点，揭示亲华夏型物源的浊积岩砂体逐渐向北西持续推进迁移的现象，提出湘桂地区新元古代构造演化模式，对湘桂地区南华纪至震旦纪存在华南洋提出质疑。

本书可供从事地质调查、地质科学研究等科技人员和地质相关大专院校师生参考阅读。

图书在版编目（CIP）数据

湘桂地区新元古代地层序列物源分析与构造演化/牛志军等著.—北京：科学出版社，2020.9
（扬子陆块及周缘地质矿产调查工程丛书）
ISBN 978-7-03-065132-7

Ⅰ.①湘…　Ⅱ.①牛…　Ⅲ.①地层层序－研究－中国－新元古代
Ⅳ.①P53

中国版本图书馆CIP数据核字（2020）第083587号

责任编辑：何　念/责任校对：高　嵘
责任印制：彭　超/封面设计：耕者设计工作室

科学出版社出版
北京东黄城根北街16号
邮政编码：100717
http://www.sciencep.com
武汉精一佳印刷有限公司印刷
科学出版社发行　各地新华书店经销
*
开本：787×1092　1/16
2020年9月第　一　版　印张：12 3/4
2020年9月第一次印刷　字数：302 000
定价：158.00元
（如有印装质量问题，我社负责调换）

前　言

湘桂地区位于华南中南部，前寒武纪地层分布较广，沉积类型甚为复杂，空间分布跨越了扬子、华夏陆块，经历了与罗迪尼亚古大陆形成与裂解相伴的一系列重大地质构造事件和漫长的演变历史，含有较多含矿沉积建造，孕育有丰富的矿产资源。同时扬子与华夏陆块碰撞—裂解过程中，新元古代良好的火山-沉积记录是沉积盆地类型及其构造演化研究的基础。

湘桂地区随着1∶5万、1∶20万、1∶25万区域地质调查及不同比例尺的区域重力调查、水系沉积物调查和区域矿产地质调查勘查工作的逐步展开，积累了丰富的基础地质资料，建立了地层—岩浆—构造及成矿作用格架。但是困扰华南地区大地构造演化问题的是扬子-华夏陆块的碰撞拼贴界线、时限问题，它一直存在争论，争论的核心内容就是扬子陆块与华夏陆块（或造山系）在新元古代（～820 Ma）发生会聚后，青白口纪晚期直至早古生代湘桂地区的盆地性质。

在中国地质调查局项目（Nos.12120114039301，Nos.1212011220512，DD20190811）的资助下，本书针对上述关键地质问题，以沉积作用—火山活动—构造演化为主线，从新元古代不同相区典型剖面沉积相、沉积物源、重要构造界面等方面对比分析入手，提出湘桂地区新元古代沉积盆地演化模式。

（1）依据大地构造背景和盆地沉积格局，对湘桂地区新元古代进行地层分区划分，并对各分区的岩石地层序列进行简述，在此基础上，以沉积建造和地质事件为标志建立湘桂地区新元古代岩石地层对比序列。

（2）通过对青白口系沉积学及沉积地球化学研究，确定冷家溪群及其相当层位为来自成熟大陆石英质和基性火成岩物源区，沉积于弧后盆地环境；板溪群及其相当层位来自成熟大陆石英质和中酸性火成岩物源区，沉积于裂谷环境。

（3）通过青白口系沉积学和碎屑锆石研究，冷家溪群和四堡群及其上覆层位的碎屑锆石均以900～750 Ma的年龄为主体，并含有少量约为2 000 Ma和2 500 Ma的年龄，缺少格林威尔期（Grenvillian）（约为1 000 Ma）的年龄，与扬子陆块的碎屑锆石年龄谱相似，反映物源均为扬子陆块。

（4）系统总结南华系—震旦系岩相古地理特征，南华系和震旦系砂岩的地球化学沉积特征显示，不论是来自扬子东南缘还是来自湘桂粤地层分区，都兼有被动大陆边缘或者大陆岛弧的特征。结合地层学及沉积学特征，认为南华纪—震旦纪湘桂地区所处的大地构造环境为大陆裂谷盆地。

（5）通过南华系—震旦系沉积特征及碎屑锆石统计分析，提出扬子陆块鄂中山地周缘莲沱组及相应层位物源来源于鄂中山地，而且此古陆剥蚀区可以为扬子东南缘南华系裂谷盆地提供物源。研究对比表明，湘桂地区北部南华系—震旦系沉积以亲扬子型物源为特征，湘桂地区南部至粤北地区浊积岩建造物源具亲华夏型。

（6）对湖北省通山县四斗朱南华系剖面及湖南省宁乡市龙田菜花田、广西壮族自治区桂林市永福南华系—震旦系、湖南省桂阳县泗洲山南华系剖面等具有过渡性质的剖面地层学研究，建立不同沉积相区的对比桥梁，系统揭示湘桂地区新元古代沉积特征及展布规律。提出各剖面地层序列上具有扬子型与华夏型沉积组合共存的特点；而在物源特征上，以剖面上亲扬子型物源和亲华夏型物源转换界面为突破点，揭示出亲华夏型物源的新元古代浊积岩砂体逐渐向北西持续推进迁移的现象。

（7）提出湘桂地区新元古代构造演化模式。青白口纪早期华南洋南北双向俯冲，青白口纪晚期，北部俯冲停止、碰撞造山，南部持续俯冲至青白口纪末期，从而对湘桂地区南华纪至震旦纪存在华南洋提出质疑，认为华南在新元古代进入裂谷盆地构造演化阶段。

本书共分六章。前言由牛志军写作；第一章由牛志军、杨文强、宋芳、何垚砚写作；第二章由杨文强、何垚砚写作；第三章由杨文强、田洋、何垚砚写作；第四章由宋芳写作；第五章由牛志军、宋芳、何垚砚写作；第六章由牛志军写作。全书由牛志军、杨文强统稿。何垚砚整理全书所有图件和参考文献。

感谢中国地质调查局科技外事部、基础调查部、武汉地质调查中心各部门的关心与支持。感谢中国地质调查局武汉地质调查中心邢光福副主任给予的技术指导。感谢徐德明研究员、龙文国研究员，以及钦杭成矿带、南岭成矿带基础地质综合研究项目组、1∶5万南乡区调项目组、1∶5万富川区调项目组的成员，他们在野外和室内工作中都给予了大力支持，就相关科学问题多次在野外和室内与我们讨论交流，使我们深受启发。特别感谢赵小明研究员提供较多基础地质资料，并从不同角度提出不同见解使我们获益匪浅。

此外，涂兵、王令占、谢国刚、李响、刘浩、杨博参加野外样品采集、剖面测制工作。卢山松、张春红参与项目火山岩部分的工作。黄惠兰教授级高级工程师、广西壮族自治区地质调查院周秋娥高级工程师在岩石薄片鉴定方面给予了指导。李福林、江拓参与同位素年龄样品测试工作。同位素地球化学研究室杨红梅教授级高级工程师、段瑞春高级工程师，岩矿测试室杨小丽教授级高级工程师在样品测试方面给予了技术指导。在本书编写过程中，中国地质大学（武汉）张克信教授多次给予指导。野外工作得到了湖南省地质调查院刘耀荣副院长、陈俊教授级高级工程师，湖南省地质矿产勘查开发局405队刘伟总工程师，广东省地质调查院窦磊博士、林小明博士、李出安博士，广东省佛山地质局刘辉东高级工程师，广西壮族自治区区域地质调查研究院李江总工程师、唐奎保高级工程师等科研人员的帮助。自然资源部中南矿产资源监督检测中心、中国地质大学（武汉）地质过程与矿产资源国家重点实验室承担了地球化学和同位素定年样品的测试工作。在此一并表示衷心的感谢！

作　者

2019年12月16日于武汉光谷金融港

目　　录

第一章　绪　论

第一节　湘桂地区概况

湘桂地区位于华南中南部，主要为湖南中南部、广西东北部、广东北部、贵州东南部部分地区。湘桂地区水、陆交通发达，纵贯南北的京九、京广、焦柳、湘桂、黔桂线与横穿东西的浙赣—湘黔、沪昆线相互交叉，构成本区以铁路干线为主的交通骨架；水上交通北达长江航道、南抵南海；京港澳高速、二广高速、沈海高速等及 107 国道等公路干线贯通南北，众多省级不同等级支线形成纵横交错的公路运输网。

湘桂地区地势总体以中低山区为主，南部横贯东西的南岭山脉为其主体，构成华南地理分区的天然屏障，其南、北两侧在气候、人文、地理、经济等方面均表现出明显的差异。山脉走向以北东向为主，主要山脉有东部的罗霄山，西部的元宝山、越城岭等。其中，海拔 2 141 m 的越城岭主峰猫儿山为岭南第一高峰。南岭山脉构成中南地区长江和珠江水系的分水岭，北为湘江、赣江水系，南为珠江水系；同时也是华中与华南的地理分界线、气候和水文上的重要分界线。湘桂地区亚热带气候明显，一月平均气温 4～8 ℃，七月平均气温 27～30 ℃，山区气温略低。

湘桂地区主体属钦杭成矿带，是国家已确定的加强矿产勘查工作的 20 个成矿区（带）之一，西南起自广西钦州湾，经湘东和赣中，往北东延伸到浙江杭州湾，呈北东向展布。该带不仅是扬子与华夏两大陆块碰撞拼贴形成的巨型结合带（图 1.1），而且是华南地区重要且独具特色的铜金和钨锡多金属成矿带，尤其是带内金铜铅锌铁等矿产资源找矿前景良好（徐德明 等，2012）。毛景文等（2011）将钦杭成矿带及其旁侧矿床归纳为新元古代海底喷流沉积型铜锌矿床系列和燕山期与花岗岩有关的钨锡铜铅锌多金属矿床成矿系列；徐德明等（2015，2012）认为除此之外，新元古代大陆裂谷喷流沉积（—变质）型铁锰硫矿床、加里东期与花岗岩有关的钨钼金银多金属矿床、与区域动热变质有关的韧性剪切带型和破碎蚀变岩型金（银）矿床也占有重要地位。周永章等（2015，2012）将其划分为北、中、南三段，并认为其是古海洋喷流热水沉积矿床密集分布带。矿业成为湘桂地区的支柱产业之一，在经济构成中居重要地位。其中湘南、桂东北已形成较大的采、选、冶生产规模，钨、锡、铋、铅锌、稀土等产量位居全国前列，是国内有色金属生产、加工的重要基地。

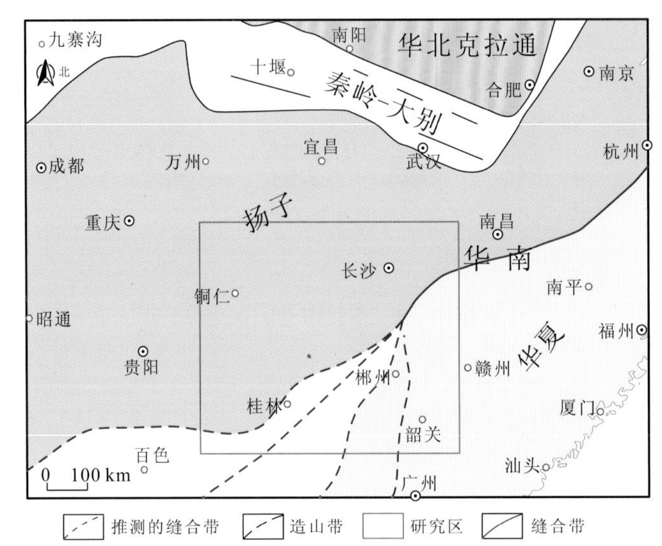

图 1.1 湘桂地区大地构造位置图[据 Zhao 和 Cawood（2012）修改]

第二节 湘桂地区研究简史及关键地质问题

湘桂地区前寒武纪地质研究历史悠久。早在 20 世纪 30 年代，学者就对前寒武纪地层进行了命名，主要有：1936 年王曰伦在黔东桂北建立长安砂岩、富禄砂岩、老堡层、下江系；1936 年王晓青和刘祖彝在湘西建立板溪系、仙人界系、马迹塘系和冷家溪系；1940 年王晓青将板溪系上部的含卵石千枚岩命名为洪江系；之后 1941 年赵金科等在桂北建立丹洲片岩，尽管部分层位原始定义与现代有所不同，但奠定了中南地区地层学的研究基础。1958 年湖南省地质局 413 地质队在湖南沅陵、桃江一带发现“板溪群”内部存在高角度不整合界面而创名“武陵山运动”，并对不整合面上下的“板溪系”进行了重新划分。同年南京大学王鹤年在桃源、安化也发现该不整合面而命名“东安运动”，于 1961 年将不整合面以下的地层命名彭家群，归属元古界。1959 年第一次全国地层会议将湘北赣北地区板溪群以角度不整合面为界分为上、下板溪群，桂北地区板溪群划分为拉览岩组和加榜岩组（全国地层委员会，1962）。至 20 世纪 70 年代，湘桂地区逐步将高角度不整合面（武陵运动或四堡运动）之下地层分别改称为四堡群（桂）、冷家溪群（湘），不整合面之上冰期以下地层分别称为丹洲群（桂）、板溪群（湘）、高涧群（湘）。

中南各省（自治区）区域地质调查队先后于 20 世纪 50 年代中期至“六五”期间全面完成了 1∶20 万区域地质调查工作。截至 2015 年，1∶5 万区域地质调查完成面积占全区面积的 56%，1∶25 万区域地质调查完成 13 个图幅（不含贵州境内）。1∶20 万区域重力测量已完成全区面积的 96%；1∶5 万高磁、1∶5 万重力调查、1∶5 万航磁调查程度较低。1∶20 万水系沉积物测量已覆盖全区；1∶5 万水系沉积物调查、1∶5 万土壤测量则不足 15%。八十多年来，经数代地质学家的努力，随着 1∶5 万、1∶20 万、1∶25 万区域地质调查及不同比例尺的区域重力调查、水系沉积物调查和区域矿产地质调查勘查工作的逐步展开，学者们积累了丰富的基础地质资料，建立了地层层序，厘定了岩浆活动期次，查明了构造格架，建立了成矿模式，特别是经区域地质调查及20世纪80年代各省（自治区）区域地质志和90年代各省（自治区）岩石地层清理，在统一的地层分区下，以多重地层划分为原则，对岩石地层（尤其是“组”级单位）进行了厘定，建立了湘桂地区自新元古代以来的地层序列，并成为湘桂地区的区域地质调查遵循的规范。最近几年，随着中南地区矿产资源潜力评价和新一代中南各省（自治区）地质志修编及洋板块地层学思想的兴起，新元古代地层学、年代学、岩石学、大地构造演化等方面成为基础地质的研究热点，取得了国内外有重要影响的科研成果。

湘桂地区前寒武纪地层分布较广，沉积类型甚为复杂，空间分布跨越了扬子、华夏陆块，经历了与罗迪尼亚古大陆形成与裂解相伴的一系列重大地质构造事件和漫长的演变历史，含有较多含矿沉积建造，孕育了丰富的矿产资源，同时在扬子与华夏陆块碰撞—裂解过程中，新元古代良好的火山-沉积记录是沉积盆地类型及其构造演化研究的基础，为解决钦杭结合带重大区域地质问题提供了物质基础和科学依据。

一、新元古代地层学研究

湘桂地区新元古代地层主要分布于湘中南、桂北、桂东及邻近的粤北、黔东南等地，由碎屑岩夹凝灰岩、泥质岩、少量碳酸盐岩、火山岩等组成，分布面积广，沉积厚度大，研究历史久，存在争议多。

湘桂地区青白口系主要为浅变质的复理石相碎屑岩类，分别称为冷家溪群（湘）、四堡群（桂）和角度不整合于其上的板溪群（湘）、高涧群（湘）和丹洲群（桂）。长期以来，由于缺少可以确定的年代学标志，多根据其变质程度等将角度不整合面之下的变质地层置于中元古界，之上归属新元古界（湖南省地质矿产局，1997，1988；贵州省地质矿产局，1997，1987；广西壮族自治区地质矿产局，1997，1985），两者间界面所代表的构造运动称为四堡运动、武陵运动等。随着近年来高精度锆石测年技术被应用于地层学研究，对一些前寒武系变质地层进行了重新厘定和解体，取得了较多可靠的同位素地质年龄数据。

近年来的研究表明，梵净山群（贵州省地质调查院，2017；王敏 等，2011；Zhou et al.，2009）、冷家溪群（何垚砚 等，2017；湖南省地质调查院，2017；孟庆秀 等，2013；孙海清 等，2012，2009；高林志 等，2011a）和四堡群（高林志 等，2010b；Wang et al.，2007b）、丹洲群（Zhou et al.，2007；葛文春 等，2001b；甘晓春 等，1996）和板溪群（湖南省地质调查院，2017；孟庆秀 等，2013；王剑 等，2003；Wang and Li，2003；唐晓珊 等，1997）、高涧群（湖南省地质调查院，2017；马慧英 等，2013；柏道远 等，2010）、下江群（贵州省地质调查院，2017；高林志 等，2010a）、鹰扬关组（田洋 等，2015；周汉文 等，2002）等地质时代被明确为青白口纪，820 Ma 也被认为是武陵运动（晋宁运动、四堡运动）的结束时期，该角度不整合面之上最先接受沉积的最低层位（沧水铺组、甲路组、白竹组和石桥铺组）的火山岩年龄（819～812 Ma）代表华南新元古代裂谷盆地的开启时间。

南华纪、震旦纪岩石地层序列经过湘桂20世纪90年代的地层清理已全部建立，并且由于有较好的标志层，如南华系冰碛层、铁矿层和锰矿层，震旦系硅质岩层，上覆的寒武系含钒钼铀黑色页岩层等，同时有前寒武纪区域性关键事件，如与罗迪尼亚超大陆会聚及裂解有关的岩浆侵入与火山爆发事件、古大陆风化剥蚀之后的沉积超覆事件、全球“雪球”事件、成铁事件、成锰事件、海平面变化事件等（杨菲 等，2012），可以很好地进行区域对比（表1.1）。

表1.1 湘桂地区前寒武纪关键事件简表[据杨菲等（2012）略有改变]

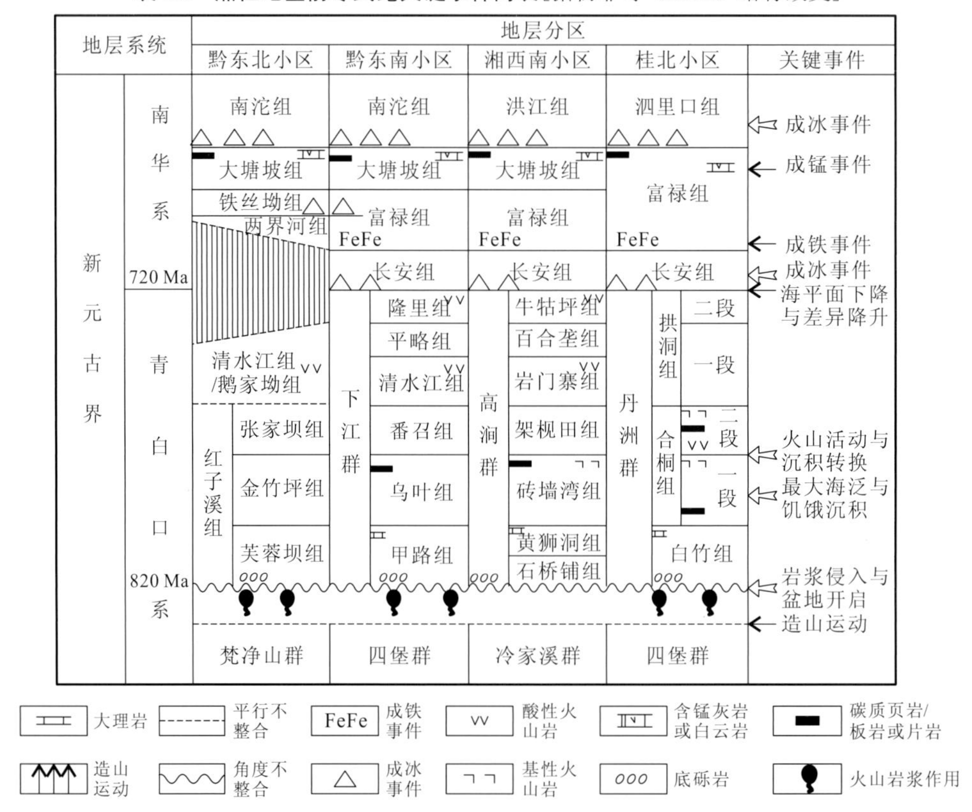

由于高精度锆石U-Pb测年的广泛应用（汪正江 等，2013b；尹崇玉和高林志，2013；刘鹏举 等，2012；高林志 等，2011b；王剑，2005；王剑 等，2003；尹崇玉 等，2003），南华纪及震旦纪年代学框架得以很好的建立，然而对南华纪冰期区域对比（宋芳 等，2016a；尹崇玉 等，2015；汪正江 等，2013b；张启锐 等，2012；林树基 等，2010；张世红 等，2008；冯连君 等，2004；彭学军 等，2004；刘鸿允和李曰俊，1992）目前还没有定论，主要是对南华系底界年龄值仍存在不同的认识（卢定彪 等，2019；Qi et al.，2018；Song et al.，2017；尹崇玉 等，2015；汪正江 等，2013b；高林志 等，2011b；王剑和潘桂棠，2009；王剑 等，2006，2003），主要问题是780 Ma（王泽九 等，2014）和～720 Ma（樊隽轩 等，2015）之争。

二、碎屑锆石年代学与物源研究

锆石是一种特别稳定的矿物，可以经历岩浆熔融、变质改造和风化作用后得以保存，其内部的 U-Th-Pb 同位素时钟体系可以保持不变。沉积岩中的碎屑锆石来自物源区各类岩石中锆石的混合，它与沉积岩中的碎屑一样，可以反映物源区的物质组成信息；碎屑锆石的形成时间可以精确测定，从而可以提供物源区年龄组成信息，其微量元素特征与 Hf 同位素提供锆石形成的岩浆岩信息。碎屑锆石由于具有这些优势，被广泛应用于限定地层时代、示踪沉积物源、恢复古地理格局和反演构造过程等方面。近年来随着 LA-ICP-MS 和离子探针技术的广泛应用，湘桂地区积累了大量的沉积岩碎屑锆石和幔源岩石的捕获锆石 U-Pb 年龄数据，部分锆石还进行了原位 Hf 同位素分析。这些碎屑锆石年龄图谱及同位素信息的获取极大地促进了对湘桂地区新元古代盆地的构造演化研究。

湘桂地区前寒武系碎屑锆石研究主要集中于桂北青白口系四堡群、丹洲群，湖南青白口系冷家溪群、板溪群、高涧群、大江边组，南华系长安组、富禄组、莲沱组，震旦系埃歧岭组等。表 1.2 列出了湘桂地区及邻区前寒武纪碎屑锆石的研究文献。

表 1.2 湘桂及邻区前寒武纪碎屑锆石的研究数据简表

<table>
<tr><th>序号</th><th>地质时代</th><th>岩石地层</th><th>采样地点</th><th>岩性</th><th>资料来源</th></tr>
<tr><td>1</td><td rowspan="3">震旦纪</td><td>埃歧岭组</td><td>湖南桂阳泗洲山</td><td>细中粒变泥铁质砂岩</td><td>伍皓等（2013）</td></tr>
<tr><td>2</td><td>震旦系</td><td>湖南江华码市</td><td>变粉砂岩</td><td>Ding 等（2017）</td></tr>
<tr><td>3</td><td>老虎塘组下部</td><td>广东南雄</td><td>砂岩</td><td>Qi 等（2018）</td></tr>
<tr><td>4</td><td rowspan="8">南华纪</td><td>天子地组</td><td>湖南桂阳桥</td><td>砂岩</td><td>王鹏鸣等（2012）</td></tr>
<tr><td>5</td><td>长安组</td><td>湖南望城雷锋西；湖南新化；湖南宁乡龙田；湖南新化</td><td>含砾砂岩；凝灰质板岩；含砾粉砂岩；凝灰质粉砂岩</td><td>宋芳等（2019）；Wang 等（2017，2012b）；杜秋定等（2013）</td></tr>
<tr><td>6</td><td>下坊组上部</td><td>广东南雄</td><td>砂岩</td><td>Qi 等（2018）</td></tr>
<tr><td>7</td><td>长安组、富禄组、黎家坡组</td><td>广西三江产口</td><td>中细粒石英砂岩、细粒岩屑长石砂岩、长石砂岩</td><td>韩坤英等（2016）</td></tr>
<tr><td>8</td><td>富禄组</td><td>湖南洪江托口</td><td>紫红色含砾粗砂岩</td><td>伍皓等（2015）</td></tr>
<tr><td>9</td><td>两界河组</td><td>贵州锦屏</td><td>砾质黏土岩</td><td>Qi 等（2018）</td></tr>
<tr><td>10</td><td>大塘坡组</td><td>广西三江</td><td>紫色粉砂岩</td><td>Qi 等（2018）</td></tr>
<tr><td>11</td><td>莲沱组</td><td>湖北通山、宜昌、长阳；湖南杨家坪</td><td>紫红色砂岩</td><td>宋芳等（2016a，b）；谢士稳等（2009）；佘振兵（2007）</td></tr>
<tr><td>12</td><td>青白口纪晚期</td><td>丹洲群拱洞组</td><td>广西龙胜瓢里；广西罗城宝坛、四堡</td><td>粉砂岩；凝灰岩；砂岩、粉砂岩</td><td>Su 等（2018）；寇彩化等（2017）；Wang 等（2012a，b）</td></tr>
</table>

续表

序号	地质时代	岩石地层	采样地点	岩性	资料来源
13	青白口纪晚期	丹洲群合桐组	广西融水四堡	砂岩	Wang 等（2012a）
14		丹洲群白竹组	广西罗城宝坛、四堡；广西融水黄金	硅质泥岩；粉砂岩；中粒砂岩	Su 等（2018）；Yang 等（2015）；Wang 等（2012a）
15		下江群甲路组	贵州从江翠里	石英砂岩	Ma 等（2016）
16		大江边组	湖南桂阳泗洲山	含粉砂铁泥质岩	伍皓等（2013）
17		板溪群	湖南湘乡新桥	细砂岩	王鹏鸣等（2012）
18		板溪群牛牯坪组	湖南怀化西	灰绿色凝灰质粉砂岩	Zhang 等（2008a）
19		高涧群岩门寨组	湖南洪江托口；湖南怀化东	灰绿色凝灰质板岩；凝灰质粉砂岩	伍皓等（2015）；Wang 等（2012b）
20		板溪群	湖南岳阳	砂岩	Yan 等（2015）
21		板溪群五强溪组	湖南张家界四都坪	砂岩	Song 等（2017）
22		板溪群马底驿组	湖南望城雷锋西；湖南益阳林家湾	细粒长石砂岩；砂岩	Wang 等（2017）；Zhang 等（2015a）
23		板溪群宝林冲组（原文为沧水铺群）	湖南益阳林家湾	火山质砾岩	Zhang 等（2015a）
24		板溪群底部、上部	湖南芷江西南	砂质砾岩、砂岩	Zhang 等（2015a）
25	青白口纪早期	四堡群	广西罗城四堡		Wang 等（2012a）
26		冷家溪群顶部、坪原组	湖南望城雷锋西	长石石英砂岩、砂质板岩	Wang 等（2017）
27		冷家溪群	湖南益阳林家湾	砂岩	Zhang 等（2015a）
28		四堡群鱼西组顶部	广西罗城宝坛；广西融水黄金	粉砂岩；砂岩	Su 等（2018）；Yang 等（2015）
29		冷家溪群	湖南岳阳	砂岩	Yan 等（2015）
30		四堡群鱼西组（原文为唐柳岩组）	贵州从江翠里	砂岩	Ma 等（2016）

除此之外，研究新元古代地层沉积盖层对于揭示其下伏地层的物源及构造背景也具有重要意义。李青等（2009）对桂东大瑶山地区泥盆系莲花山组碎屑锆石的研究结果显示碎屑锆石具有 1.8 Ga 和 1.0 Ga 两个峰值，与前寒武系相比缺失了格林威尔期碎屑锆石，说明在奥陶纪—志留纪因隆升发生沉积间断和泥盆纪再次沉降接受沉积的区域地壳演化后，沉积盆地的物源区发生了明显的改变，推测为江绍断裂带向西南延伸的部分。刘玉平等（2009）对黔北镇宁县陇要超基性岩中的绿泥黑云斜长片麻岩捕虏体进行了碎屑锆石定年，结果表明沉积物源比较复杂，沉积物可能来自扬子和华夏两陆块，源区可能存在 430 Ma、520 Ma、770 Ma、860 Ma、960 Ma、1 100 Ma 和 2 500 Ma 七组地壳或再循

环地壳组分。

Li 等（2012）对华南二叠系瓜德鲁普统—乐平统碎屑锆石进行综合原位 U-Pb，Hf、O 同位素分析。这些碎屑锆石的 U-Pb 年龄有 5 个峰值，分别为 1 870 Ma、445 Ma、370 Ma、280 Ma、1 180～960 Ma，另外还有两个次级的峰值，分别为 2 530 Ma 和 800 Ma。太古宙锆石呈圆形，表面有刮擦的痕迹，明显是远程搬运或多旋回沉积的锆石。而其他锆石则呈半自形—自形，说明是短距离搬运，1 870 Ma、1 180～960 Ma、800 Ma 及 445 Ma、280 Ma 与华夏陆块出露的岩浆活动一一对应。碎屑锆石原位 Hf、O 同位素分析揭示初生陆壳形成于 1 870 Ma、1 400 Ma、1 140～940 Ma、450 Ma 和 280 Ma。

扬子陆块和华夏陆块有着不同的基底演化历史，扬子陆块由少量太古宙—古元古代结晶基底组成，围绕基底分布有中-新元古代造山带，晚新元古代浅变质地层不整合覆盖于这些火成岩之上；而华夏陆块主要由新元古代基底和少量古元古代及中元古代岩石组成。随着 LA-ICP-MS 和离子探针技术的广泛应用，华南地区积累了大量的基底岩石及碎屑锆石年代学信息，多位学者对这些数据进行过整理和总结。李献华等（2012）综合了华南 6 800 余个碎屑锆石 U-Pb 年龄和 1 580 余个锆石 Hf 同位素数据，分别得出了扬子陆块东部、西部，以及华夏陆块的前寒武纪碎屑锆石年龄谱，认为扬子陆块东部沉积岩中碎屑锆石年龄有 812 Ma 和 858 Ma 两个显著的年龄峰，另有几个相对小的峰值：1 600 Ma、1 850 Ma、2 000 Ma、2 482 Ma 和 2 660 Ma。总体上扬子陆块沉积岩中新元古代锆石的比例占绝大多数，这和整个扬子陆块上大规模的新元古代花岗岩岩浆活动密切相关。华夏陆块前寒武纪碎屑锆石年龄有三个显著的年龄峰 960 Ma、1 850 Ma 和 2 485 Ma，四个较小的年龄峰 588 Ma、765 Ma、1 080 Ma 和 1 430 Ma，其中四个年龄峰与华夏已知的前寒武纪岩浆岩年龄 1 900～1 800 Ma、1 400 Ma、970 Ma 和 800～700 Ma 一致。Zhang 等（2015a）针对江南造山带中部冷家溪群和板溪群碎屑锆石进行了综合，得出冷家溪群最高峰值年龄为 866 Ma，板溪群有一主（800 Ma）一次（770 Ma）两个峰值。Geng（2015）对华南 3 297 个碎屑锆石和继承锆石的 U-Pb 年龄进行了汇总，分别针对扬子陆块、江南造山带及华夏陆块进行成图；Su 等（2018）对比了扬子西缘、北缘、东南缘及华夏陆块的物源差别，均得出了相似的峰值差别。类似的对比研究还有很多，从中不难发现，两陆块区分度最高、最为显著的峰值为（860～810 Ma）扬子陆块和（1 100～960 Ma）华夏陆块。鉴于研究区位于扬子东南缘与华夏陆块之间，且大量研究表明前寒武纪扬子陆块和华夏陆块拥有各自区分度较高的特征峰值，为了方便讨论两个相邻陆块的沉积物源和背景，本书将以 860～810 Ma 特征峰值为主的碎屑物源称为亲扬子型物源，而将以 1 100～960 Ma 特征峰值为主的碎屑物源称为亲华夏型物源。当然，两种物源并不是孤立的，有时也会存在过渡或此消彼长等关系，当两种特征物源均有，区分度不明显时，称为混合型物源。

在碎屑锆石物源研究的基础上，许多学者进行了全球对比。Li 等（2014）对已发表的新元古代—中生代的 4 041 组碎屑锆石年龄进行了统计。这些碎屑锆石年龄有～2 485 Ma[①]、

① “～2 485 Ma”表示约 2 485 Ma，“960～1 100 Ma”中的“～”表示范围。

～1 853 Ma、～970 Ma 三组主峰值和～1 426 Ma、～1 074 Ma、～780 Ma、～588 Ma 四组次一级的峰值。七组年龄峰值中，除～2 490 Ma 和～590 Ma 外都和华夏陆块出露的岩浆岩形成年龄相对应。并将新元古代—早古生代锆石年龄与羌塘、北印度的特提斯与高喜马拉雅、西扬子、印支、西澳大利亚、西北澳大利亚块体进行对比。结果显示华夏陆块与西扬子、羌塘、北印度块体年龄图谱类似，都具有代表格林威尔期造山运动的 1.1～0.9 Ga 和代表泛非运动的 0.6～0.55 Ga 的峰值，西澳大利亚和西北澳大利亚块体则具有～1.2 Ga 的峰值，比其他几个块体稍早。因此，华南最有可能在新元古代—早古生代与印度北部相邻（Cawood et al.，2013；Duan et al.，2011；Yu et al.，2008）。Cock 和 Torsvik（2013）通过最新的古地磁数据库及古生物对比研究，对东亚地区主要的大陆块体在 510～250 Ma 的构造位置进行了新的界定。在寒武纪中期，华南和印支陆块被认为是独立块体，与印度相邻，这一模式不仅和扬子西缘、华夏及印支陆块的碎屑锆石年龄图谱一致，而且可以将扬子西缘通过印支陆块与北印度连接。

三、青白口纪变质基底及盆地性质

（一）冷家溪群及其相当层位

冷家溪群及其相当层位多为浅变质岩系，最新的锆石 U-Pb 同位素年代学数据表明其形成于新元古代 860～822 Ma，与板溪群间的角度不整合接触界面，是罗迪尼亚超大陆裂解扬子陆块与其东南缘晋宁期碰撞造山的产物，与 1.1～0.9 Ga 的格林威尔期造山运动无关（王自强 等，2012；周金城 等，2008）。王剑和潘桂棠（2009）总结该时期的主要科学问题："四堡群及其相当地层的沉积盆地性质问题，是单一的被动大陆边缘盆地还是从被动大陆边缘盆地演化为前陆盆地或弧盆系统？四堡群沉积晚期是否存在一个与晋宁—四堡造山运动相对应的前陆盆地或弧盆系统？如果有，又在什么地方?晋宁—四堡造山运动与沉积盆地基底的形成关系如何？"目前来看，对于该时期盆地性质和构造背景的主要认识如下。

一是沟弧盆体系。郭令智等（1996，1980）、徐备（1990）认为"江南造山带"变质基底的形成是华夏陆块向扬子陆块俯冲，由岛弧、弧后盆地组成的洋陆碰撞造山带，四堡群中下部为蛇绿岩建造，上部为岛弧型海沟复理石建造。王自强和索书田（1986）认为四堡群、梵净山群属于岛弧-浊流沉积类型，冷家溪群属弧后盆地浊流沉积类型，梵净山与桂北岛弧之间为湘黔弧间海，三江—溆浦—宜丰—德兴—杭州断裂可能构成扬子古陆的陆壳东南边缘，再向南为南华洋盆地。刘宝珺等（1993）、赵国连等（2001）也认为是华夏陆块的俯冲造成扬子东南缘在四堡期为沟弧盆格局，仅是其俯冲的具体位置与方式有所不同。戴传固等（2010）认为黔东地区在该时期位于会聚背景下的大陆边缘—弧后盆地，沉积了梵净山群、四堡群、冷家溪群深水盆地相细碎屑岩沉积、岛弧型火山岩组合及（弧后）蛇绿岩套组合。其后，扬子与华夏陆块碰撞，发生武陵运动，形成陆间造山带，华南陆块形成，在皖南、赣东北、黔东北至桂北四堡存在扬子东南大陆边缘的弧陆拼贴带（丘元禧 等，1999），同时出现前陆盆地型沉积组合。1∶25 万武冈市幅区域地质调查报告（湖南省地质调查院，2013c）认为 880～820 Ma 雪峰造山带主体为相对稳定的弧后盆地环境，东南缘大体为冷家溪群组成的弧前盆地（如城步地区），820～810 Ma 在雪峰造山带发生弧陆碰撞，造山带东南侧（城步地区）处于弧前盆地向岛弧发展的过渡时期。湖南省地质调查院（2017）认为冷家溪群属于具大陆型基底的活动大陆边缘型盆地，发育以石英杂砂岩为特征的陆源型建造，平面构造域上是属于远离造山中心相的远造山相区，南缘属于武陵—加里东复合造山域的范围。Wang 等（2012a）分析四堡群砂岩主、微量及同位素地球化学、碎屑锆石特征，认为其沉积源区岩性以类似英云闪长岩-奥长花岗岩-花岗闪长岩组合（tonalite-trondhjemite-granodiorite，TTG）、花岗岩、安山岩和长英质火山岩为主，少量基性岩，研究表明扬子东南缘自 980～830 Ma 处于活动大陆边缘，华夏陆块向西北方向俯冲于扬子陆块东南缘之下形成四堡弧后前陆盆地。近年来，也不断有学者从不同的角度研究支持沟弧盆体系的观点，如 Zhang 等（2015a）认为江南造山带由弧陆碰撞产生，冷家溪群是弧后盆地的产物；Wang 等（2017）认为江南造山带中段在 860～825 Ma 存在弧后盆地；Yao 等（2016）获得江南造山带西段广西龙胜的基性岩的年龄为～867 Ma，并认为此时大洋板块由东往西俯冲，龙胜地区为弧前—增生楔的构造背景；Su 等（2017）认为江南造山带西段四堡群及其相当地层沉积于弧后前陆盆地，然后随着洋壳往南、北双向俯冲殆尽，扬子与华夏陆块发生陆—弧—陆的碰撞而最终拼合。Wei 等（2018）认为梵净山群沉积于弧前盆地。

二是被动大陆边缘。王鸿祯（1986）提出以湘赣交界为界，江南造山带西段属以裂陷为主的被动大陆边缘，为 780 Ma 前形成褶皱基底的“新地台”；东段则以持续发展的主动大陆边缘为特征，南侧为南华洋。金文山等（1998）对湘东北-桂北冷家溪群和板溪群进行了地球化学分析，认为冷家溪群和板溪群形成于大陆边缘环境。王自强等（2012）认为早新元古代地层分布和沉积组合特征反映扬子陆块和华夏陆块都具有较宽的大陆边缘。但裂解期间拉张强度较弱，未见典型洋壳物质和活动及板块俯冲的构造-岩浆活动的产物，故本区段充分显示为被动大陆边缘的拉张和陆-陆对接碰撞构造域的特征。冷家溪群与梵净山群的沉积物源供应可能由北西向南东，来自扬子陆块，为拉张环境下扬子陆块的被动大陆边缘沉积，而四堡群与冷家溪群、梵净山群沉积组合的差别是否能代表华夏陆块北部大陆边缘沉积尚待进一步研究。

另外，湖南省地质矿产局（1997）认为冷家溪群形成于陆间裂谷盆地。郭福祥（1994）提出在太古宙形成的扬子大陆的基础上，元古宙至志留纪发生了桂北、丹洲、华南三次大规模的大陆裂陷，包括桂北、丹洲两次陆内裂陷和华南陆缘裂陷，前两次形成局部陆间小洋盆。Yang 等（2015）通过碎屑锆石 Hf-O 同位素特征的对比研究，认为四堡群和丹洲群均形成于大陆裂谷盆地中。

（二）板溪群及其相当层位

板溪群及相当的层位火山岩高精度锆石年龄多集中于 815～767 Ma，戴传固等（2010）认为武陵运动后，扬子与华夏陆块再次裂解，南华裂谷海槽形成，下江群中基性火山岩、辉绿岩反映裂陷作用的存在，形成于拉张裂谷环境，下江群、丹洲群、高涧群反映出大陆裂谷边缘的性质。唐晓珊等（1997）认为湖南新元古代应是陆内裂谷（系）海盆，板溪群、高涧群是此裂陷海盆内不同构造相位的正常陆源—火山碎屑岩沉积，赋存其间的层状-似层状火山岩-火山碎屑岩属同期的双模式火山岩。湖南省地质矿产局（1997）认为该时期华南大陆进入新一轮拉张—裂陷活动，沿湖南永州—衡阳壳幔断裂带出现由裂隆、裂凹相伴的裂陷海槽，形成了既受西北扬子陆块、又受东南华夏陆块控制的双大陆边缘裂陷海盆。湖南省地质调查院（2017）认为“黑板溪”（高涧群）是武陵造山带外“前渊”残留盆地沉积，板溪群是华南陆间裂陷活动带自北而南逐级回返转化的大陆增生体，湖南“板溪期”沉积盆地是活动型和稳定型两者兼备的盆地，并非典型的被动陆缘稳定型盆地。

一些学者提出了与岛弧相关的观点。郭令智等（1980）提出在江南古岛弧东南缘为海沟-岛弧-边缘海复合构造图像，板溪群属弧后盆地产物，靠近海沟一侧的桂北龙胜、三门地区出现蛇绿岩套及其共生的深海相浊积岩，是雪峰期古俯冲带的证据。王自强和索书田（1986）认为黔东下江群自北而南表现为梵净山岛弧北西为滨、浅海—弧后盆地，贵阳—溆浦断裂以南为典型的弧后盆地环境；湘西至桂北地区，张家界至岳阳一线以北属稳定类型潮坪-浅海碎屑沉积，溆浦—安化断裂以南沉积物变细具远源浊流沉积特征，至桂北龙胜的丹洲群代表岛弧-海沟间的沉积，龙胜以南为华南洋。顾雪祥等（2003b）认为扬子陆块南缘新元古代沉积岩形成于活动大陆边缘的弧后盆地。张传恒等（2009）认为下江群以浊流沉积的杂砂岩为主，沉积物扩散方向指向西，物源来自再旋回造山带，碎屑组分和常量元素地球化学特征显示形成于活动陆缘区的弧后盆地靠大陆一侧，推测当时的华南西部处于会聚型板块边缘内，总体属弧后伸展型盆地。牟军等（2015）研究认为下江群下部的番召组与清水江组很可能形成于活动大陆边缘的弧后盆地，而上部的平略组与隆里组则为大陆边缘沉积。

湖南 1∶25 万武冈市幅区域地质调查报告（湖南省地质调查院，2013c）初步推测湖南城步地区板溪群石桥铺组和黄狮洞组形成于弧前盆地，其沉积时期西侧为岛弧；然后随着华南洋俯冲带向南东后退，先期弧前盆地成为岛弧（增生弧）而形成城步新元古代岛弧花岗岩。1∶25 万益阳市幅区域地质调查报告（湖南省地质调查院，2002a）根据砂岩地球化学特征研究，板溪群沉积构造背景具有被动大陆边缘特征，而南华系则具有活动陆缘特征；1∶25 万怀化市幅区域地质调查报告（湖南省地质调查院，2013a）认为高涧群底部的石桥铺组大地构造环境为大洋岛弧，沉积物源应主要来源于安山岩型区，向上至南华纪大地构造环境为大陆岛弧和被动大陆边缘，沉积物源主要来源于英安岩型区。1∶25 万衡阳市幅区域地质调查报告（湖南省地质调查院，2005）认为湘南地区大江边组构造环境可能为大陆岛弧，直至南华纪仍属于活动大陆边缘—大陆岛弧，沉积物源区母岩类型复杂。

王自强等（2012）认为下江群具有北西（扬子陆块）和南西（华夏陆块）的双向物源特征，而广西丹洲群与黔东南下江群视为华夏陆块北缘的沉积。780～770 Ma，扬子、华夏两个陆块大陆边缘的终结对接碰撞，促使“江南古陆”变质基底的最终形成，并完成了与扬子陆块的拼贴，随后统一接受了南华纪的盖层沉积。应该说“江南造山带”是830～770 Ma（晋宁运动期）形成的“新古陆”，并从南华纪开始成为扬子陆块增生扩大的大陆边缘。

需要说明的是，李献华等（2008）和 Wang 等（2009）在对文献报道的华南 830～750 Ma 玄武质岩石的地球化学和同位素数据的综合分析后，提出了华南中元古代晚期至新元古代中期从造山运动到陆内裂谷的地球动力学演化模型，研究结果得到了其他学者的支持（Wei et al.，2018；Yang et al.，2015；杨菲 等，2012；汪正江 等，2011）。一些学者先后对华南地区四堡群和板溪群（及相应地层）的沉积岩开展了主微量和同位素分析，碎屑锆石年龄谱及 Hf 和 O 同位素示踪，取得了一些进展，但仍有不同认识：一是认为沉积物源与岩浆弧有关（Wang et al.，2012a，2010b；Sun et al.，2009；Wang et al.，2007b）；二是认为沉积岩物源与跟地幔柱有关的大规模岩浆岩的剥蚀有关（Wang et al.，2012b，2007a）。需指出的是，沉积岩地球化学示踪具有很大的不确定性和相互矛盾性，上述两种模型都需要更多的证据。

四、南华纪—震旦纪及早古生代盆地演化与构造背景

困扰华南地区大地构造演化问题的是扬子-华夏陆块的碰撞拼贴界线和时限问题。关于时限有多种看法：主要是晋宁期（～820 Ma）碰撞，加里东期碰撞，晋宁期和加里东期发生两次碰撞，晋宁期、加里东期和海西期—印支期发生三次碰撞拼贴等（徐亚军和杜远生，2018；Yao et al.，2015；Zhang et al.，2015b；丘元禧和梁新权，2006；于津海 等，2006；舒良树，2006；曾昭光 等，2005；Li et al.，2003，1999；王剑，2000；殷鸿福 等，1999；杨明桂和梅勇文，1997；许效松 等，1996；李献华 等，1994；夏文杰 等，1994）。加里东运动是俯冲碰撞造山还是陆内造山（舒良树，2006；王鹤年和周丽娅，2006）？核心内容是扬子陆块与华夏陆块（或造山系）在新元古代（～820Ma）发生会聚后，青白口纪晚期直至早古生代，湘桂地区尽管仍然是“两陆夹一槽”，但“槽”是洋盆还是海盆则存在很大争议。

（一）湘桂地区“华南洋”模型下的沉积盆地及构造背景

湘桂地区前泥盆纪沉积相表现为自扬子陆块向其东南缘及至华夏陆块海水渐深的特点，大致为滨海相（或台地相）—（陆棚相）—斜坡相—盆地相等，但对于构造背景却存在明显不同的认识。

许靖华（1987）、Hsü 等（1990）、李继亮等（1989）和马瑞士（2006）根据早古生代超镁铁岩及相关的沉积证据认为，元古宙—古生代扬子陆块和华夏陆块之间存在一个洋盆——华南洋（或板溪洋），直到中生代华南洋盆的闭合形成了华南印支造山带。王鸿祯（1986）明确提出存在南华洋，但其在各地质时代位置不同，主要表现为逐渐南移。王自强和索书田（1986）研究认为，扬子陆块及其东南大陆边缘在南华纪再次向东南方向迁移，大陆边缘内为多列岛弧与弧后盆地，当时的大洋盆地位于罗定、信宜以南；而

在早古生代，杨巍然等（1986）认为扬子陆块边缘的湘桂地区为江南陆壳区，沉积环境为浅海和边缘海，茶陵—郴州—蓝山断裂带以南属华夏洋壳演化区，为半深海—深海环境，称为东南海槽，东南沿海为浙闽岛群，推测洋壳区在东海至琼州海峡间。

郭令智等（1980）将华南大地构造单元自西北向南东由元古宙至新生代划分了5个构造带，并提出华南不同时代的沟弧盆体系是从西北向东南方向迁移。武陵期（原文为东安期）—雪峰期俯冲带分布在江南古岛弧东南缘，由于东南侧大洋板块向北西俯冲，产生了海沟—岛弧—边缘海复合构造图像。加里东期俯冲带在政和—大埔—海丰深大断裂带，其与江南古岛弧带间为武夷-云开加里东期岛弧褶皱系。郭令智等（1990）对此模型进一步阐述，华南元古宙岛弧东侧为中-新元古代向西北俯冲有原华南洋板块的俯冲带。雪峰运动时，闽西北地体与其西北的扬子板块的活动大陆边缘相碰撞，导致俯冲带向东南跃迁到上虞—政和—大埔—陆丰断裂带，并向西北俯冲，形成武夷山火山岛弧，其与江南岛弧带间为残余弧后边缘海盆地、残余弧、弧间盆地。在中奥陶世末期，由于扬子板块东南缘原华南板块的俯冲，华南大陆板块弧后区的赣南、粤北、武夷山、云开地区等形成褶皱，成为独立地体，挤压增生到前南华纪扬子板块的前陆地带。

最近与华南洋相关的研究越来越多，覃小锋等（2013）在广西岑溪发现具有大洋中脊玄武岩（mid ocean ridge basalt，MORB）型地球化学特征的变质基性火山岩（LA-MC-ICP MS锆石U-Pb谐和年龄为441 Ma），暗示扬子陆块和华夏陆块结合带有早古生代洋壳的存在。覃小锋等（2015）获得桂粤交界鹰扬关群变角斑岩锆石U-Pb年龄[（415.1±2.1）Ma]，认为扬子陆块和华夏陆块结合带西南段存在早古生代洋盆，鹰扬关群岛弧—弧后盆地型火山岩可能是钦杭结合带南西段早古生代洋陆俯冲—消减过程的地质记录。彭松柏等（2016）研究认为桂东南岑溪糯垌的早志留世变基性岩是形成于俯冲之上弧前构造环境的肢解蛇绿岩残片，确定华南存在早古生代洋盆和俯冲—增生碰撞造山作用。近期潜力评价项目系列成果在华南发现早古生代TTG和花岗闪长岩-花岗岩组合（granodiorite-granite，GG）、信宜蛇绿岩等也支持华南洋的存在（潘桂棠 等，2016；张克信 等，2015；赵小明 等，2015；何卫红 等，2014），认为在华南地区新元古代存在一个大的华南洋，在新元古代至早古生代存在两个洋盆，即南部的政和-大埔洋盆和北部的江绍-萍乡-钦防（华南）洋盆，南部的政和-大埔洋盆在早古生代初俯冲闭合，而北部的华南洋盆则一起持续到早古生代后期，与王鸿祯（1986）不同的是洋盆的关闭从南至北。

目前最为经典的盆地模式是刘宝珺等（1993）认为湘桂地区属于扬子板块东南大陆边缘，从南华纪至志留纪经历了早期（Nh—ϵ_1^2）裂谷阶段、中期（ϵ_1^3—O_1）成熟被动大陆边缘阶段和晚期（O_2—D_1^1）闭合造山阶段，共持续了400 Ma的历史，裂谷盆地最大时期为寒武纪早期的黑色页岩系；湘南至粤北赣南地区为华南转换拉张盆地，南华纪为强烈拉张下降阶段，震旦纪至早寒武世为强烈走滑阶段，晚寒武世至志留纪为走滑逆冲造山阶段。尹福光和许效松（2001）进一步细化扬子陆块东南边缘的被动大陆边缘阶段至前陆盆地阶段，被动大陆边缘阶段在扬子陆块东南边缘构成了两次从碎屑岩陆架到碳酸盐台地的沉积序列—震旦纪和寒武纪至早奥陶世，从中奥陶世至志留纪末，华南洋关闭，形成前陆盆地系统，由前陆推覆体、前陆前渊、前陆隆起和隆后盆地四部分组成。

Wang 和 Li（2003）、王剑（2005，2000）、王剑和潘桂棠（2009）、王剑等（2006，2003，2001）认为南华裂谷系的沉积学研究表明其具典型裂谷盆地沉积演化特征，代表裂谷盆地早期形成阶段的成因相组合有冲洪积相组合、陆相（或海相）火山岩及火山碎屑岩相组合、滨浅海相沉积组合、淹没碳酸盐台地及欠补偿盆地黑色页岩相组合；而代表中、后期形成阶段的成因相组合有滨岸边缘相至深海相组合，冰期冰积岩相组合、碳酸盐岩及碳硅质细碎屑岩相组合。裂谷盆地的岩相古地理演化经历了五个重要时期，反映了由陆变海、由地堑-地垒相间盆地变广海盆地、由浅海变深海、盆地由小变大的演化过程。裂谷盆地的形成经历了裂谷基的形成、地幔柱作用下裂谷体的形成、被动沉降与裂谷盖的形成三个阶段。晋宁（四堡）运动不整合面及其下伏变质岩地层为裂谷基；“楔状地层”组成了裂谷体；广泛分布的震旦纪陡山沱组及灯影组构成了裂谷盖。

湖南省地质调查院（2013c）编写的 1∶25 万武冈市幅区域地质调查报告及湖南省地质调查院（2017）支持刘宝珺等（1993）的华南盆地演化阶段，在 820～630Ma，即青白口纪晚期至震旦纪，扬子东南缘湘桂地区为裂谷盆地阶段，而湘南地区为陆缘残留裂谷盆地。震旦纪为裂谷盆地向被动大陆边缘盆地转化阶段，寒武纪至早奥陶世为被动大陆边缘盆地阶段，中奥陶世至志留纪为前陆盆地阶段。

许效松等（2012）认为新元古代湘桂海盆夹持在扬子陆块的东南缘与华夏陆块群之间，是华南洋与下扬子陆块俯冲碰撞后在西南方向的残留海，为雪峰-四堡岛弧造山带东侧的弧前-深海盆地。以萍乡—茶陵—郴州为结合带，西侧属扬子沉积构造域，东侧为华夏沉积构造域，郴州至贺州间有一东西向的古南岭裂陷海。在早古生代构造旋回中，湘桂海盆、古南岭海槽及华夏沉积构造域，分别转为不同构造走向的湘桂加里东褶皱带和华南加里东造山带。

何卫红等（2014）提出扬子区南华纪主要为裂陷盆地或者裂谷盆地，震旦纪为陆棚、台地、被动陆缘或者陆缘斜坡，寒武纪—中奥陶世主要为陆棚、台地、被动陆缘或者陆缘斜坡，晚奥陶世至志留纪上扬子陆块南部（包括曲靖-遵义-宜昌和河池-都匀-怀化-吉首分区）演变为周缘前陆盆地，上扬子东南缘（南宁-桂林-永州-湘潭地层分区）演变为残余海盆；华夏地区（武夷-云开造山系）南华纪—震旦纪主要为洋盆或与洋盆相关的边缘海，寒武纪—中奥陶世由前期的离散环境转化为会聚，出现与岩浆弧相关的弧前盆地、弧间盆地、弧后盆地或者弧后陆坡环境，晚奥陶世—志留纪，钦防（志留纪）和武夷-云开地区（志留纪或者晚奥陶世—志留纪）主要为残余海盆。

（二）湘桂地区陆内裂谷盆地及其构造背景

较多学者提出在湘桂地区新元古代以后不存在华南洋。舒良树（2006）指出原被认为是扬子与华夏之间存在洋壳证据的早古生代的蛇绿岩和火山岩均为前震旦纪的年龄（900～800 Ma）居多，在华南未发现早古生代代表洋壳的超基性岩。陈旭等（1995）选择穿越所谓“洋盆”近东西向的两条廊带从地层古生物学的角度否定了早古生代洋盆的存在，因为两条廊带的奥陶纪、志留纪生物相和沉积相的变化也是连续过渡的；周恳恳等（2017）认为早古生代华南板块内部并没有表现出存在分隔盆地的重大构造界线对沉积物配置、相区展布的控制。柏道远等（2007）对湘东南南华纪—寒武纪砂岩地球化学特征进行了研究，认为湘东南在南华纪—寒武纪形成于被动大陆边缘环境，新元古代—早古生代扬子陆块与华夏陆块之间为陆内裂谷盆地，而非大洋盆地。杜晓东等（2013）认为大瑶山-大明山地区寒武纪砂岩的碎屑成分代表了被动大陆边缘浅海环境物源，并认为早古生代岩石中不存在“华南洋”洋盆存在的地球化学证据。

综合研究表明，在～900Ma 扬子与华夏两陆块分别形成，850～820 Ma 扬子与华夏最终拼合，新元古代中晚期形成统一的华南大陆板块（张国伟 等，2013；舒良树，2012；Shu et al.，2011；Wang and Li，2003），之后在罗迪尼亚超大陆裂解的构造动力学背景下，在 800 Ma 之后迅速转入伸展裂谷构造和冰期，形成华南以浙赣湘桂为中心的南华裂谷盆地，而这一过程直至奥陶纪才结束，裂谷两侧是分离而成的两个陆内块体，而非洋盆分隔的两个块体。早古生代扬子与华夏陆块间不是洋盆分隔而是统一陆内海盆（Wang et al.，2010a；柏道远 等，2007；舒良树，2006），华南区域整体表现为上扬子广海台地相—雪峰山东缘斜坡相—湘赣盆地相—赣西斜坡相的陆内统一海盆的古地理沉积环境（陈世悦等，2011；陈旭 等，2010，1995）。早古生界碎屑锆石年龄资料显示，华夏陆块赣南奥陶系爵山沟组（向磊和舒良树，2010）和中扬子崇阳志留系茅山组碎屑锆石（佘振兵，2007）具有相似的年龄图谱，均有～2 500 Ma 和 1 200～500 Ma 的年龄段，暗示早奥陶世华夏和扬子陆块已成统一陆块。这与扬子陆块至珠江盆地奥陶纪生物相和岩相呈连续渐变一致，与晚奥陶世华夏和扬子陆块构造开始反转、沉积格局开始调整一致。同样，Wang 等（2010a）认为寒武纪—奥陶纪从扬子陆块至华夏陆块，由碳酸盐岩相→碳酸盐岩与碎屑岩混合岩相→浅海碎屑岩相是连续过渡的，具有类似的稳定的西—北北西向古水流方向，寒武纪—志留纪盆地的物源均来自华夏陆块，扬子与华夏之间应该是陆内盆地而非大洋。

江西省地质调查研究院（2017）认为江西萍乡—广丰—（绍兴）断裂带以南总体属南华裂谷盆地，该断裂带不是扬子与华夏陆块的分界线，而是南华裂谷盆地的北界控盆断裂，该断裂以南为武功山-洪山裂谷海盆斜坡带，青白口纪晚期为浅海相陆屑-火山碎屑建造，南华纪为冰期及间冰期新余式铁矿层，而震旦纪为碎屑泥砂质岩石夹少量硅质岩建造，表现出由扬子型冰期沉积向华夏型碎屑沉积过渡的特征，与桂北地区则为相近。杨明桂等（2012a，b）、江西省地质调查研究院（2017）认为华南地区新元古代至早古生代系由湘桂台阶式斜坡带和南华裂谷盆地及钦杭裂谷组成树杈状华南裂谷系，其发生于晋宁期造山（～820 Ma）后不久的青白口纪晚期（～815 Ma），南华裂谷盆地以南岭中央海盆为核心，海盆于志留纪时由东向西逐渐闭合造山，以“北贴西拼”为主要运动方式，形成复杂的复合构造格局。钦杭裂谷是华南裂谷系的主干和主要海水通道，其南端的钦州残留裂谷海槽于中二叠世末才封闭。

（三）湘桂地区前陆盆地或其他演化模型及其构造背景

近年来，一些学者试图通过与世界上其他典型地区的类比，为华南构造演化提出新的思路，对于深入探讨盆地性质和演化具有一定的参考价值。例如，Yao 等（2015）及 Yao 和 Li（2016）分别通过碎屑锆石年代学及同位素、沉积学及沉降曲线的分析，认为新元古代晚期裂谷盆地夭折之后，从震旦纪开始进入前陆盆地的沉积演化阶段，并划分了三个沉积演化阶段。徐亚军和杜远生（2018）对陆内变形的地球动力学机制进行了解释，提出早古生代的华南经历了从板缘碰撞（郁南运动）到陆内造山（广西运动）的演化过程，板块俯冲与碰撞发生在华夏-琼中地块与三亚-澳大利亚块体之间。类似地，Zhang 等（2015b）通过年代学及变质岩 P - T 轨迹的分析，认为华夏是早古生代的碰撞造山带，碰撞发生在华夏与其南东的南海-冈瓦纳陆块之间，缝合带可能为政和—大埔断裂带。因此，该模型下研究区早古生代盆地性质应为造山带前陆的周缘前陆盆地，盆地岩相和生物相的迁移是碰撞造山的远程响应。Zhang（2017）提出一个新元古代早期华南地中海式碰撞模型，还原了扬子与华夏陆块的碰撞历史，认为在扬子东南缘存在一个广西岬，最先于～1000 Ma 与华夏陆块碰撞并发生阻滞和旋转，最终于～830 Ma 在贵州发生折返，期间导致华夏陆块安第斯型大陆边缘之上形成一系列弧后裂谷盆地。Lin 等（2018）通过类比北美阿巴拉契亚早古生代造山演化，提出了一个华南阿巴拉契亚式的多地体威尔逊旋回模型，认为华夏陆块可由闽西北走滑断裂分为西华夏和东华夏两个地体，西华夏地体是起源于罗迪尼亚超大陆中一条格林威尔期造山带的微陆块，武夷—云开造山是西华夏和一未知地块碰撞的结果，该未知地块碰撞之后发生了裂离，而后由起源于印支期造山的东华夏地体沿闽西北走滑断裂移置华夏东部。

五、湘桂地区典型剖面

本书以板块构造理论、造山带理论和大陆动力学方法为指导，以新元古代沉积作用—火山活动—构造演化为主线，围绕制约湘桂地区关键性基础地质科学问题，综合集成前人研究成果，采用地层学、沉积学、地球化学、同位素年代学等相结合的方法，从新元古代不同相区典型剖面（实测与收集结合）沉积相、沉积物源、年代学框架、重要构造界面等方面对比分析入手，在野外地质调查与室内实验分析基础上，以地层学、古生物学、岩石学、地球化学等学科综合研究，以同期不同相区地层划分对比和沉积相分析、重要界面区域对比为线索，建立湘桂地区新元古代不同时期沉积盆地演化模式，结合火山岩石学等其他学科确定盆地的构造背景，研究沉积盆地、火山活动和大地构造演化等相关作用的耦合关系和演变历程，探讨扬子与华夏陆块的碰撞拼贴时限与历程。

本书主要选择穿越盆地不同相区的典型剖面，总体构成北西向（图 1.2）。典型剖面指的是研究程度高，岩石出露良好，沉积构造现象丰富，易于到达的剖面。剖面主要以实测和考察相结合，注重其沉积学方面的代表性。

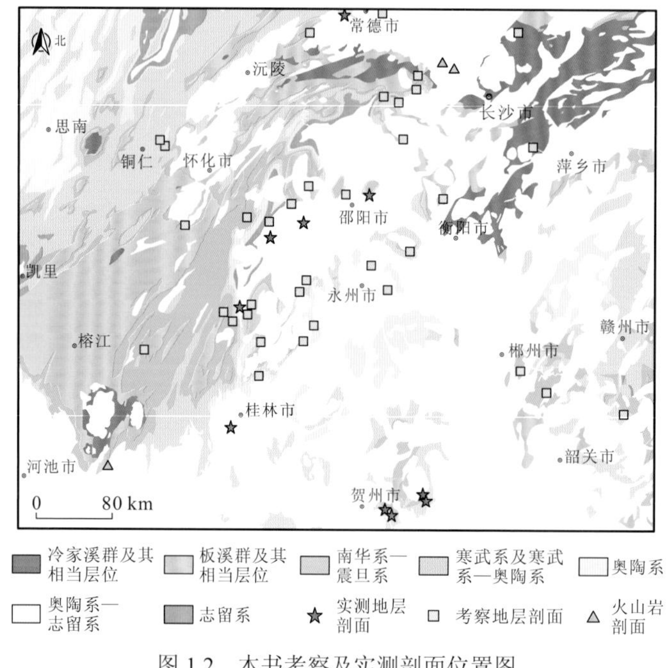

图 1.2　本书考察及实测剖面位置图

第二章　区域地质背景

第一节　区域地层

一、新元古界

青白口系下部在湘桂地区主要为由灰色-灰绿色绢云母板岩、条带状板岩、粉砂质板岩与岩屑杂砂岩、凝灰质砂岩组成的复理石韵律特征的浅变质岩系，局部地段夹有变基性-酸性火山岩系，称冷家溪群（湘）、四堡群（桂），分别出露于湘中和桂北，为金矿赋矿地层；相邻贵州地区称梵净山群，在广东境内称云开群，在信宜等地夹有铁矿层。

青白口系上部在桂东北称丹洲群、湘中称高涧群、湘北称板溪群，为厚度巨大的浅变质碎屑岩夹少量碳酸盐岩和变基性-中酸性火山岩，为金、铅、锌的重要赋矿层位。湘南地区称大江边组，为深灰色-灰黑色板岩建造夹少量白云质大理岩；桂粤交界地区称鹰扬关混杂岩，以细碧岩、（石英）角斑岩及火山碎屑岩为主；相邻贵州地区称下江群。

南华系在湘桂交界地区总体为冰碛与间冰期沉积物，岩性为含砾板岩、砂岩夹碳质泥岩、白云岩，为锰、铁、硫、金赋矿层，湘南粤北地区则为厚度较大的碎屑岩系。

震旦系在湘桂交界地区主要为硅质岩夹板岩、白云岩，局部见含磷矿层；湘南、桂东、粤北地区主体为浅海类复理石碎屑岩夹硅质岩建造。

二、古生界

扬子陆块地区寒武系和奥陶系为碳质泥岩、泥灰岩、碳酸盐岩、硅质岩等，向南碎屑岩增多，而碳酸盐岩减少，底部碳质层为铀、钒、钼含矿层；湘桂地区以南为浅变质深海相泥砂质浊流沉积，局部夹碳酸盐岩层，利于钨、锡、银多金属矿化。志留系在湘中地区为厚度较大的砂岩夹板岩，而粤北地区仅见茶园山组火山岩层。

泥盆系岩相复杂，湘南沉积区为碳酸盐岩和碎屑岩沉积；桂东分属桂林、柳州、南丹沉积区，对应为曲靖（陆相、滨海相碎屑岩建造）、象州（滨海或台地近岸浅水环境，主要为碳酸盐岩建造）、南丹（盆地相或台地上较深水环境，为碳酸盐岩、硅质岩建造）三个建造类型，是钨、锡、铅、锌、金、铁的重要赋矿层。下石炭统主体为碳酸盐岩夹碎屑岩，局部夹煤线。上石炭统主要为碳酸盐岩建造。二叠系瓜德鲁普统—乐平统自下而上分别为碳酸盐岩、碎屑岩含煤建造，碳酸盐岩建造，东吴运动使华南古地理格局发生变革，出现明显的沉积差异。

三、中生界—新生界

下三叠统见少量灰岩、白云岩、泥岩，向上主体为（含煤）碎屑岩建造。侏罗系及白垩系主要为陆相盆地堆积。古近系及新近系以河流相砾岩、砂岩为主，另见湖相砂泥岩及泥膏岩等。第四系分布于湘江流域，主要为河、湖相沉积。

四、前寒武纪地层含矿性

湘桂及相邻地区从前寒武系—第四系均可见沉积矿产层位，这个特定的层位需要在一定的大地构造条件下才能产出成矿有利的岩性组合（沉积建造）。研究区含矿沉积建造类型较多，而且具有全区域性。其中前寒武纪重要的含矿沉积建造及产出层位有：含铁（火山—）沉积建造（桂北青白口系三门街组、桂粤青白口系鹰扬关混杂岩、湘中青白口系黄狮洞组、湘南大江边组、湘桂南华系富禄组、湘南天子地组）、含锰沉积建造（桂北丹洲群合桐组、湖南青白口系黄狮洞组、湘桂南华系大塘坡组、震旦系金家洞组；湘南南华系泗洲山组）、含铜沉积建造（湖南板溪群马底驿组、高涧群黄狮洞组）、含金沉积建造（湘桂青白口系冷家溪群、下江群、丹洲群和高涧群、南华系长安组）、含磷沉积建造（广西震旦系金家洞组、桂北青白口系拱洞组、湖南高涧群岩门寨组）。

上述沉积建造在地层岩石沉积后有的经成岩作用直接形成矿层，有的虽未形成矿层，但受后期的各种地质作用可富集成矿。华南热液矿床形成的时代爆发性、空间分带性及其成矿元素对前寒武纪基底具继承性表明，构成华南基底和含矿建造的前寒武纪地层为重熔型花岗岩及其成矿作用提供了丰富的成矿物质来源（陈骏 等，2000）。

前寒武纪地层是钦杭成矿带形成层控钨矿和含钨花岗岩的重要前提条件，岩性特征为变质砂岩、板岩等夹基性火山岩。在赣南的震旦纪火山-沉积建造中，可见到薄层至纹层状凝灰岩中含有十分丰富的钨、铜、铋、金等元素，WO_3 含量为 0.003%，成为华南加里东重要的矿源层（江西省地质矿产局，1984）。湘桂地区各省（自治区）及江西省晚古生代以前地层中的含钨丰度普遍高于地壳中钨的平均含量，这些地层沉积时，往往伴随有或强或弱的火山活动，地层中几乎都或多或少地赋存有火山岩、火山碎屑岩或与火山作用有关的硅质、碳质沉积。而这些含火山质岩石中的含钨丰度又比其他沉积岩要高得多，并有锡、铋、钼、铜、铅、锌、金、银等多种元素，且火山活动越发育，钨及其他元素的丰度也越高。

第二节　岩　浆　岩

一、花岗岩

区内岩浆活动频繁，除地表有大小数百个岩体外，还有多处隐伏岩体（带），岩石类型以酸性、中酸性花岗岩类为主，另有少量中性、碱性、基性岩，形成时代从晋宁期至燕山期均有分布，其中燕山期岩浆活动最为强烈。花岗岩类形成时代在 830～90 Ma，以燕山期(侏罗纪—早白垩世)最为集中，且时限以 161～131 Ma 居多(付建明 等，2017)。

晋宁期花岗岩主要见于桂北的宝坛、三防和元宝山地区及湘东北的长三背，呈岩基、岩株状产出，岩性主要为黑云母二长花岗岩和花岗闪长岩。

加里东期花岗岩类岩石主要分布于桂东北、湘东、赣西、粤西等地，多为复式岩体，构成特征的花岗岩穹窿，大者出露面积在 1 000 km^2 以上，如苗儿山、越城岭、云开大山、万洋山等岩体；小者出露面积在 100 km^2 以上，如大宁、永和、雪花顶、海洋山、彭公庙、三标等岩体。岩性主要为二长花岗岩，相对其他时期花岗岩偏基性。岩体内部常常分布与成矿有关的燕山期花岗岩小岩体或岩株。

海西期—印支期花岗岩具有点多面广的特点，总体出露面积不大，在不同构造单元中均有出露。岩性主要为黑云母二长花岗岩，常与铀成矿有关，区内少数钨锡多金属矿也与该期花岗岩有密切联系（如栗木）。此外，在桂东南大容山地区见有紫苏石榴堇青花岗岩。

燕山期花岗岩分布极广，空间分布受基底构造及深大断裂控制明显，往往形成规模宏大的构造岩浆带，展布方向以北东向、东西向为主，也有部分呈北西向、南北向产出。中生代花岗质-花岗闪长质小岩体广泛分布在古生界组成的拗陷区，受断裂控制明显。前人研究认为，花岗闪长质小岩体（如铜山岭、宝山、水口山）有幔源物质的明显加入，在时空上与铜多金属矿床关系密切；而花岗质小岩体（如千里山、香花岭）一般为高度演化的过铝花岗岩，与钨、锡矿床关系密切。

基性-超基性侵入岩（辉绿岩、煌斑岩）分布零星、规模小，大多呈岩墙、岩脉状产出，受控于北东、南北向断裂，形成时代主要为印支期—燕山期。

二、火山岩

本区出露了新元古代—第四纪的几乎所有时代的火山岩。新元古代火山岩分布较广，是前寒武纪重要的铁矿赋存层位，黔东梵净山群、桂北四堡群主要是半深海相砂泥质复理石建造夹基性-超基性火山岩；湘东北地区冷家溪群雷神庙组下部夹石英角斑岩，普遍富含火山碎屑物质。湖南沧水铺组（宝林冲组）、五强溪组，广西鹰扬关混杂岩、丹洲群，贵州下江群，广东云开群都发育新元古代火山岩。

江南造山带的新元古代火山岩沿扬子东南缘的浏阳—益阳—怀化—城步—龙胜一线、华夏陆块北西缘及两块体间的盆地中分布，是解析华南前寒武纪会聚作用的关键地区，也是恢复华南地区前寒武纪地质演化过程及其与罗迪尼亚超大陆关系的理想场所。

江南造山带中西段，前人的研究主要集中于花岗质岩浆作用，如贵州梵净山花岗岩（王敏 等，2011）、广西北部（三防、本洞、元宝山、寨滚等）花岗岩和花岗闪长岩（葛文春 等，2001a）。近年来，不同的研究者对地层中的凝灰岩、斑脱岩等进行了锆石 U-Pb 定年的研究，对地层时代进行了重新厘定。前人对湘桂地区基性-超基性岩做了详细研究，主要包括：湖南北部冷家溪群科马提岩（Zhao and Zhou，2013；Wang et al.，2007a）、贵州东南部梵净山群枕状熔岩（薛怀民 等，2012）、广西北部丹洲群镁铁质-超镁铁质岩（周金城 等，2003）等。对于这些火山岩的成因，目前缺乏统一的认识。

古生代火山岩在桂、粤等局部地方可见。中生代基性火山岩主要分布在研究区中部，北东向的衡阳—永州—恭城区域大断裂东侧，宁远—道县—江华北东向拗断带内。主要喷发时代为燕山早期，呈点多、面小的小型碱性玄武质熔岩流、熔岩被和岩脉形式产出。

第三节 变质作用

研究区出露的变质岩主要有区域变质岩、混合岩、接触变质岩、气-液变质岩、动力变质岩，以区域变质岩分布最广。区域变质岩主要形成于四大构造运动期——晋宁运动、加里东运动、海西—印支运动、燕山运动。前两期以区域变质作用为主，海西—印支运动以局部区域变质作用为特点，燕山期由于岩浆岩的广泛发育，主要是接触变质作用。而动力变质岩各期均有出露。

区域变质成矿作用明显受原岩建造控制。这些建造的含矿性一般较好，又经过变质作用的改造及热液作用的叠加，形成相应的有工业意义的变质矿床。混合岩化矿床可分为混合重熔分异型矿床和混合重熔热液型矿床，后者主要是混合热液作用于新元古界及寒武系等含金地层形成含金糜棱岩（千糜岩）或含金石英脉，作用于含铁层位则形成磁铁矿床。接触变质作用主要形成各种非金属矿床，接触交代变质作用主要形成夕卡岩型矿床，这类矿床是区内钨、锡、铅、锌、铜、铁的主要矿床类型之一。

第四节 区域构造特征

湘桂地区大地构造背景划分方案较多，对湘南粤北及湘桂地区的构造属性认识不一。按照全国矿产资源潜力评价的最新研究划分方案（赵小明 等，2015），以茶陵—郴州断裂为界，北西部分别为上扬子陆块、下扬子陆块、湘桂裂谷盆地，南东部为武夷-云开弧盆系（图 2.1）。注意图 2.1 中引用的是两种不同的划分方案，区别在于湘桂地区构造属性的不同。

区内经历了晋宁期、加里东期、海西期—印支期、燕山期—喜马拉雅期 4 个构造演化发展阶段，形成了极其复杂的地质构造景观，地表以北东向和东西向构造带规模最大。

研究区褶皱构造按构造层可划分为基底褶皱（晋宁期、加里东期）和盖层褶皱（海西期—印支期、燕山期）。加里东期及前加里东期基底褶皱形态具有紧闭、同斜甚至倒卧的共同特征，受后期构造运动影响，部分地段构造线方向发生改变；印支期盖层以过渡型褶皱为主，受基底构造控制明显；燕山期盖层褶皱较微弱，一般呈宽缓褶曲或拱曲，受印支期后形成的拉张断陷盆地控制。

研究区断裂构造发育，以北东向为主，近东西向、北西向次之，局部发育近南北向弧形断裂。

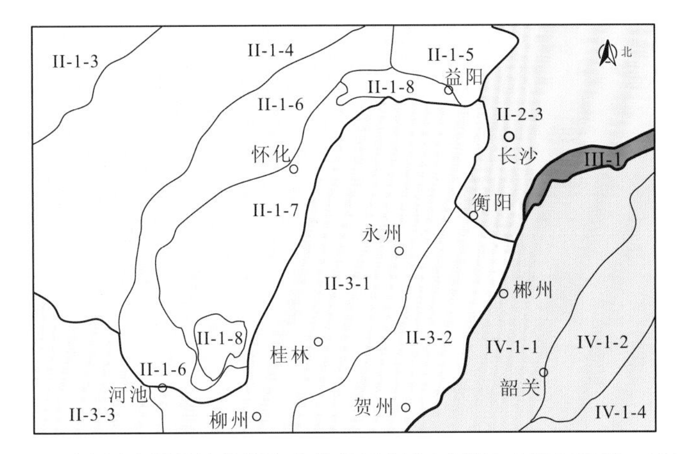

图 2.1　研究区大地构造位置与构造单元划分示意图（赵小明 等，2015）

II-1.上扬子陆块；II-1-3.川中前陆盆地（Mz）；II-1-4.扬子陆块南部碳酸盐台地（Pz）；II-1-5.江汉-洞庭断陷盆地（K—Q）；II-1-6.上扬子东南缘被动边缘盆地（Pz_1）；II-1-7.雪峰山陆缘裂谷盆地（Nh）；II-1-8.上扬子东南缘古弧盆系（Pt_2）；II-2.下扬子陆块；II-2-3.江南古岛弧（Pt_2）；II-3.湘桂裂谷盆地；II-3-1.湘中-桂中裂谷盆地（D—T_1）；II-3-2.湘东-桂北弧前盆地（Nh—€）；II-3-3.扬子陆块南部碳酸盐台地（Pz）；III-1.新余-东乡增生杂岩带（Pt_3—O?）；IV-1.武夷-云开弧盆系；IV-1-1.罗霄岩浆弧（Nh—Pz_1）；IV-1-2.新干-永丰弧间盆地（Nh—€）；IV-1-4.武夷岛弧（Nh—Pz_1）

一、北东向构造带

北东向构造带为钦州—杭州北东向基底构造岩浆岩带的重要组成部分，是本区最重要的构造带，包括江南、武夷-云开地区及其间的湘桂拗陷带，构造组分以复式褶皱、断裂、花岗岩为主。断裂构造在区内主要表现为几条北东向近等距离平行展布的深大断裂，即安化—溆浦—黔阳—靖县—三江断裂带、邵阳—资源—永福—来宾断裂带、浏阳—双牌—恭城—大黎断裂带、茶陵—郴州—梧州—博白断裂带、仁化—四会—吴川断裂带。这几条断裂以往都曾被不同学者作为扬子与华夏陆块的分界线。

1. 安化—溆浦—黔阳—靖县—三江断裂带

安化—溆浦—黔阳—靖县—三江断裂带由靖州—黔阳—安化断裂、通道—溆浦—洞市断裂、城步—新化断裂等一系列断裂构成，断裂带大致沿雪峰山背斜核部呈北北东转北东向延伸，由若干平行的韧性逆冲断层组成，总体向东倾，东部的较老岩系依次向西逆冲推覆，常见板溪群叠覆于南华系之上，形成多组叠瓦式逆冲断层组合。

城步—新化断裂是雪峰山东缘与湘中凹陷的分界线，其东侧板溪群和南华系呈穹窿状沿剪切带排布，中心部位为花岗岩。断裂带以脆性破碎为主，由断层岩及构造透镜体组成，主要发育由板岩组成的磨砾岩、角砾岩。邓孺孺和方佩娟（1997）认为雪峰山构造带为准原地型逆冲—推覆构造带，其大规模形成和隆起始于早三叠世末，结束于早白垩世末，构造带中段以逆掩—推覆为主，南、北两端则以逆冲—平移运动为主，主要构造的形成明显经历了由韧性变形到脆性变形的发展过程。

安化—溆浦—黔阳—靖县—三江断裂带形成的历史至少可以追溯到新元古代，逆冲推覆断裂带始于加里东期，但大规模的逆冲推覆可能主要发生于印支期—早燕山期，晚燕山期则以伸展滑覆为主。

2. 梧州—岑溪—博白断裂带

梧州—岑溪—博白断裂带是地幔隆起与地幔凹陷的过渡带，重力场反映西北侧为重力高带，南东侧为重力低区。地震测深资料表明，从十万大山—大容山西北侧到云开大山西侧，存在一组北东向切割莫霍面的叠瓦式深断裂，推断断面向南东缓倾，北西盘下地壳向南东俯冲，南东盘向北仰冲，各断裂两盘落差在 2.5～3 km。断裂带两侧地壳差异较大，南东侧硅镁层较薄（10～13 km），北西侧较厚（14～18 km）；而硅铝层则相反，南东侧较厚（约 20 km），北西侧较薄（16～18 km）。断裂带南东侧发育巨大的加里东期陆内碰撞背景下形成的后碰撞深熔花岗岩带，北西侧则为印支期十万大山-大容山花岗岩带，并沿断裂带出现串球状的壳幔混合源同熔花岗岩及中酸性火山岩，而且南东侧动力变质带异常发育，普遍见数百米到数千米宽的千糜岩、糜棱岩及片理化带，博白的黄陵—北流蟠龙一带出现蓝晶石-十字石组合的中压相带，而北西侧几乎未见有强烈的动力变质带。

3. 仁化—吴川—四会断裂带

仁化—吴川—四会断裂带分为东、西两支，由一系列断层组成，是一个具有多期次活动的构造-岩浆-变质带。在地球物理场上是重力、磁场和莫霍面的分界面。断裂带呈北东 20°～40° 方向延伸，宽 15～20 km。断裂带发生强烈挤压破碎，形成破碎角砾岩带、糜棱岩化带、片理化带和硅化带。该断裂带具有多次活动和多期岩浆侵入，加里东期有二长花岗岩侵入，海西期、印支期有同熔型岩体侵入，燕山期有壳幔混熔型岩体侵入，喜马拉雅期有基性-超基性岩浆喷溢。加里东晚期的广西运动对深断裂影响深刻，形成两套泥盆系：断裂带西侧为碳酸盐岩夹碎屑岩建造的“象州型”或“广西型”泥盆系，东侧为碎屑岩夹碳酸盐岩、火山岩建造的“广东型”泥盆系。印支运动使该断裂带产生韧性剪切、热动力变质、多次诱发花岗岩浆侵入，形成早侏罗世和中侏罗世花岗岩，伴生铁铜铅锌矿化，晚侏罗世花岗岩伴生钨锡、多金属硫矿化，白垩纪花岗岩伴生钨锡矿化。喜马拉雅期该断裂带主要以继承性断块活动为特征。

二、北西向构造带

构造组分主要为压（张）扭性断裂，局部为褶皱和花岗岩，从西向东等距分布有桂林-广州、新宁-蓝山、邵阳-郴州、常德-安仁 4 个斜列构造带。

三、南北向构造带

南北向构造带规模小，由波状弧形褶皱和断裂组成，主要有湘南地区的耒阳-临武构造带及湘-桂构造带，发育于晚古生代盖层中，主要形成于印支期，部分形成于燕山期。

四、成矿区带在区域构造中的位置

古板块拼接带控制大型成矿带：钦杭结合带在加里东期之后长期为一拗陷带，其成岩成矿作用与两侧隆起区明显不同，构成一条独具特色的巨型成矿带。其北西侧江南隆起区岩浆活动不发育，以形成钨、金、锑等低温热液矿床为主；南东侧的罗霄-云开隆起区岩浆活动强烈，以形成与壳源重熔花岗岩有关的钨、锡、钼、铋、铌、钽等中高温热液矿床为特征；结合带内幔源、壳幔混合源型火成岩类发育，以形成深源浅成中酸性小岩体和中低温热液金属硫化物矿床为主，钨、锡、铜、铅、锌、金、银矿产都十分丰富。

深大断裂带控制二级成矿带：深大断裂由于其发育时间长、延伸远、影响深度大，且大多具多期活动的特点，往往控制着矿床的形成与分布。研究区深大断裂发育，以北东向断裂为主，并伴有近南北向、近东西向和北西向断裂，尤以北东向深大断裂的控矿作用最为明显，区内几乎所有的二级成矿带均沿北东向深大断裂分布。例如，茶陵—郴州—连州断裂带和浏阳—双牌—恭城—大黎断裂带分别控制着区内最重要的钨锡多金属矿带和铜多金属矿带的分布（付建明 等，2017）。

第三章　青白口纪沉积特征与盆地类型

第一节　地层分区与沉积特征

目前较为明确的青白口纪早期地层分布于湘东北和桂北地区，晚期地层分布于湘东北、湘南、湘东南和桂北地区，为浅变质碎屑岩系夹变基性岩层，两者间呈角度不整合接触，此界面年龄限定在 820 Ma（高林志 等，2011a，b）。

一、地层分区简述

依据大地构造背景和盆地沉积格局，牛志军等（2016）将研究区按中元古代至青白口纪早期、青白口纪晚期至震旦纪划分出不同地层区，早期划分出两个地层区——扬子与华夏地层区，晚期同属于华南地层区。本书对湘桂地区青白口纪地层区重新划分，早期（冷家溪群沉积期）划分为三个地层区——扬子地层区、湘桂地层区、华夏地层区（图 3.1），晚期（板溪群沉积期）划分为两个地层区——扬子地层区和华夏地层区（图 3.2）。

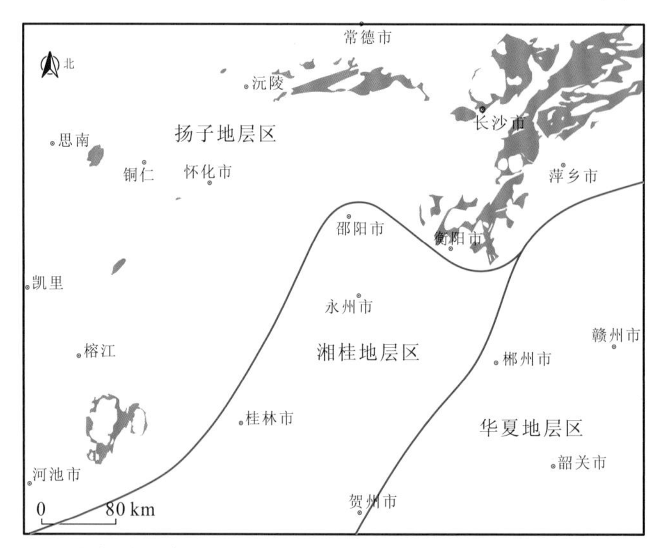

图 3.1　湘桂地区青白口纪早期地层出露（图中紫色）及地层分区图

青白口纪早期划分为三个地层区，界线位置为广西罗城—桂林—湖南邵阳—衡阳一线和萍乡—郴州—贺州一线，北部的扬子地层区沉积有冷家溪群（湘）、四堡群（桂）、梵净山群（黔）板岩砂岩夹火山岩建造。中间的湘桂地层区目前还未见有同时期的地层出露。南部华夏地层区仅在赣南粤北地区发育桃溪（岩）组，原岩为中酸性火山岩建造

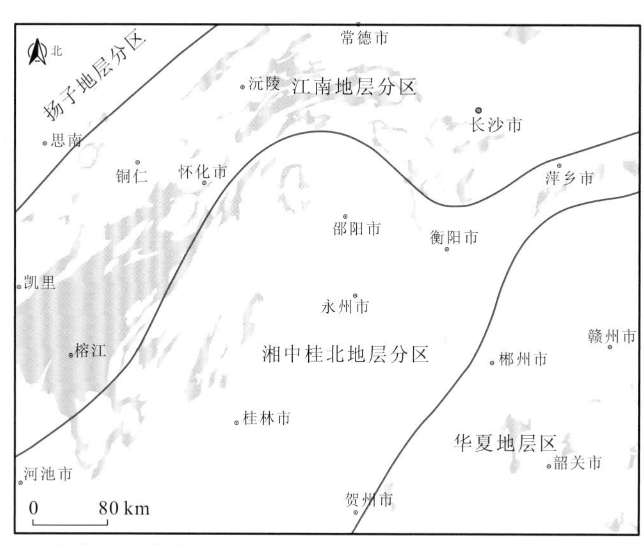

图 3.2　湘桂地区青白口纪晚期地层出露（图中浅红色）及地层分区图

和砂泥质类复理石建造，但地质时代有不同认识（江西省地质调查研究院，2017）。

青白口纪晚期，武陵运动形成的角度不整合面为重要界面，以湖南益阳地区沧水铺火山活动为起点，起始年龄约为 820 Ma（高林志 等，2011a，b；王剑 等，2003），从北西至南东海水逐渐变深的古地理格局已然形成，划分为两个地层区，北部为扬子地层区，自北而南依据所处沉积盆地的不同位置可划分为扬子地层分区、江南地层分区、湘中桂北地层分区、湘东桂中地层分区。南部为华夏地层区，由于地层出露少，目前不再细分区。扬子与华夏地层区的界线为萍乡—郴州—贺州一线（图 3.2）。

二、地层沉积特征

（一）青白口纪早期

由于湘桂地层区未见相当层位出露，华夏地层区的桃溪岩组也不在研究区范围内，而且有争议，本书重点介绍扬子地层区的地层沉积特征。

1. 冷家溪群

冷家溪群源自 1936 年王晓青、刘祖彝创名的“冷家溪系”，1958 年湖南省地质局 413 队将武陵运动不整合面之下的地层从原“板溪群”中划出，命名为冷家溪群。湖南省地质矿产局区域地质调查队在 1∶20 万大庸、沅陵、安化、常德等区调过程中，查明武陵运动不整合面分布广泛，明确了不整合面上、下两套浅变质岩系分别称为板溪群和冷家溪群的划分方案。该队于 1972 年在益阳城南石咀塘首次于冷家溪群中发现海底喷溢的火山熔岩，1974 年在长沙洞田—平江南源、浏阳脚板冲—升平等剖面获得与华北蓟县系组合相似的微古植物化石组合，将冷家溪群时代定为中元古代。唐晓珊（1989）将冷家溪群按岩性、岩相组合特征分为雷神庙组、黄浒洞组、小木坪组、坪原组 4 个岩石地层单位。唐晓珊等（1994）将该群中下部变基性-酸性火山岩与陆源碎屑岩呈韵律的组合单独划出而建立南桥组。孙海清等（2012，2009）结合 1∶5 万区域地质调查资料，将冷家溪群重新划分为上下两个部分，下部将原雷神庙组解体为易家桥组、潘家冲组、雷神庙组；上部划分为黄浒洞组、小木坪组、大药菇组，废除“坪原组”。结合岩浆岩及相关层位的年龄数据，孙海清等（2012）建立了冷家溪群年代地层格架，提出其沉积时限介于 862～820 Ma，属于新元古代早期。

冷家溪群主要分布于湘东、湘东北、鄂东南地区。此外，在湖南常德太阳山、石门百步墩、芷江渔溪口、古丈大溪和沙鱼溪等地也零星小面积分布，为由沉积韵律特别发育的浅变质碎屑岩、泥质岩和凝灰质岩为主的岩层组成（图 3.3）。各组地层主要特征如下。

图 3.3　研究区冷家溪群及板溪群沉积期代表性岩石露头

(a) 通山小洞剖面冷家溪群小木坪组板岩；(b) 通城大药菇剖面冷家溪群大药菇组含砾粉砂岩；(c) 通城大药菇剖面冷家溪群大药菇组粉砂岩中层理；(d) 沅陵县马底驿乡冷家溪群小木坪组板岩中发育紧闭褶皱；(e) 湖南临湘陆城镇青白口纪冷家溪群与板溪群呈角度不整合接触；(f) 板溪群底砾岩[照片 (e) 中蓝色框的放大图]

易家桥组：大面积分布在湖南临湘北部地区。下部为灰色-灰绿色中层状含凝灰质钙质绢云母板岩、绢云母板岩、绿泥石绢云母板岩、粉砂质板岩夹中层状变质细粒石英杂砂岩和厚层状凝灰质砂质板岩，板岩中水平纹层发育；中部为灰色-灰黑色千枚状板岩、绢云母千枚状板岩、粉砂质板岩夹中层状含钙质砂岩、浅变质中细粒石英杂砂岩，板岩中条带构造发育，发育鲍马序列 ABD、AD 组合；上部为灰色-灰绿色中-厚层状绢云母板岩、含凝灰质粉砂质板岩与中层状浅变质细粒石英杂砂岩。厚度大于 2 722.0 m。属深海-半深海浊积扇-盆地平原-浊积扇沉积环境（湖南省地质调查院，2017）。孙海清等（2012）获得平江易家桥组下部沉凝灰岩 SHRIMP 锆石 U-Pb 测年为（862±11）Ma。

潘家冲组：主体岩性为灰色中-中厚层浅变质细粒岩屑杂砂岩、石英杂砂岩、深灰色薄层状板岩、砂质板岩、条带状板岩。下部为灰色、浅灰色浅变质中-厚层状岩屑杂砂岩、石英杂砂岩、细粒石英砂岩、砂质粉砂岩夹板岩、粉砂质板岩，向上夹白云石板岩。底面发育槽模与沟模构造。中部以板岩为主夹少量浅变质细砂岩，板岩条带构造发育。上部为灰色浅变质中厚层状岩屑杂砂岩、细粒石英砂岩与板岩、千枚状板岩互层，板岩中多发育条带状构造。厚度为 1 672～2 067 m。岩石组合中普遍含钙质，局部夹大理岩化白云岩，属陆棚边缘斜坡沉积间夹浊积扇与分枝水道沉积环境（湖南省地质调查院，2017）。湖南临湘横铺潘家冲组凝灰岩 SHRIMP 锆石 U-Pb 年龄为 831 Ma（高林志 等，2011b）。

雷神庙组：下部为灰色-灰绿色厚层状绢云母板岩、含粉砂质板岩夹浅变质厚层状中粒岩屑杂砂岩，部分板岩发育水平纹层，见鲍马序列 CDE、DE 组合。上部岩性较细，以厚层状粉砂质板岩、绢云母板岩、凝灰质砂质板岩为主，夹少量浅变质砂质粉砂岩，局部发育水平纹层。醴陵一带总体岩性偏细，为板岩、绢云母板岩与粉砂质板岩，夹少量粉砂岩、泥质粉砂岩。平江一带下部和上部均以绢云母板岩、绿泥石绢云母板岩为主，中部为浅变质粉砂岩或绢云母板岩为主夹浅变质细粒石英杂砂岩，发育鲍马序列 CD、CDE 组合。厚度为 745～5 863 m。属深海-半深海盆地平原-浊积扇外扇沉积环境（湖南省地质调查院，2017）。湖南临湘陆城雷神庙组凝灰岩 SHRIMP 锆石 U-Pb 年龄为（822±11）Ma（高林志 等，2011a）、（829±12）Ma（孙海清 等，2012）。

黄浒洞组：下部为灰色、灰绿色厚层状变质不等粒岩屑杂砂岩、钙质岩屑杂砂岩、浅变质粉砂岩夹板岩与粉砂质板岩。杂砂岩中发育鲍马序列的 AE、ABD、ABDE、ADE 组合，底面发育槽模构造。上部岩性较细，以灰色中层状绢云母板岩、砂质绿泥石绢云母板岩夹中厚层状变质石英杂砂岩、岩屑石英杂砂岩、细粒岩屑杂砂岩，板岩中发育水平层理，杂砂岩中发育鲍马序列的 ADE、AE 组合，底面凹凸不平，发育槽模构造。该组属斜坡相浊流沉积，厚度为 359～4 928.9 m。湖南临湘刘家黄浒洞组凝灰岩获 SHRIMP 锆石 U-Pb 年龄为（829±13）Ma（湖南省地质调查院，2009a），临湘羊楼司黄浒洞组凝灰岩 SHRIMP 锆石 U-Pb 年龄为（837±11）Ma（高林志 等，2011b）。

小木坪组：下部由灰色-青灰色薄-中层状砂质板岩与纹层状板岩、砂质板岩构造基本层序，夹砂质粉砂岩、泥质粉砂岩。上部为灰紫色薄-中层状条带板岩、条带状粉砂质板岩与灰黄色板岩构成韵律。具底蚀构造，具低密度浊积岩特征。厚度为 300～2 450 m。孙海清等（2012）获得湖南石门杨家坪小木坪组沉凝灰岩 SHRIMP 锆石 U-Pb 年龄为

(845±12) Ma。

大药菇组：分布于湖北通城药菇山、通山小洞地区。下部为灰绿色薄-中层状浅变质含砾砂岩、含砾长石石英杂砂岩夹薄层状条带状粉砂质板岩、板岩；上部总体粒度变细，为灰绿色薄-中层状板岩、粉砂质板岩、条带状板岩夹浅变质粉砂岩与细砂岩，水平纹层发育。下部砾石粒径为 0.2～0.8 cm，个别大者达 12 cm。呈次浑圆状、扁椭圆状，排列具有定向性，压扁拉长明显，砾石长轴平行层面，局部层位成分复杂。粉砂质板岩中发育鲍马序列 ADE 组合，A 层厚 5～8 cm，D 层厚 15～20 cm，E 层厚 5 cm，显示为海底斜坡扇浊流体系。该组厚度大于 725.2 m。何垚砚等（2017）对通城小洞大药菇组碎屑岩 LA-ICP-MS 锆石 U-Pb 年龄测试显示其沉积下限年龄可能晚于 816 Ma。

2．四堡群

四堡群主要为灰色、灰绿色变质细砂岩、变质粉砂岩及变质泥质粉砂岩，夹中性、基性熔岩、科马提岩、火山碎屑岩及基性或超基性侵入体，分布于桂北九万大山-元宝山一带。四堡群于 1973 年由广西壮族自治区地质局区域地质测量大队根据 1972 年《中南地区区域地层表》修编会议决定创名，创名地点在广西罗城宝坛乡四堡村。广西壮族自治区地质矿产局（1985）将其划分为九小组、文通组、鱼西组；广西壮族自治区地质矿产局区域地质调查局于 1987 年将其划分为文通组和鱼西组；而后，广西壮族自治区地质矿产局（1997）采用前述三分方案。各组沉积特征如下。

九小组：为灰色-灰绿色中-薄层状变质泥质粉砂岩、变质粉砂岩、石英绢云母千枚岩夹变质细粒石英砂岩、变质细粒长石石英砂岩，局部夹层状或似层状蚀变辉绿岩及浅绿色透闪石化、阳起石化橄榄岩侵入体。岩石中发育水平层理，条纹、条带发育，局部见有小型交错层理、包卷层理、递变层理等沉积构造，常见不完整的鲍马序列，为深海环境沉积。该组厚度大于 655 m。

文通组：为灰色、深灰色浅变质含粉砂绢云母泥岩、变质泥质粉砂岩、变质粉砂质细砂岩、基性-超基性熔岩、凝灰岩和玄武质科马提岩，局部夹石英绢云千枚岩或板岩，以及层状、似层状基性岩和超基性岩侵入体，以夹多层火山岩为特征。碎屑岩中发育递变层理，火山岩的气孔、杏仁构造和科马提岩的鬣刺构造均保存较好（广西壮族自治区地质矿产局，1997）。该组总厚度为 2 514.1 m。

鱼西组：岩性为浅灰色-灰黄色中层状变质泥质粉砂岩、粉砂质泥岩夹泥质中细砂岩、石英绢云母千枚岩，极少火山岩。岩石发育水平层理、平行纹层、交错层理，砂岩中发育粒序层理、平行层理，底部发育冲刷构造和滑塌构造，鲍马序列多表现为 ABCDE、ADE、ABE 组合，属半深海-深海浊积岩相（李利阳 等，2016）。该组厚度大于 1 405 m。

3．梵净山群

梵净山群主要为灰绿色、暗绿色千枚状板岩、千枚岩、变质粉砂岩、云母片岩夹浅变质砂岩、凝灰岩等，并有酸性-基性岩浆侵入。王曰伦等在 20 世纪 30 年代最先给予概略报道。湘黔桂三省（自治区）前寒武系地层工作组于 1962 年始称下板溪群梵净山组，贵州省地质矿产局于 1970 年在 1∶20 万江口幅和沿河幅区调中仍称下板溪群。在 1∶5

万梵净山区的区调（1971～1974 年）中改称梵净山群，划分为七个组十七个段。贵州省地质矿产局（1997）归并为两个亚群七个组，由下而上为淘金河组、余家沟组、肖家河组、回香坪组、铜厂组、洼溪组和独岩塘组（贵州省地质调查院，2017；贵州省地质矿产局，1997）。分布在印江、松桃、江口一带。各组特征如下。

淘金河组：为沉积变质岩与层状变质基性呈旋回式组合，以沉积变质岩为主。沉积变质岩多为浅灰色、灰色中-厚层变质砂岩、变质粉砂岩及变质凝灰岩，尚有粉砂质绢云板岩、绢云板岩及凝灰质板岩，它们无定式互层，顶部具有向上变细的复理式韵律（贵州省地质调查院，2017）。最大出露厚度 1 330 m。

余家沟组：下部为深灰色厚层状变质粉-细砂岩、变质岩屑石英砂岩、变质凝灰岩夹同色绢云千枚岩、千枚状绢云板岩，局部夹变质砾岩。复理式韵律发育。上部为浅灰色、灰色沉积变质岩与层状基性岩互层。沉积变质岩有石英岩、变质砂岩、变质粉砂岩、变质凝灰质砂岩、变质凝灰岩、砂质绢云板岩、粉砂质绢云板岩、绢云板岩等，以板岩为主，常含钙质或绿泥石斑点，组成多种形式的互层（贵州省地质调查院，2017）。总厚度为 860～1 180 m。

肖家河组：以沉积变质岩为主，夹 3～6 层变质层状基性岩。沉积变质岩有变质砂岩、变质粉砂岩、砂质绢云板岩、粉砂质绢云板岩、绢云板岩及少量变质凝灰岩。变质砂岩、变质粉砂岩与板岩无定比互层，以板岩为主。颜色以灰色、深灰色为主，层次以中薄层为主。变质基性岩层有辉绿岩、分异的辉绿岩-超基性岩、分异的辉绿岩-细碧岩等，个别的伴有变质角斑岩（贵州省地质调查院，2017）。厚度为 820～1 127 m。

回香坪组：以变质火山岩为主，夹沉积变质岩。变质火山岩主要为细碧岩和辉绿岩，尚有细碧玢岩、辉长-辉绿岩、超基性岩（辉石橄榄岩、橄榄石岩及辉石岩），偶见火山角砾岩、集块岩及角斑岩。沉积变质岩主要为变质粉砂岩和板岩（粉砂质绢云板岩、绿泥绢云板岩、石英绢云板岩、绢云板岩、石英绿泥板岩、钠长英板岩等），其次为变质凝灰岩（包含变质石英角斑晶屑凝灰岩、变质火山灰凝灰岩），有少量变质砂岩及变质凝灰质砂岩，偶见变质硅质岩（贵州省地质调查院，2017）。变质火山岩与变质沉积岩频繁互层，有大量具枕状构造的变质细碧岩。厚度为 2 490～3 200 m。

铜厂组：下部为浅灰色、灰色中厚层变质砂岩、变质粉砂岩、变质凝灰质砂岩及变质凝灰质粉砂岩与薄层至中厚层粉砂质绢云板岩、绿泥绢云板岩及绢云板岩互层，以变质砂及粉砂级岩石为主。发育有波痕、冲蚀槽及交错层理，复理式韵律较发育。上部为灰色、深灰色薄层状绢云千枚岩、千枚状绢云板岩、粉砂质绢云板岩及绢云板岩与灰色、浅灰色中厚层变质粉-细砂岩互层（贵州省地质调查院，2017）。厚度为 1 200～1 350 m。

洼溪组：浅灰色中厚层变质砂岩、变质粉砂岩、变质凝灰质细砂岩及石英角斑晶屑凝灰岩与浅灰色、灰色薄至中厚层粉砂质绢云板岩、绢云板岩及千枚状绢云板岩无定比互层，以变质砂及粉砂级碎屑岩为主，复理石韵律发育（贵州省地质调查院，2017）。上部为浅灰色、灰绿色薄层绢云板岩、粉砂质绢云板岩及千枚状绢云板岩夹同色中厚层变质粉砂岩。变质砂岩和粉砂岩中常见波痕及斜层理，板岩具清晰的条纹-条带状水平层理。

厚度为 1 094 m。

独岩塘组：为浅灰色、灰色中厚层变质砂岩、变质粉砂岩与同色薄至中厚层粉砂质绢云板岩及绢云板岩互层（贵州省地质调查院，2017）。最大厚度为 785 m。

王敏等（2012）获得梵净山余家沟组沉凝灰岩和变余粉砂岩 LA-ICP-MS 锆石 U-Pb 年龄分别为（851.3±4）Ma、（849±3.4）Ma 和（845.4±24）Ma，铜厂组沉凝灰岩 LA-ICP-MS 锆石 U-Pb 年龄为（832±8.5）Ma。张传恒等（2014）获得回香坪组安山质火山岩的 SHRIMP 锆石 U-Pb 年龄为（840±11）Ma；高林志等（2014）获得回香坪组沉凝灰岩 SHRIMP 锆石 U-Pb 年龄为（840±5）Ma；周金城等（2009）获得回香坪组辉长岩 SHRIMP 锆石 U-Pb 年龄为（827±24）Ma。

4. 青白口纪早期区域地层对比

总体来看，梵净山群、四堡群、冷家溪群总体沉积时限基本一致，其相当的地层沉积时限为 850～825 Ma。沉积构造背景相近，岩性组合相当，多以浅灰色-灰绿色巨厚的砂质、黏土质复理石-类复理石建造为主，但四堡群、梵净山群多火山岩建造。其简单对比如下，但需要说明的是，这仅是岩性组合的区域对比，对于其地质时代是否完全一致，尚需进一步研究。

三个群的下部地层——易家桥组、九小组下部和淘金河组主要为深海-半深海浊积扇沉积环境，均以变质砂岩、千枚岩、板岩夹层状或似层状基性岩、火山角砾岩为特征。其中易家桥组、淘金河组变质沉积岩部分均呈现上下粒度粗、中间粒度较细的特征。

潘家冲组和九小组上部、余家沟组大致层位相当。下部以浅变质砂岩、粉砂岩与板岩、千枚状板岩、含钙质板岩互层为特征，局部夹变质砾岩。上部以千枚岩、板岩夹变质砂岩、粉砂岩为特征，而且潘家冲组和余家沟组均以含钙质为特征，表现为钙质板岩（潘家冲组）或大理岩化的白云岩（余家沟组）。

雷神庙组、文通组和肖家河组、回香坪组均以细粒变质沉积岩为主，不同程度地夹基性火山岩，岩性可以对比。雷神庙组主要为区域变质的绢云母板岩夹少量浅变质粉砂岩、细砂岩。文通组以基性火山岩为主夹变质砂岩或板岩，局部地区以板岩为主夹基性火山岩。肖家河组以板岩夹变质砂岩或变质粉砂岩为主，并夹少量基性岩。回香坪组以基性岩为主夹变质沉积岩，而变质沉积岩则以板岩或变质粉砂岩为主夹少量变质砂岩。

黄浒洞组、铜厂组和鱼西组下部均以浅变质的砂岩、粉砂岩、板岩互层为特征，向上板岩的比例增加，粒度变细。其中黄浒洞组和铜厂组均夹有凝灰岩或层状、似层状基性岩。

小木坪组、洼溪组、鱼西组中部均以砂质板岩、绢云母板岩为主夹少量变质粉砂岩、变质砂岩。其中洼溪组夹少量凝灰岩或凝灰质砂岩。

大药菇组、独岩塘组、鱼西组上部均以变质砂岩、变质粉砂岩及板岩互层为标志，常组成向上变细的韵律旋回，显示复理石特征。但大药菇组多以砾岩出现为特点，反映总体水体略浅。

（二）青白口纪晚期

1．扬子地层分区

目前较为认可的湖南石门杨家坪剖面的张家湾组属于青白口纪晚期（湖南省地质调查院，2017；杨彦均 等，1984），而湖北境内的莲沱组是属于青白口纪还是南华纪（Pi and Jiang，2016；郑永飞，2003；马国干 等，1984），目前仍有争论，按最新的国际地层表成冰系底界为720 Ma，应将其置于青白口纪晚期至南华纪早期。但本书中仍按传统认识将其置于南华系，对其时代还必须要再做进一步研究。

张家湾组为河口湾-潮坪相砂泥岩组合。底部为石英砾岩、含砾粗砂岩；下部为紫红色石英砂岩、石英粉砂岩、含铁泥质石英粉砂岩与条带状板岩组成的韵律结构；上部为由紫红色、紫灰色、灰白色石英砾岩、含砾石英粗砂岩、石英杂砂岩、粉砂岩、条带状板岩组成的向上变细的序列。向东南方向厚度增大。在杨家坪地区厚184.7 m，湖北鹤峰境内厚度大于1 494.54 m（湖北省地质矿产局，1990）。尹崇玉等（2003）获得石门杨家坪张家湾组（原文为老山崖组）沉凝灰岩SHRIMP锆石U-Pb年龄为（809±16）Ma。

2．江南地层分区

江南地层分区称板溪群，该群命名演变历史如前所述，直至1962年湘桂黔三省（自治区）前寒武系地层工作组重新厘定其只限于武陵运动不整合面之上的浅变质地层，主要分布在武陵山、雪峰山区湖南省古丈—桃源、新晃—靖县一带，此外湘乡、湘潭、长沙、临湘等地也有小面积出露。其下与冷家溪群角度不整合接触，上与南华系平行不整合接触。

唐晓珊（1989）以芷江鱼溪口剖面为正层型将板溪群自下而上划分为横路冲组、砂坪组、通塔湾组、两岔溪组、多益塘组；罗海晏等（1994）建立宝林冲组；唐晓珊等（1994）用“马底驿组”“五强溪组”取代砂坪组、两岔溪组，并对板溪群进行了较系统的同位素年代学、古地磁学、地层学研究，至此湖南境内的板溪群地层序列确立，并为广大地质调查工作者使用。湖南省地质调查院（2017）由下而上划分为：宝林冲组、横路冲组、马底驿组、通塔湾组、五强溪组、多益塘组、百合垅组、牛牯坪组。各组沉积特征如下（图3.4）。

宝林冲组：下部为紫灰色安山质集块岩、变英安质集块岩、含砾凝灰岩夹变英安质及安山质集块角砾岩；中部以紫红色、灰绿色变英安质角砾岩与变沉凝灰角砾岩；上部以紫红色、灰紫色英安-安山质角砾岩、凝灰质砂岩为主，夹薄层变凝灰质细砂质粉砂岩。厚度为368 m。纵向上的岩性变化趋势较明显。

横路冲组：主要分布于雪峰山及武陵山区，各地岩性和岩相变化较大，主要受武陵运动后的古地貌控制，空间上表现为一个断续的透镜体，主要为紫色复成分砾岩、含砾砂岩，往上出现岩屑杂砂岩及粉砂质板岩，厚度为10～224 m（湖南省地质调查院，2017）。在沅陵坪溪一带下部为灰黄色、灰绿色块状-厚层状砾岩夹粗粒岩屑砂岩及砂质板岩、泥

图 3.4　研究区板溪群沉积期代表性岩石露头

（a）沅陵县马底驿乡板溪群横路冲组砾岩；（b）石门县杨家坪剖面张家湾组粉砂岩与石英砂岩互层；（c）沅陵县马底驿乡板溪群马底驿组紫红色粉砂质板岩中含白云岩夹层；（d）怀化市新路河乡板溪群多益塘组板岩；（e）常德市太阳山板溪群五强溪组上部粉砂岩与泥质粉砂岩互层；（f）常德市太阳山剖面五强溪组粗砂岩中发育斜层理

质粉砂岩，向上逐渐变细，为灰黄色、灰色中层状粗粒岩屑石英砂岩夹粉砂岩、粉砂质板岩和砾岩。向南芷江渔溪口一带，主要为紫灰色块状浅变质复成分砾岩、浅灰色-灰绿色块状含砾粗中粒岩屑石英杂砂岩、细粒石英杂砂岩、灰黄色薄层状粉砂质板岩，向上粒度逐渐变细。在益阳一带相变为灰绿色中厚层状含砾中-细粒岩屑杂砂岩、砂质粉砂岩、泥砾岩夹薄层状粉砂质板岩，岩石中见粗尾递变层理、碟状层理、冲刷构造等；在株洲杨林、福芝塘、石塘、湘潭石潭坝等地，为块状砂砾岩，无层理，砾石大小悬殊，岩石中有大量大型（0.5～5 m）崩塌岩块（湖南省地质调查院，2017）。

马底驿组：分布于新晃—溆浦—双峰一线以北的湘中北地区，厚度变化大。阮陵一带中下部为紫红色薄层状粉砂质板岩夹大理岩、钙质板岩；上部为紫红色粉砂质板岩夹灰绿色粉砂质板岩和凝灰岩，厚度为 980 m。芷江一带为紫红色粉砂质板岩、钙质板岩、泥质灰岩、泥晶灰岩，在下部发育有条带状瘤状大理岩及块状大理岩，富含火山物质，发育水平微层理、波状层理、脉状层理。株洲一带为紫红色、灰紫色泥板岩、含粉砂质板岩夹薄层状浅变质泥质粉砂岩。往东至安化、益阳一带该组下部为紫红色条带状粉砂质绢云母板岩夹透镜状-似层状白云质大理岩，中上部为紫红色、灰绿色粉砂质板岩与灰黄色、黄绿色薄层粉砂岩呈韵律。厚度为 802.2 m。大体反映了由西向东钙质岩减少、碎屑岩增多的趋势（湖南省地质调查院，2017），为局限性碳酸盐台地和泥质潮坪沉积。

通塔湾组：分布在芷江—溆浦—双峰以北及常德—安仁断裂以东区域。西北武陵山古丈地区为灰绿色含砾砂质板岩、粉砂质-砂质板岩。向东南雪峰山地区为灰色、灰绿色粉砂质板岩、凝灰质板岩夹玻屑凝灰岩、晶屑沉凝灰岩、凝灰质砂岩和板岩，偶见透镜状白云岩，向上粒度逐渐变粗，火山物质由北向南、由东向西逐渐增多。向东双峰县下部为深灰色含碳质板岩、凝灰质板岩、粉砂质绢云母板岩、凝灰质粉砂岩，中部以粉砂质板岩、绢云母板岩为主夹少量浅变质粉砂岩，上部为凝灰质板岩、条带状板岩夹玻屑凝灰岩，厚度大于 864 m。株洲一带下部以浅灰白色条带状砂质板岩为主夹浅变质砂质粉砂岩、细砂岩，中部开始凝灰质逐渐增加，以含凝灰质砂质板岩、粉砂质板岩为主夹浅灰白色中层状浅变质砂质粉砂岩及石英砂岩，上部为浅灰色变余沉凝灰岩、玻屑凝灰岩、凝灰质砂岩与含凝灰质板岩、粉砂质板岩互层。发育有水平层理、交错层理、火焰状构造、鲍马序列 CDE、CE 组合，应属浅海陆棚-陆盆斜坡环境。厚度为 35.6～864.1 m，由东南向西北逐渐变薄（湖南省地质调查院，2017）。

五强溪组：分布在吉首、怀化—常德一带。西北古丈武陵复背斜两翼则主要是灰白色厚层状含砾石英砂岩、长石石英砂岩夹粉砂质板岩，总体表现向上逐渐变细的特征，底部以含砾砂岩为主，中部砂岩与板岩互层，上部为板岩夹砂岩。中部芷江地区厚约 758 m，底部为浅灰色块状浅变质石英细砾岩，下部为灰绿色厚层状浅变质含砾长石石英砂岩、细粒长石石英砂岩夹凝灰质板岩、粉砂质板岩；上部为灰白色厚层状浅变质中细粒石英砂岩、含砾细粒石英砂岩夹粉砂岩和粉砂质板岩；东至双峰一带下部为灰紫色浅变质长石石英砂岩、长石岩屑杂砂岩夹浅变质粉砂岩、粉砂质板岩，上部为灰绿色浅变质凝灰质石英砂岩、浅变质长石岩屑杂砂岩夹凝灰质粉砂质板岩，发育粒序层理、平行层理。昭山一带以浅灰色-灰白色中厚层状浅变质石英砂岩、石英粉砂岩为主，夹透镜状石英砂砾岩。发育不对称波痕、板状交错层理、低角度冲洗层理等。

多益塘组：分布在湘中北及西北地区，以芷江北与桃江地区层序最全，其他区域经雪峰运动抬升均有不同程度的剥蚀。沅陵—双峰一带以灰色、青灰色、灰绿色中厚层状粉砂质板岩、条带状板岩为主，夹石英砂岩和岩屑石英杂砂岩，局部可见黄铁矿结核，厚度约 347 m。芷江地区下部为灰色、灰绿色薄层状含凝灰质板岩、砂质板岩夹中层状浅变质含凝灰质粉砂岩；中部为沉凝灰岩、凝灰质板岩、凝灰质细砂岩互层；上部为条带状板岩及凝灰质粉砂岩夹沉凝灰岩，总厚度为 360～428 m；向东至昭山主要为浅灰色、灰黄色中层状纹层状凝灰质板岩、板岩、粉砂质板岩夹浅变质细粒石英砂岩。至桃江地区，厚度增加到 500 m，为灰色凝灰质砂板岩、条带状粉砂质板岩、凝灰质板岩与变质凝灰岩、角斑质凝灰岩、凝灰质细砂岩呈韵律。在中部与顶部各夹一套厚 80～100 m 的板岩、条带状板岩。岩层中发育毫米级水平纹层、变形层理、包卷层理等。至安化、沅陵区域，该组为灰色、浅灰绿色粉砂质条带状板岩与粉砂岩组成韵律。

百合垅组：主要分布在新晃、芷江、安化至桃江一带，为黄绿色、灰色中层状岩屑石英粉砂岩、条带状粉砂岩、泥质粉砂岩、粉砂质板岩夹中厚层状石英细砂岩，发育水平层理、透镜状层理、波痕。芷江一带总体为浅变质含凝灰质板岩、绢云母板岩与含凝灰质石英砂岩、长石岩屑石英杂砂岩互层，夹少量沉凝灰岩及变余晶屑火山灰沉凝灰岩，厚度为 290 m。在桃江地区，该组厚度为 350 m，是浅色粗碎屑岩系。

牛牯坪组：分布在芷江、新晃及桃江一线。芷江地区下部以块状-中层状条带状含凝灰质板岩为主偶夹薄层状沉凝灰岩，岩石风化后呈浅黄白色-浅灰白色，全风化后呈白色黏土状，或为黏土岩，它是较好的标志层；上部以绢云母板岩、条带状凝灰质板岩为主夹粉砂质板岩、凝灰岩、细砂岩，总厚度为 750 m。至桃江马迹塘一带厚度增至 1 184 m，由西往东，厚度由小变大，砂屑物质及火山碎屑也由少到多（湖南省地质调查院，2017）。

王剑等（2003）获得板溪群底部英安质火山岩（宝林冲组）SHRIMP 锆石 U-Pb 年龄为（814±12）Ma；高林志等（2010b）获得宝林冲组 SHRIMP 锆石 U-Pb 年龄为 827 Ma；张玉芝等（2011）获得益阳沧水铺地区宝林冲组下部火山岩 SIMS ^{206}Pb/^{238}U 加权平均值年龄为（835±12）Ma，获得马底驿组砂岩 764 Ma 和 812 Ma 的年轻年龄峰值；高林志等（2014）获得湖南芷江小渔溪地区马底驿组凝灰岩 SHRIMP 锆石 U-Pb 年龄为（813.5±9.6）Ma；张世红等（2008）获得湖南古丈五强溪组沉凝灰岩 SHRIMP 锆石 U-Pb 年龄为（809±8.4）Ma；陈建书等（2016）获得湖南芷江多益塘组和牛牯坪组凝灰质板岩年龄分别为（800±11）Ma 和（779±11）Ma。

3．湘中桂北地层分区

1）高涧群

源自湖南省地质矿产局区域地质调查队 1986 年在湖南双峰县高涧剖面命名的高涧组，1995 年唐晓珊等正式使用高涧群（图 3.5），废弃芙蓉溪群、枷榜组、拉览组等。分布于黔阳－双峰一带。根据岩性、岩相特点，划分为石桥铺组、黄狮洞组、砖墙湾组、架枧田组、岩门寨组、云场里组（湖南省地质矿产局，1997），湖南省地质调查院（2017）认为云场里组火山岩区域分布不广而不使用。该群与下伏冷家溪群和上覆南华系长安组均为平行不整合或微角度不整合接触。

石桥铺组：下部为灰绿色块状变质火山角砾岩夹浅变质岩屑石英杂砂岩；中部为含砾板岩、条带状粉砂质板岩、斑点状板岩；上部为深灰色薄层状变质细砂岩夹粉砂质板岩。在隆回石桥铺一带，底部以块状砾岩与冷家溪群小木坪组呈不整合接触，往上则以薄层条带状粉砂质板岩为主夹变质粉砂岩及透镜状含锰粉砂岩，总厚度为 204～395 m。向南至洪江一带，角度不整合于冷家溪群黄浒洞组之上，火山物质少见，厚度为 75～204 m。西南城步一带以灰绿色中厚层状长英质片岩、云母长英质片岩为主夹少量含钙质黑云母石英微晶片岩、黑云母微晶片岩等，是由砂泥质沉积变质而成，厚度为 116 m。东部双

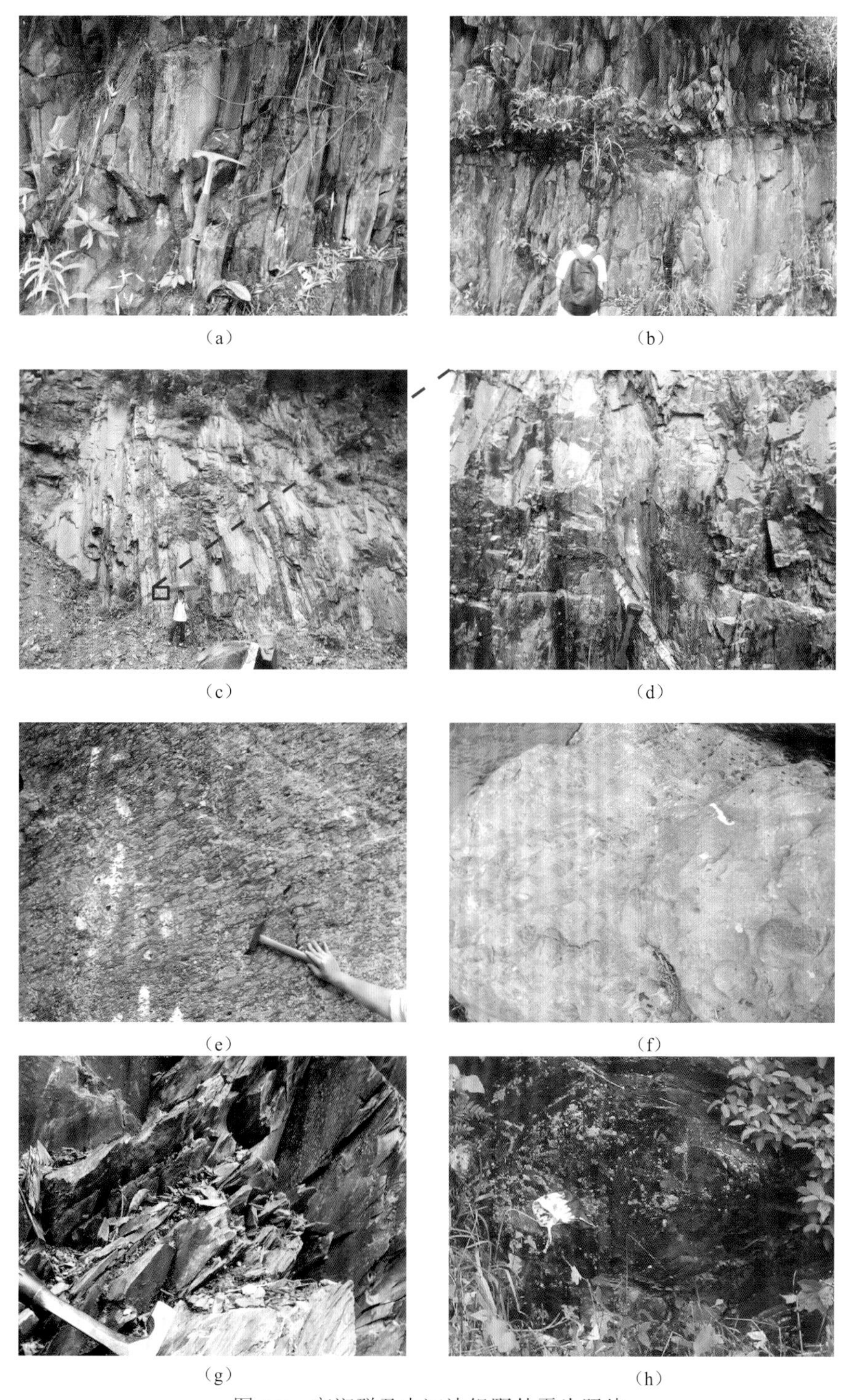

图 3.5　高涧群及大江边组野外露头照片

(a) 湖南双峰县八角村架枧田组；(b) 湖南双峰县八角村岩门寨组；(c) ～ (d) 湖南双峰县城冲村砖墙湾组凝灰质板岩夹凝灰岩；(e) ～ (f) 湖南隆回县石桥铺组变质沉积火山角砾岩；(g) ～ (h) 郴州桂阳县欧阳海乡大江边组灰黑色、黑色（碳质）板岩

峰一带粒度变细，岩性为灰绿色中厚层状变质细中粒岩屑石英杂砂岩、浅变质含砾岩屑杂砂岩、浅变质粉砂岩夹条带状板岩、砂质板岩。

黄狮洞组：总体为钙泥质、砂泥质沉积，局部含碳酸盐岩沉积。主要的岩性为浅灰色中层状粉砂质板岩、含粉砂质钙质板岩、绢云母板岩、泥质粉砂岩，偶夹灰岩透镜体与粉晶含泥质灰岩、大理岩，发育水平层理。在黔阳、怀化一带厚 170 m，其中大理岩锰含量较高，风化后能形成淋滤型锰矿。西南城步地区为灰绿色微晶片岩、云母石英微晶片岩、黑云母变粒岩、含钙质黑云母微晶石英片岩、中层状大理岩夹变质基性-中酸性火山岩，厚 730 m。双峰湘乡一带底部为紫灰色-青灰色薄中层含钙质条带绢云母板岩、含钙质砂质板岩夹极薄层灰岩条带，中下部为灰色中厚层状含钙质团块绢云母板岩、钙质条纹板岩夹晶屑灰岩、大理岩化灰岩，上部为灰色中厚层状含钙质条带状板岩夹含钙质团块状绢云母板岩，厚度增至 357 m。东部醴陵一带下部以灰色、灰黑色中厚层状凝灰质板岩、凝灰质绢云母板岩、绢云母千枚状板岩为主夹含粉砂质凝灰质板岩，上部为灰色条带状凝灰质板岩、绢云母千枚状板岩夹浅变质细粒长石石英砂岩，增厚至 636 m。

砖墙湾组：总体岩性以板岩、碳质板岩、条带状板岩为主夹石英砂岩，并以碳质板岩为标志。在湖南黔阳、怀化、洞口一带，下部为浅灰色-灰绿色中层状含凝灰质绢云母板岩、粉砂质绢云母板岩夹灰黑色薄-中层状碳质板岩；中部为灰绿色粉砂质板岩、绢云母板岩、碳质板岩夹中厚层浅变质中细粒石英杂砂岩，其中有辉绿岩顺层侵入；上部为灰绿色中厚层状条带状板岩、绢云母板岩与凝灰质板岩夹少量变质长石杂砂岩。发育水理层理、板状交错层理、包卷层理。厚度为 600～800 m。西南城步地区下部为深灰色绢云千枚状板岩、条带状粉砂质板岩夹含碳质板岩、泥质粉砂岩、浅变质泥质粉砂岩，中部为青灰色条带状粉砂质板岩、泥质粉砂岩夹变质细粒长石石英杂砂岩，上部为含粉砂质绢云母板岩夹硅质岩，厚度约 400 m。东至邵东双峰一带，下部为灰黑色-深灰色中厚层状条带状含碳质板岩、含碳质粉砂质板岩夹凝灰质板岩，上部为灰色-青灰色凝灰质板岩、条带状板岩夹厚层状玻屑凝灰岩、浅变质凝灰质粉砂岩。再向东至醴陵一带下部为灰色-深灰色中厚层状绢云母板岩、条带状板岩、粉砂质条带状板岩夹中层状凝灰质板岩，上部为灰色中层状板岩、条带状板岩夹浅变质粉砂岩。区域上，由西往东碳质板岩、砂岩减少，但火山碎屑岩增加（湖南省地质调查院，2017）。

架枧田组：下部为灰色-灰绿色浅变质含凝灰质细粒石英砂岩夹粉砂岩、泥质凝灰质板岩；上部为条带状板岩、粉砂质板岩、凝灰质条带和沉凝灰岩，发育水平层理、槽状交错层理、沙纹层理。会同一带厚约 1 600 m，雪峰山地区厚约 250 m。西南城步地区岩性以灰白色厚层状浅变质细粒长石石英杂砂岩、浅变质粉砂质长石石英杂砂岩、细粒长石杂砂岩为主夹少量粉砂质板岩、浅变质泥质粉砂岩。东至双峰、醴陵一带下部为灰白色中层状浅变质含砾石英砂岩、浅变质石英砂岩夹紫红色-灰绿色浅变质砂质粉砂岩、粉砂质板岩，上部为灰绿色中厚层状砂质板岩、含凝灰质板岩夹少量紫红色绢云母板岩和石英杂砂岩、石英砂岩，厚度约 310 m。

岩门寨组：分布于新化、隆回、洪江、芷江等地。该组为灰色-深灰色厚层-块状凝灰岩、绢云母板岩、泥质粉砂岩夹少量含凝灰质细砂岩。总体由西往东，火山碎屑减少。

在怀化、黔阳、溆浦一带以沉凝灰岩、凝灰质板岩特征，厚度为 668.4 m。西南城步地区下部以深灰色-灰绿色中厚层状浅变质泥质粉砂岩与条带状粉砂质板岩，上部为灰白色薄层状含凝灰质粉砂质板岩夹中层状条带状凝灰质板岩与少量浅变质泥质粉砂岩、粉砂质板岩、条带状板岩，厚度为 440～1 279 m。东至双峰一带以条带状板岩为主，含少量粉砂质和凝灰质，厚度为 895～1 123 m。再往东至醴陵一带下部以灰绿色中厚层状绢云母板岩、含粉砂质绢云母板岩为主夹少量粉砂岩，中上部为灰色中厚层状条带状凝灰质板岩、凝灰质绢云母板岩、板岩夹凝灰岩，厚度可达 2 669 m。

孙海清等（2013）获得湖南隆回石桥铺组底部玄武－安山质砾岩的锆石 U-Pb 年龄为（829±10）Ma，湖南城步侵入黄狮洞组的二长花岗岩和花岗岩闪长岩 U-Pb 年龄分别为（840±8）Ma 和（835.6±6.7）Ma；马慧英等（2013）获得湖南双峰砖墙湾组沉凝灰岩 LA-ICP-MS 锆石 U-Pb 年龄为（774.9±2.6）Ma；孙海清等（2013）获得湖南城步浆坪砖墙湾组顶部沉凝灰岩 LA-ICP-MS 锆石年龄为（793±9）Ma，湖南高涧架枧田组下部沉凝灰岩 LA-ICP-MS 锆石 U-Pb 年龄为（775±3）Ma；Wang 等（2012b）获得安江岩门寨组凝灰质粉砂岩 SIMS 锆石 U-Pb 年龄为（719±1）Ma；伍皓等（2015）获得托口凝灰质板岩 LA-ICP-MS 锆石 U-Pb 年龄为（732±10）Ma。

2）下江群

下江群由王曰伦 1936 年在贵州从江县下江带命名的“下江系”演变而来，1966 年刘鸿允正式使用下江群代表黔东地区武陵运动不整合面之下与“下板溪群”相当的变质地层，1979 年贵州省地质矿产局区域地质调查队用下江群代表黔东南地区的上板溪群，至此之后明确其层位，秦守荣等（1984）对岩组重新划分，贵州省地质矿产局（1997）由下而上分为甲路组、乌叶组、番召组、清水江组、平略组和隆里组。贵州省地质调查院（2017）以秦守荣等（1984）黔东新元古代地层的划分方案提出了 10 个组的方案。本书按贵州省地质矿产局（1997）简述各组特征。

甲路组：以石英绢云片岩、千枚岩为主，下部夹较多变余砂岩-粉砂岩，上部夹较多钙质千枚岩及大理岩透镜体，底部常见变质砂砾岩。贵州省地质矿产局（2017）将下部砂岩、砾岩层称为归眼组，上部片岩、千枚岩、大理岩层位仍称甲路组。水平层理发育，为混合潮坪向浅海过渡的沉积环境。厚 1～190 m。

乌叶组：下部为灰绿色-灰色石英绢云千枚岩、板岩夹变余砂岩-粉砂岩及少许变余凝灰岩；上部以深灰色-灰黑色绢云千枚岩、碳质或有机质千枚岩、板岩为主，夹变余砂岩及少许薄层状钙质粉砂岩和钙质小透镜体。局部见清晰的水平层理、平行层理和鲍马序列，属半深海-深海相沉积。厚 233.5～1 775 m。贵州省地质调查院（2017）将下部、上部层位分别称为新寨组、乌叶组。

番召组：岩性以变余砂岩-粉砂岩及粉砂质绢云板岩为主。下部为灰色-灰绿色变余砂岩-粉砂岩与绢云板岩互层，上部为灰色-深灰色粉砂质绢云板岩及少许变余砂岩、变余凝灰岩。贵州省地质调查院（2017）分别将下部、上部层位称为番召组、再瓦组。鲍马序列 AE 段、BE 段或 ABE 段等发育，C 段不甚发育。具沟槽模、重荷模及复合模等，常见“火焰状”泥舌构造，砂岩、粉砂岩有正粒序递变层理、块状层理或平行层理。粉砂质绢云板岩的粉砂质纹层时或有波纹层理。主要是半深海-深海相沉积，为海底扇中部相陆源碎屑浊积岩复理石建造，有一些厚层-块状含砾砂岩可能为海底沟道碎屑流沉积。厚 623.9～800 m。

清水江组：以含有大量凝灰质岩为特色，由浅灰色-深灰色、灰绿色变余凝灰岩、变余沉凝灰岩、变余凝灰质砂岩-粉砂岩和板岩组成。发育水平细纹-条纹层理。具有正粒序递变层理、平行层理、交错层理或块状（无纹层）层理；砂质（及粉砂质）绢云板岩和凝灰质板岩具条带状水平层理、波纹交错层理及透镜状层理等。见鲍马序列 ABC、BCD 及 CDE 等，主要为半深海斜坡相陆源碎屑及火山碎屑浊积岩（复理石）建造，可能有海底沟道碎屑流沉积（贵州省地质调查院，2017）。厚 1 620～4 670 m。

平略组：为浅灰色、灰色-灰绿色绢云板岩、粉砂质板岩，夹少量凝灰质板岩与变余砂岩，偶夹数层透镜状砾岩。该组板岩普遍具有水平层理。具鲍马序列 CD 或 CDE 组合。变质粉砂岩有正粒序递变层理、平行层理及交错层理。变质粉砂岩及砂质绢云板岩层面上偶有波痕。主要为半深海斜坡相粉砂岩-泥岩建造，低密度陆源碎屑浊积岩（海底扇下部）相（贵州省地质调查院，2017）。厚 800～2 300 m。

隆里组：为由灰色-浅灰黄色和灰绿色变余含砾不等粒砂岩、变余粉砂岩-细砂岩与粉砂质板岩、绢云板岩组成的不等厚互层。发育水平条纹-条带层理及波痕，有规模较大的鲍马 ABC 序列，也有规模较小的 CD 及 CDE 序列。为浅海-半深海相砂泥岩建造，主要为陆源碎屑浊流沉积（浊积扇中部）相。厚 115～2 040 m。贵州省地质调查院（2017）将下部砂岩砾岩夹板岩层位、上部板岩砂岩层位分别称为隆里组、白土地组。

高林志等（2010a）获得贵州梵净山甲路组沉凝灰岩和雷山清水江组沉凝灰岩的 SHRIMP 锆石 U-Pb 年龄分别为（814±6.3）Ma 和（773.6±7.9）Ma；Wang 等（2012b）获得贵州台江番召组凝灰质粉砂岩、锦屏清水江组凝灰岩与沉凝灰岩 SIMS 锆石 U-Pb 年龄分别为（802±2）Ma、（774±5）Ma 和（773.8±5.4）Ma。尹崇玉等（2007）获得瓮安清水江组沉凝灰岩 SHRIMP 锆石 U-Pb 年龄为（785±19）Ma。陈建书等（2016）获得贵州雷山平略组凝灰质粉砂岩 LA-ICP-MS 锆石 U-Pb 年龄（758±5.7）Ma。汪正江等（2013a）获得贵州锦屏隆里组顶部沉凝灰岩 LA-ICP-MS 锆石 U-Pb 年龄（733±18）Ma。

3）丹洲群

丹洲群源自 1941 年赵金科等在广西融安县丹洲命名的丹洲片岩，广西壮族自治区地矿局区测队于 1973 年称该套地层为板溪群，广西壮族自治区地质矿产局（1985）认为其与板溪群在岩性、岩相上有明显区别，正式使用丹洲群，划分为白竹组、合桐组和拱洞组，董宝林（1991）将合桐组之上的火山岩系建立三门街组，该划分方案被广西壮族自治区地质矿产局（1997）采纳。

该群分布于广西北部九万大山至越城岭一带，为浅变质砂泥质岩夹少量碳酸盐岩。

龙胜县三门一带夹有多层火山岩，并有大量透镜状、基性-超基性岩侵入。与下伏四堡群呈平行不整合或微角度不整合接触，与上覆南华系长安组平行不整合接触。各组沉积特征如下。

白竹组：底部为底砾岩，砾石具定向性。下部为含砾云母石英片岩、含粉砂质片岩、绿泥石石英片岩，上部为白云石英片岩、白云片岩夹方解片岩及条带状大理岩。纵向上岩性由下部碎屑岩向上逐渐过渡为碳酸盐岩，发育交错层理、水平层理及不对称波痕，为滨岸带至潮坪环境。由西向东，白竹组粒度由粗变细，厚度增大，特别是上部钙质层，厚度增大明显（广西壮族自治区地质矿产局，1997）。元宝山一带底部砾石成分复杂，主要有变质砂岩、片岩、千枚岩、中性-基性岩、花岗岩等，下部为片岩或千枚岩夹变质砂岩；上部钙质层厚度加大，厚约 200 m，总厚度大于 600 m。元宝山以西的环江-罗城一带底部砾岩的砾石成分复杂，下部片岩或千枚岩夹较多的变质砂岩及少量变质石英砂岩，上部钙质层较薄，多小于 80 m，总厚度为 345～618 m。元宝山以东三江、合桐一带该组未见底，以千枚岩为主，上部钙质层厚 400 m 以上。

合桐组：下部为灰绿色-深灰色石英绢云千枚岩夹绢云石英千枚岩、变粒岩，上部以深灰色碳质页岩为主夹绢云千枚岩、砂质板岩、石英岩，局部夹白云岩透镜体及磷块岩结核；上部以深灰色-黑色碳质页岩为主，夹少量绿灰色绢云石英千枚岩、绢云千枚岩、砂质板岩及变质砂岩，局部夹海底水道砾岩及滑塌岩块、角砾岩，属斜坡相。空间上岩性比较稳定，均以变质泥岩为主夹少量变质砂岩，普遍含碳质。罗城四堡一带，上部夹碳酸盐岩滑塌角砾岩、滑塌岩块，多以透镜状分布在黑色含碳千枚岩中。龙胜三门一带，该组未见底，夹较多的变质砂岩。龙胜泗水一带，夹许多粉砂岩、砂岩。从西南向东北总体上厚度有增大的趋势（广西壮族自治区地质矿产局，1997）。

三门街组：下部为灰色-灰黑色含碳质绢云母板岩、绢云石英板岩、含碳千枚岩、千枚岩夹基性-超基性岩；上部为细碧-辉绿岩及火山角砾岩、大理岩。熔岩中发育气孔、杏仁构造及枕状构造。由西向东，厚度减少，火山喷出岩夹层逐渐减少（广西壮族自治区地质矿产局，1997）。在三门一带下部为黑色含碳质千枚岩、绢云千枚岩夹层状基性-超基性岩，上部为绢云千枚岩、含碳绢云千枚岩夹细碧岩、中基性熔岩、角斑岩、凝灰熔岩、火山角砾岩及大理岩、硅质岩等，厚 850～1 056 m。在龙胜一带，下部为层状基性岩夹千枚岩或板岩，上部为细碧岩、基性熔岩、火山角砾岩夹绢云千枚岩，总厚度约 1 705 m（广西壮族自治区地质矿产局，2017）。

拱洞组：为灰色-灰绿色绢云千枚岩、绢云板岩夹变质长石石英砂岩及粉砂岩，底部为硅质板岩，局部夹水道砾岩、滑塌角砾岩和白云岩透镜体。发育底冲刷面、递变层理、交错层理、平行层理及水平层理，鲍马序列发育，为大陆斜坡至半深海环境沉积（广西壮族自治区地质矿产局，1997）。该组沉积最大厚度位于拱洞一带，厚 1 793 m；往东北龙胜界口稍微变薄至 1 184 m；往西至罗城江口一带减薄至 384 m。

高林志等（2013）获得罗城四堡合桐组沉凝灰岩 SHRIMP 锆石 U-Pb 年龄为（801±3）Ma。Zhou 等（2007）获得龙胜三门街三门街组流纹英安岩 SHRIMP 锆石 U-Pb 定年结果为 765 Ma；葛文春等（2001b）获得三门街三门街组辉绿岩锆石 TIMS 年龄（761±8）Ma。高林志等（2013）对广西龙胜三门街拱洞组沉凝灰岩 SHRIMP 锆石 U-Pb 年龄结果为（786.8±5.6）Ma，Wang 等（2012b）获得罗城拱洞组凝灰质粉砂岩 SIMS 锆石 U-Pb 年龄（731±4）Ma，元宝山拱洞组碎屑岩 SIMS 锆石 U-Pb 年龄（731.3±4.4）Ma。汪正江等（2013a）获得龙胜瓢里拱洞组顶部沉凝灰岩 LA-ICP-MS 锆石 U-Pb 年龄为（734±7）Ma。Lan 等（2014）获得罗城四堡和三江拱洞组顶部凝灰质板岩 SIMS 锆石 U-Pb 年龄分别为（715±2.8）Ma 和（716±3.4）Ma。

4. 华夏地层区

1）大江边组

在湘东南地区为大江边组[图 3.5（g）、（h）]，该组由唐晓珊等（1994）在湖南省桂阳大江边剖面命名而来，另在湖南衡阳徐家冲有少量出露，其为深灰色-灰黑色板岩、碳质板岩、含白云质碳质板岩，含碳质白云质板岩夹极薄层状细晶白云质大理岩系，未见底，厚度大于 633 m。以碳泥质岩为主，含黄铁矿且水平微层理发育，显示为深水-半深水斜坡下凹陷内滞流还原环境（湖南省地质调查院，2017）。伍皓等（2013）获得大江边组上部泥质岩最年轻的谐和锆石年龄为（734±4）Ma。

2）鹰扬关混杂岩

鹰扬关混杂岩原称鹰扬关群，系由李自惠 （1979）创名于广西贺州市大宁镇鹰扬关，是指绿片岩相变质的以细碧岩、（石英）角斑岩及相关火山碎屑岩为主，含有细碎屑岩、硅质岩和碳酸盐岩的海相有序岩石组合。覃小锋等（2015）通过火山岩地球化学特征及构造背景研究，将鹰扬关群厘定为构造混杂岩。中国地质调查局武汉地质调查中心（2016）通过 1∶5 万区域地质调查，证实鹰扬关群具有典型造山带地层特征，并将其中含变质火山（碎屑）岩比例较高的岩石组合定义为鹰扬关岩组，含火山碎屑岩明显变低的岩性组合定义为拱洞岩组。

鹰扬关混杂岩（原称鹰扬关组部分）由“基质”与“岩块”组成（图 3.6、图 3.7）。基质普遍含凝灰质（变质为绢云母、绿泥石、绿帘石等），岩性包括绢云千枚岩、含绿帘石绢云千枚岩、绿泥石英千枚岩、绢云母白云母千枚状片岩与石英白云母片岩[图 3.6（a）、（b）]等，弱应变域千枚岩可见变余水平层理[图 3.6（c）、（d）]。岩块为变火山角砾岩、变质熔结凝灰岩、变质含火山角砾熔结凝灰岩[图 3.6（e）、（h）]、变质凝灰熔岩、变质角砾熔岩、蛇纹石片岩[图 3.7（a）]、变细碧岩[图 3.7（b）]、变角斑岩、变石英角斑岩、变质流纹岩[图 3.7（c）、（d）]、微（细）晶石英岩[图 3.7（e）、（f）]、白云母大理岩[图 3.7（g）、（h）]与透辉石大理岩等。岩块呈规模不等的块体夹于基质之中，小者长宽不足 1m，大者可达数十米，基质与岩块之间均为断层接触。岩石组合整体无序，局部有序，发育大量以千枚理、片理为基础形成的紧闭—同斜褶皱，普遍产石英脉（或长英质脉）形成的无根褶皱、顶端加厚勾状褶皱，并配合一系列与片理近平行（倾向东）的高角度逆冲断层，具有典型造山带地层特征。

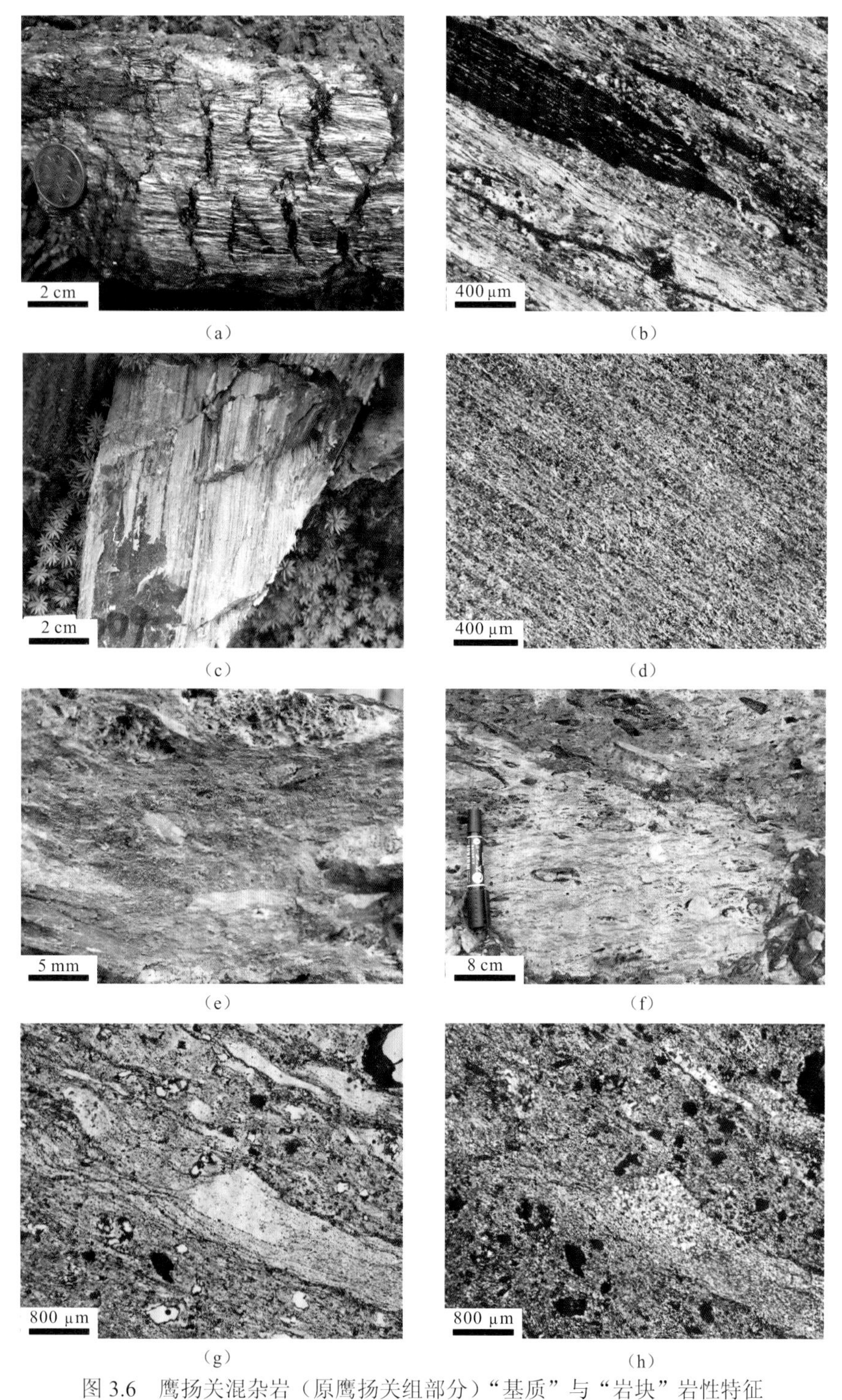

图 3.6　鹰扬关混杂岩（原鹰扬关组部分）“基质”与“岩块”岩性特征

（a）～（d）“基质”；（a）～（b）石英白云母片岩；（a）宏观特征；（b）微观特征，正交光；（c）～（d）绢云千枚岩；（c）变余层理；（d）镜下特征，正交光；（e）～（h）为变质含火山角砾熔结凝灰岩“岩块”；（e）火山角砾；（f）脱落的角砾与气孔构造；（g）～（h）镜下特征，（g）单偏光；（h）正交光；Mu 为白云母，Q 为石英

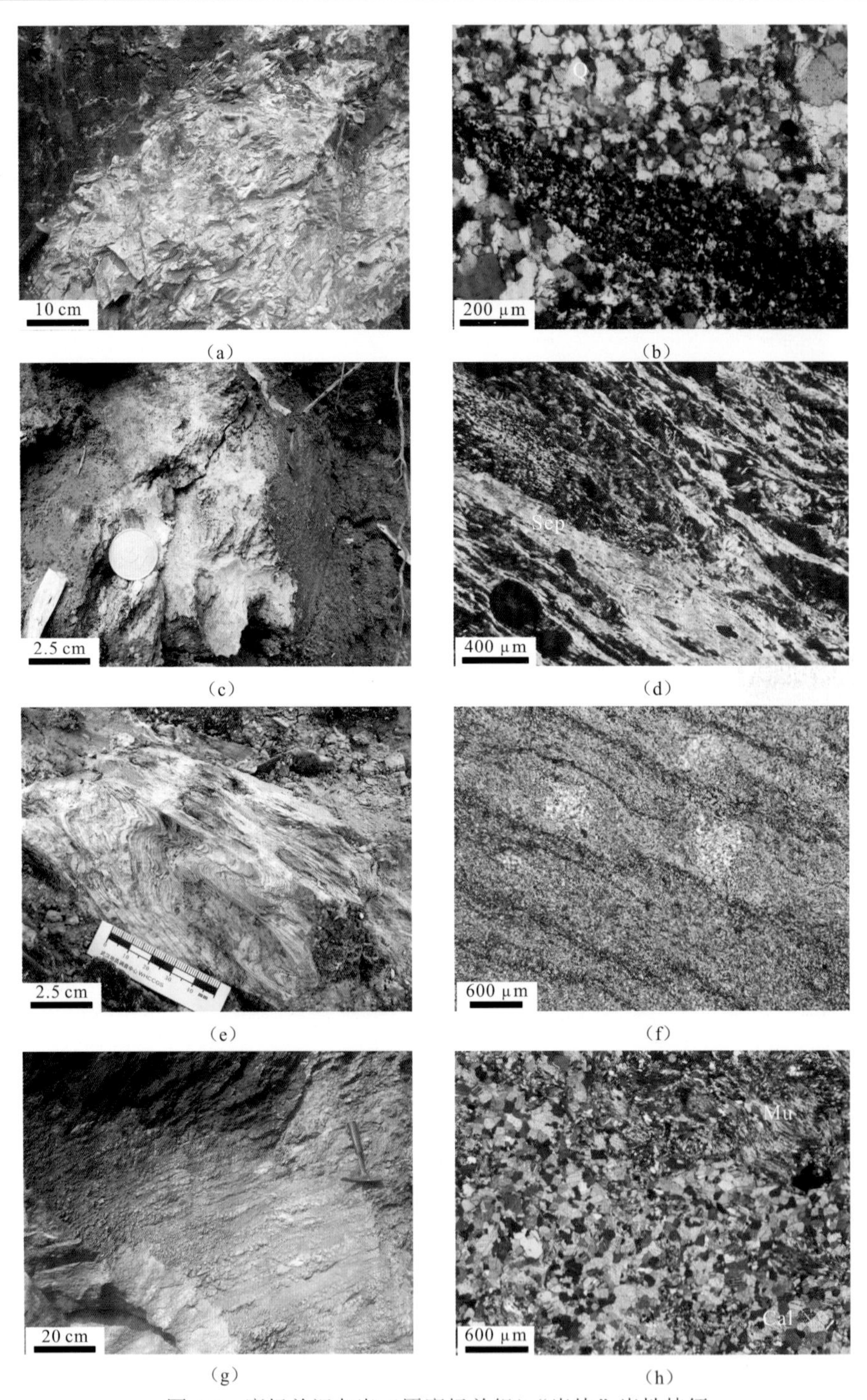

图 3.7　鹰扬关混杂岩（原鹰扬关组）“岩块”岩性特征

(a) 蛇纹石片岩镜下特征，正交光；(b) 变细碧岩；(c) ～ (d) 变流纹岩；(c) 紧闭褶皱；(d) 流纹构造，正交光；(e) ～ (f) 微晶石英岩；(e) 宏观特征，破碎，可见原生层理，并发生褶皱；(f) 镜下特征，嵌晶结构，正交光；(g) ～ (h) 白云母方解石大理岩，(g) 宏观，推测原岩为泥质灰岩；(h) 镜下特征，正交光；Sep 为蛇纹石；Q 为石英，Mu 为白云母，Cal 为方解石

鹰扬关混杂岩（原拱洞组部分）也由“基质”与“岩块”组成。基质作为主体岩性，为石英绢云千枚岩、（绿帘）绢云石英千枚岩、二云母片岩、石英透辉绿泥片岩、绿泥白云母片岩及变余含砂砾白云母片岩化砂岩[图 3.8（a）、（b）]夹磁体矿层，弱应变域，可见变余正粒序层理[图 3.8（a）]，鲍马序列 D、E 段[图 3.8（c）]，D 段具变余水平层理，厚 4 cm，E 段，无层理，厚 2 cm。普遍产无根勾状石英脉，且勾状顶端加厚[图 3.8（d）]。岩块为透闪石大理岩[图 3.8（e）、（f）]、方解石透闪石岩、方解石石英片岩。同样，岩石整体无序，局部有序，并见大量以千枚理、片理为基础形成的等斜－紧闭褶皱，发育一系列由东向西的逆冲断层，局部配合由西向东的逆冲断层及走滑断层组成正花状构造。

图 3.8　鹰扬关混杂岩（原拱洞组）岩性特征

（a）～（b）含砂砾白云母片岩化变余砂岩；（a）正粒序层理；（b）镜下特征，正交光；（c）鲍马序列 D、E 段；（d）石英脉形成紧闭褶皱，顶端加厚；（e）～（f）透闪石大理岩；（e）宏观特征；（f）镜下特征，正交光；Mu 为白云母；Q 为石英；Tl 为透闪石；Cal 为方解石

由于缺乏古生物化石和可靠的同位素年龄资料，前人最初根据区域地层对比最早将鹰扬关混杂岩形成时代定为寒武纪（李自惠，1979）、南华纪早期文献中的早震旦世（广西壮族自治区地质矿产局，1997；陈显伟和何崇泉，1983）。自周汉文等（2002）获得其中变细碧岩锆石 TIMS U-Pb 年龄为（819±11）Ma 后，之后十余年的文献中普遍引用该年龄数据（许效松 等，2012；王剑 等，2006）；之后，田洋等（2015）报道了其中熔结凝灰岩锆石 LA-ICP-MS U-Pb 年龄为（821±3.9）Ma。覃小锋等（2015）获得变角斑岩锆石 LA-ICP-MS U-Pb 年龄为（415.1±2.1）Ma，并据此认为鹰扬关混杂岩形成于早古生代，但阴极发光图像显示锆石多具有核边结构，Pb 丢失较明显，且采样地点南约 5 km 可见末志留世[（417±3)Ma]的岩体出露，该年龄有待进一步研究。王令占等(2019)依据鹰扬关混杂岩与上覆南华系呈角度不整合或断层接触，被后期志留纪花岗岩侵入，接触部位发生角岩化，而花岗岩未见明显的变质变形（如糜棱岩化）等野外证据，认为鹰扬关混杂岩的形成时代早于南华纪。近年来，系统的野外地质调查和室内综合研究表明，虽然鹰扬关混杂岩的岩性组合十分复杂，空间上变化较大，但不同层位的变质火山（碎屑）的锆石 U-Pb 测试结果却十分一致（850～758 Ma），表明火山（碎屑）岩主要形成于新元古代。另外获得变质砂岩样品的最年轻锆石 LA-ICP-MS U-Pb 年龄峰值为 734 Ma，代表了沉积物形成的最大年龄，也支持鹰扬关混杂岩形成于青白口纪。

关于鹰扬关混杂岩的构造归属普遍的观点认为该群形成于罗迪尼亚超大陆裂解背景下的大陆裂谷环境（王剑 等，2013，2006；李献华 等，2008；周小进和杨帆，2007；周汉文 等，2002；吴根耀，2000），其中的火山岩为伸展环境下地幔柱岩浆活动的产物；有些学者认为其形成于弧后盆地（尹福光 等，2003；毛晓冬 等，1998）或弧前深海盆地环境（许效松 等，2012），其中的火山岩为深海环境的海底喷发溢流产物；还有学者认为原鹰扬关组形成于特提斯多岛洋环境，并将其称为“鹰扬关蛇绿岩”，作为扬子与华夏陆块的划分界线（殷鸿福 等，1999）；最近的研究结果表明鹰扬关混杂岩是钦杭结合带南西段加里东期洋陆俯冲—消减过程的地质记录，其中的火山岩形成于岛弧—弧后盆地（覃小锋 等，2015）。通过对鹰扬关混杂岩变质火山（碎屑）岩的岩石学、地球化学及年代学的研究（1∶5 万富川县幅区域地质调查报告，中国地质调查局武汉地质调查中心，2016）认为：①变质凝灰熔岩明显富集大离子亲石元素、放射性生热元素与轻稀土元素，而高场强元素和重稀土元素相对亏损，具有与俯冲-消减作用形成的岛弧型火山岩相似的地球化学特征，其中最可能形成于岛弧环境；②火山（碎屑）岩形成于新元古代；③结合岩石组合、构造样式、地球化学与年代学研究结果，认为其实质为青白口纪不同构造环境下的岩石经历混杂作用形成的构造混杂岩系，可能与青白口纪扬子与华夏陆块拼合及裂解过程密切相关。

5．扬子东南缘青白口纪晚期地层的对比

湘桂地区青白口纪晚期由北部常德、沅陵一带向南部湘南桂阳、鹰扬关海水渐深的古地理格局已经出现，岩性组合具有区域对比性。目前湘黔桂三省（自治区）已分别完成各自的青白口系划分，从岩性组合对比来看，南部水体略深的下江群/丹洲群/高涧群浅变质碎屑岩建造具有很好的可对比性，标志层有下部的钙质岩系、黑色岩系，上部的含大量凝灰质板岩层系（牛志军 等，2014）。

底部的砾岩层及上部的碳酸盐岩层可全区域对比。湖南省地质矿产局（1997）对两段命名为石桥铺组和黄狮洞组，前者为复成分杂砂砾岩建造，后者为千枚岩碳酸盐岩建造，为锰、铁、铜矿及多金属矿产出层位，在湖南城步一带，出现裂隙式喷溢性酸性-基性火山岩。而广西地区的白竹组和贵州地区的甲路组分为下部的碎屑岩段和上部的含钙质岩段。板溪群横路冲组的沉积建造、岩性组合等特征也可以与白竹组碎屑岩段、甲路组碎屑岩段、石桥铺组大致对比。板溪群马底驿组与黄狮洞组同为含钙质沉积，与甲路组和白竹组上部含钙质岩段相当。

桂黔湘三省（自治区）分别命名的乌叶组/合桐组/砖墙湾组，三者岩性一致，下部为砂板岩建造，上部为灰黑色含碳质板岩建造，界线划分标志相近。

贵州的番召组分为下部砂岩段和上部板岩段，因极少含凝灰质成分而从原广义“清水江组”（湘黔桂三省区前寒武系地层小组 1961 年建立）分解出来，下段砂岩层湖南境内较为发育，称架枧田组，在黔桂境内局部地区发育砂岩段，如贵州洪洲、洞村剖面（贵州省地质矿产局，1987），广西界口、三门地区（广西壮族自治区地质矿产局，1985）。从区域上看，该套砂岩层分布不稳定，呈透镜状，向盆地方向渐变为板岩，厚 400～920 m。板溪群五强溪组为粗碎屑岩，与架枧田组属同期异相沉积，同是板溪期低水位时期的产物，只因五强溪组是陆棚边缘沉积，而架枧田组属较典型的斜坡浊流沉积（湖南省地质调查院，2017）。

番召组上部层位以板岩为主，贵州境内曾统称为清水江组，后经数次解体厘定，目前仅指含凝灰质的板岩层位（贵州省地质矿产局，1997，1987），贵州省地质调查院（2007）称之为再瓦组，湘南称岩门寨组，广西境内统称为拱洞组。其向北在湖南中部及北部地区岩性略粗，称多益塘组。戴传固等（2012）认为桂北三门街组流纹英安岩、晶屑凝灰岩与黔东清水江组凝灰质组分具有相似性，为清水江组大量凝灰质组分的来源提供了物质基础和依据，建议两者层位相当，这种通过特殊地质事件对比的思路，值得借鉴。

青白口纪晚期顶部总体岩性较粗，划分为下部砂岩段和上部板岩段，贵州境内称隆里组（贵州省地质矿产局，1997），最近重新命名为隆里组和白土地组（贵州省地质调查院，2017），其在广西境内拱洞组和湘南岩门寨组是相变还是缺失目前还不能确定，湖南 1∶25 万永州市幅区域地质调查报告（湖南省地质调查院，2013d）、1∶25 万怀化市幅区域地质调查报告（湖南省地质调查院，2013a）在岩门寨组上部划分出百合垅组和牛牯坪组，大致界线为湖南靖州至洪江托口一线北西侧展布，这两个组属北部的板溪群上部层位（湖南省地质矿产局，1997），大致与广义的隆里组相当。

综合前述，研究区青白口纪地层对比总结见表 3.1。湘黔桂地区青白口系岩石地层序列以往未能统一，首先是历史的原因，其次是该区自西向东同期地层确实存在一个岩性组合总体变化过程，在纵向与横向上变化也具有相似性。但本书首先考虑的是岩性对比，这显然不是很完善，该地区前寒武系对比还需深入研究。

表 3.1 湘桂及邻区青白口纪地层对比表

地区		湘北		黔东北		桂北		湘中		湘南	建造
青白口系	上部	板溪群	牛牯坪组	下江群	隆里组 二段	丹洲群	拱洞组	高涧群	牛牯坪组	大江边组	板岩
			百合垅组		隆里组 一段				百合垅组		砂岩
			多益塘组		平略组				岩门寨组		板岩 凝灰质板岩
					清水江组						
					番召组 二段						
			五强溪组		番召组 一段		三门街组		架枧田组		砂岩
			通塔湾组		乌叶组		合桐组		砖墙湾组		板岩
			马底驿组		甲路组 含钙质岩段		白竹组 含钙质岩段		黄狮洞组		碳酸盐岩
			横路冲组 / 宝林冲组		甲路组 碎屑岩段		白竹组 碎屑岩段		石桥铺组		砾岩
	下部	冷家溪群	大药菇组	梵净山群	独岩塘组	四堡群	鱼西组	冷家溪群			板岩夹砂岩建造
			小木坪组		洼溪组				小木坪组		
			黄浒洞组		铜厂组				黄浒洞组		
			雷神庙组		回香坪组		文通组		雷神庙组		
					肖家河组						
			潘家冲组		余家沟组		九小组				
			易家桥组		淘金河组						

注：Zhang 等（2015a）认为宝林冲组年龄介于冷家溪群和板溪群之间（824～814 Ma），宝林冲组砾岩和横路冲组砾岩代表了两个角度不整合面，分别反映了两地块的初始碰撞和最终聚合。

从区域的变化来看，板溪群横路冲组沉积时期，研究区北部湖南石门张家湾组下部为河流相的砾岩、砂砾岩、含砾砂岩、石英粗砂岩，向东南方向水体逐渐加深。在益阳、怀化地区沉积横路冲组，益阳桃江地区为灰绿色中厚层状含砾中-细粒岩屑杂砂岩、砂质粉砂岩、泥砾岩夹薄层状粉砂质板岩，怀化芷江地区主要是复杂成分砾岩、含砾砂岩，往上出现岩屑杂砂岩及粉砂质板岩，总体表现为河流相过渡到三角洲相沉积特征，厚度相差较大，益阳桃江地区厚约 20 m，怀化芷江地区厚达 196 m。再向东南娄底双峰地区和城步云场里地区沉积高涧群石桥铺组，娄底地区总体为变质沉火山角砾岩、板岩夹凝灰质砂岩、粉砂岩，厚达 400 m；城步地区为灰绿色中至厚层状长英质片岩、云母长英片岩夹少量含钙质黑云母石英微晶片岩、黑云母微晶片岩等，厚度大于 116.3 m，是浅海砂泥质沉积变质而成。向南在贵州从江和广西三江地区均为滨海沉积。贵州从江地区沉积甲路组一段千枚岩、片岩、变质粉砂岩－细砂岩互层，偶夹薄层状变质凝灰岩，厚 540 m；向南东广西三江地区沉积丹洲群白竹组下部，总体岩性为变质砾岩、变质砂砾岩、含砾片岩、绿泥片岩、千枚岩，发育交错层理、不对称波痕，厚度大于 400 m。

马底驿组沉积时期，湘桂地区总体以滨海沉积为主，少量斜坡相沉积及碳酸盐台地沉积。在石门沉积张家湾组上部紫红色、灰绿色中-厚层状浅变质中-细粒石英砂岩、长石石英砂岩、粉砂岩及粉砂质板岩、板岩；在益阳桃江和怀化芷江地区沉积马底驿组紫红色粉砂质板岩、绢云板岩、粉砂岩；其中怀化芷江地区夹有灰岩条带或灰岩团块，益阳桃江地区沉积厚度较大，可达 1 500 m，而怀化地区仅约 600 m。西南贵州从江地区沉积甲路组二段钙质千枚岩、钙质片岩夹绢云绿泥片岩、千枚岩及千枚状板岩，偶有块状大理岩透镜层。广西三江沉积白竹组上段钙质片岩、钙质千枚岩夹绢云千枚岩，顶部出现条带状大理岩。而在娄底双峰和城步云场里地区水体都较深，娄底双峰地区沉积黄狮洞组灰色、灰紫色含灰岩团块的钙质板岩、粉砂质板岩夹薄层灰岩，总体表现为大陆斜坡沉积；城步云场里地区沉积黄狮洞组灰绿色绢云母微晶片岩、云母石英微晶片岩、黑云母变粒岩、含钙质黑云母微晶石英片岩等，并有碳酸盐台地相灰色-灰白色薄至中层状大理岩、黑云石英大理岩及变质基性-中酸性火山岩。

通塔湾组沉积期：益阳地区下部为灰绿色砂岩、板岩，上部为岩屑石英杂砂岩，发育波状层理，总体属滨海相，厚 235.8 m。向西南方向水体加深，沉积厚度增大，火山物质增多。到怀化芷江地区为绢云母板岩、凝灰质板岩、粉砂质板岩夹沉凝灰岩、玻屑凝灰岩、碳质板岩，发育水平层理、沙纹层理，属陆棚相，厚 646 m；娄底双峰地区砖墙湾组为深灰色、灰黑色板岩与火山碎屑岩组合，为水动力微弱的深水盆地沉积，由西向东火山碎屑物质减少，碳质成分减少，粉砂质成分增高，厚 548 m；贵州从江乌叶组下段由板岩、千枚岩、变质粉-细砂岩组成，少有片岩、石英岩及变质凝灰岩，发育平行层理、交错层理、脉状层理及不对称波痕等，见黄铁矿；乌叶组上段以深灰色-灰色板岩为主，偶夹变质凝灰岩或变质沉凝灰岩，发育水平纹层，沉积于滞留缺氧的深海盆地，整个乌叶组厚 1 223 m。广西合桐组下部为绢云千枚岩、绢云石英千枚岩夹变质砂岩、变质粉砂岩、变质长石石英砂岩，合桐组上部为黑色碳质页岩夹绢云石英千枚岩、砂质板岩，属大陆斜坡沉积；湖南城步云场里砖墙湾组为条带状粉砂质板岩、绢云千枚状板岩、含粉砂质绢云母板岩夹浅变质泥质粉砂岩、中厚层状细粒长石石英杂砂岩及含碳质板岩、含碳质硅质板岩等，厚 399.7 m，属大陆斜坡沉积。

五强溪组沉积期：益阳桃江地区五强溪组为厚层-块状石英砂岩、长石石英砂岩，往上夹薄层状粉砂质板岩、粉砂岩，中部夹火山碎屑岩，厚 2 500 m。向西南水体变浅，怀化芷江地区为滨海沉积，以长石石英砂岩、石英砂岩为主，中部夹粉砂质泥岩、泥岩，含少量的砾石，普遍发育平行层理、大型斜层理、中-大型板状、楔状、槽状交错层理、冲洗层理、透镜状层理、波痕等构造，厚 641 m。娄底双峰架枧田组为浅变质细粒含长石石英杂砂岩、石英砂岩、石英粉砂岩夹条带状粉砂岩板岩、凝灰质板岩，具平行层理、水平层理、沙纹层理，属浅海沉积，厚 365 m。贵州从江番召组为一段中厚层至块状变质粉砂岩、细砂岩与板岩不等厚互层，厚约 800 m；广西三门、龙胜一带出现基性、超基性岩和火山岩，局部地区在拱洞组底部有砂岩出现。城步云场里架枧田组由浅变质细-中粒长石石英杂砂岩、粉砂质细粒长石石英杂砂岩、长石杂砂岩夹薄层状粉砂质板岩、泥质粉砂岩，发育小型沙纹层理、交错层理、递变层理，属大陆斜坡沉积，厚 230 m。

多益塘组沉积期：益阳地区为条带状粉砂质板岩、条带状板岩夹凝灰质板岩、变沉凝灰岩，发育水平层理、滑塌层理、包卷层理，以大陆斜坡沉积为主。由东向西厚度变薄。怀化芷江地区为条带状含凝灰质板岩、砂质板岩夹凝灰岩、玻屑沉凝灰岩、凝灰质粉砂岩和细砂岩，发育水平纹层、小型交错层理、包卷层理等，属陆棚-大陆斜坡沉积夹火山碎屑，厚 358 m。娄底双峰岩门寨组下部以条带状板岩为主，含少量粉砂质和凝灰质，局部含少量岩屑石英杂砂岩，发育水平层理，为大陆斜坡相，另夹少量硅质沉积，厚 896 m。贵州从江地区番召组二段至平略组均为板岩建造，其中清水江组中凝灰质含量高，发育水平层理，鲍马序列发育，为大陆斜坡沉积，总厚达 5000 余 m。广西三江拱洞组为千枚岩、板岩夹变质长石石英砂岩、变质粉砂岩，属大陆斜坡相，总厚 1793 m。城步云场里岩门寨组为灰黑色板岩、粉砂质板岩，夹砂岩，中上部以含凝灰质为特征。发育滑塌变形层理、交错层理等，属大陆斜坡沉积，厚 440 m。此时华夏地层区为大江边组黑色板岩建造，表明水体更深。

百合垅组沉积期：目前较为明确的是见于湘中、黔东北砂岩建造，向南由于海水渐深以板岩建造为主。益阳桃江地区为含铁质石英砂岩夹粉砂质板岩、含砾板岩，结构和成分成熟度较高，发育交错层理、波状层理等，为滨海沉积，厚 515.2 m。怀化芷江地区以含砾长石石英杂砂岩、凝灰质岩屑石英砂岩、含砾凝灰质长石石英砂岩为主，夹薄层条带状粉砂质板岩，发育水平层理、沙纹层理，厚 289 m。贵州从江一带为隆里组砂岩夹板岩或者互层建造，厚 683 m。湖南娄底双峰岩门寨组上部为板岩、粉砂质板岩夹石英砂岩，发育脉状层理和波状层理。广西三江、湘南地区均为以板岩沉积为主，反映水体较深。

牛牯坪组沉积期：总体以板岩建造为特征。湖南益阳地区以条带状粉砂质板岩、泥板岩和凝灰质板岩为主间夹粉砂岩，发育水平纹层和少量沙纹层理，厚 588 m。怀化地区以条带状凝灰质板岩、泥质板岩为主，偶夹层状沉凝灰岩，发育水平纹层，厚 750 m。贵州从江为绢云板岩夹少量粉-细砂岩，厚 390～800 m。广西三江、湘南高涧群顶部地区均为以板岩沉积为主，具体厚度与下伏层位无法区分而不清楚。湘南郴州地区大江边组黑色板岩建造，其地层厚度因出露少而不全，精细的对比还需要再研究。

三、典型剖面沉积特征

鄂东南地区的大药菇组研究始于 1∶20 万通山县幅区域地质调查，最早称其为板溪群梅坑组上段，在湖北省通山县成家洞测制了地层剖面（湖北省地质局，1966），而后又于通城县大药菇山创名大药菇组（湖北省地质局，1976）；湖北省地质矿产局（1990）认为两者岩性特征基本可对比，综合考虑后停用了梅坑组而沿用大药菇组，以作为冷家溪群最上部的岩石地层单位。

由于大药菇剖面邻近湖南省，湖南省对于该套地层的研究也较为详细。湖南省以往对冷溪群顶部地层称坪原组（湖南省地质矿产局，1997），而后唐晓珊等（2000）在株洲杨林冲地区另建“杨林冲组”取代坪原组，孙海清等（2009）认为湘东北地区覆于小木坪组之上的粗碎屑岩系层序与岩石组合特征与原“坪原组”“杨林冲组”不符，而与大药菇组大体一致，因此也沿用了大药菇组一名。至此，大药菇组作为冷家溪群最上部的岩石地层单位在区域上逐步被确立起来。

（一）剖面概况

鉴于原“梅坑组上段”的成家洞剖面现在植被覆盖较多，露头差，这里重点介绍新测制的通山小洞剖面。小洞剖面位于通山县城以北约5km的四斗朱水库东岸公路边，起点坐标为 29°39′50″N，114°28′01″E，其中大药菇组整合覆于小木坪组之上，上覆地层为莲沱组，剖面大药菇组出露非常完整，露头好，顶底清楚，是一条非常难得的地层剖面（图3.9），剖面描述见何垚砚等（2017）。

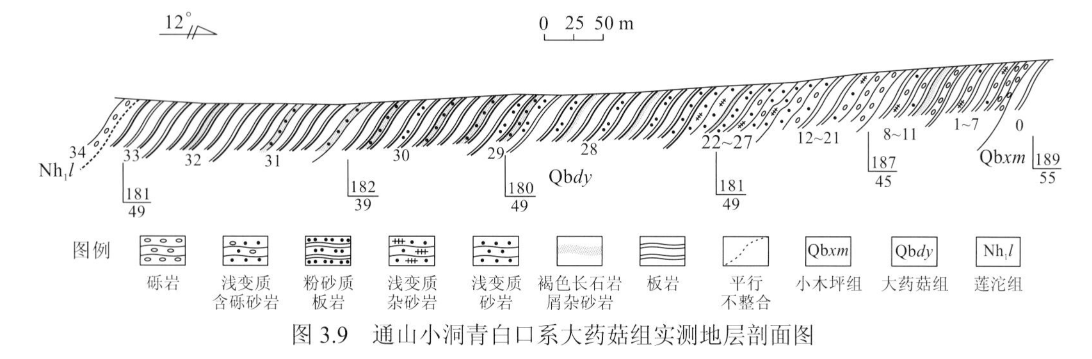

图3.9　通山小洞青白口系大药菇组实测地层剖面图

同时，为了更好地区域对比，本书对湘鄂交界处的药菇山剖面进行了重新实测（图3.10），该剖面最早为湖北省地质矿产局进行1∶20万区调中测制，湖南省地质调查院在2003年开展1∶5万区调中重新测制（孙海清 等，2009），其文中所列实测剖面大药菇组存在地层倒转，这一现象在作者所测的剖面中没有发现，可能是两个剖面中大药菇组均未见顶的原因。实测剖面记录列述如下。

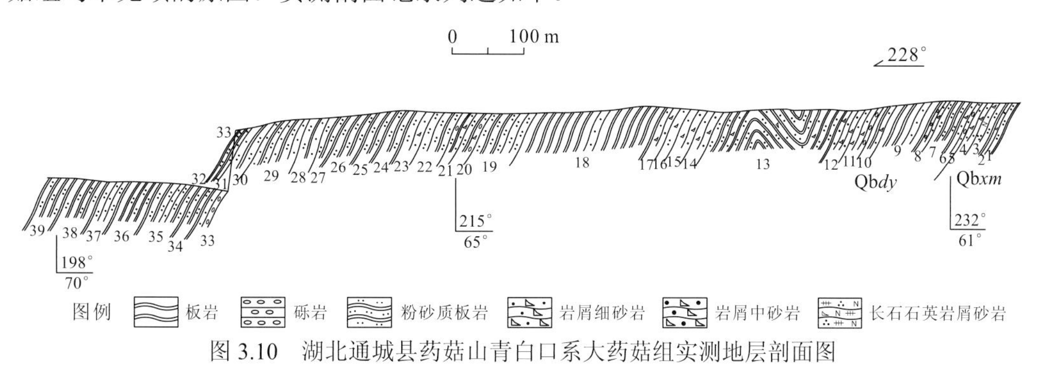

图3.10　湖北通城县药菇山青白口系大药菇组实测地层剖面图

青白口系大药菇组（Qb*dy*）（未见顶）

39. 土黄绿色中层状粉砂质板岩夹砂质条带（宽 1～2 mm），向上变为灰绿色薄层状板岩夹少量砂质条带（宽0.5～2 mm），其上部掩盖，未见顶；　>33.1 m

38. 土黄绿色中薄层状板岩、粉砂质板岩夹砂质条带，砂质条带宽1～2 cm，岩石风化、破碎；　63.5 m

37. 土黄绿色薄层状粉砂质板岩夹中薄层状岩屑中砂岩，向上岩屑中砂岩增多；　28.0 m

36. 灰绿色薄层状粉砂质板岩、板岩，偶夹砂质条带，向上平行层理发育，砂质条带增多；　37.9 m

35.灰绿色薄层状含砂质条带的粉砂质板岩，其中含细小的黄铁矿颗粒，直径 0.5～1 mm，砂质条带宽0.2～0.5 cm；　43.9 m

34. 灰绿色薄层状粉砂质板岩夹砂质条带，粉砂质板岩中可见黄铁矿颗粒，晶形良好，砂质条带宽1～3 cm；　22.4 m

33. 青灰色中厚层状砾岩层与青灰色中薄层状细砂岩，砾岩层可分为两类：①密集砾岩层，砾石呈圆状、椭圆状，长轴平行于层理面，砾石成分主要为石英、粗砂岩及其他，该种砾石层呈条带状分布于岩屑砂岩中，界面截然，宽 5～20 cm，其间亦可见较大砾石（可达 3 cm×10 cm，多为粗砂岩砾石）；②稀疏砾岩层，其中砾石分选极差，小至 0.5 cm×0.5 cm，大者可达 5 cm×10 cm，大颗砾石主要呈椭圆状，多数顺层分布，部分砂岩砾石中见原生纹理，该类砾石向上增多； 20.3 m

32. 灰绿色薄层状粉砂质板岩； 7.5 m

31. 覆盖； 7.5 m

30. 土黄色中薄层状粉砂质板岩，向上夹少量砂岩； 32.4 m

29. 土黄色中层状砂岩与薄层状粉砂质板岩互层，粉砂质板岩中发育水平层理； 36.1 m

28. 绿灰色中层状粉砂质板岩夹薄层状砂岩； 20.2 m

27. 土黄绿色薄层状粉砂质板岩； 18.3 m

26. 覆盖； 30.4 m

25. 灰绿色中薄层状粉砂质板岩； 14.9 m

24. 灰绿色中厚层状粉砂质板岩； 22.2 m

23. 灰黄色中层状岩屑砂岩与薄层状粉砂岩组成的韵律层； 22.7 m

22. 土黄色薄层状粉砂质板岩与中厚层状粉砂岩互层，露头不佳； 34.5 m

21. 青灰色薄层状粉砂质板岩夹中层状岩屑细砂岩，向上砂岩增多，顶部偶见砾石； 18.5 m

20. 底部灰白色厚层状岩屑细砂岩夹砾岩，向上薄层状板岩增多；砾岩层厚 10～50 cm，其中砾石分布不均匀，多数呈透镜状顺层分布，但也有个别大砾石（0.5 cm×2 cm）斜交层理分布，较密集砾岩层（砾石含量约 30%）与较稀疏砾岩层（砾石含量约 5%）截然过渡，而后渐变为砂岩，砾石大小多为 2～3 mm，成分复杂，主要有硅质、砂质和石英； 19.4 m

19. 底部为青灰色厚层状粉砂岩，向上变为灰黄色薄层状粉砂质板岩； 54.0 m

18. 灰黄色薄层状粉砂质板岩夹少量薄层状细砂岩，其间偶夹砂质条带，条带宽 1 cm，粉砂质板岩发育水平层理，局部露头不佳； 32.8 m

17. 底部 1.5 m 为灰绿色厚层状岩屑中砂岩，向上变为中薄层状岩屑细砂岩、粉砂质板岩，中砂岩可见粗砂条带，条带宽 1～4 cm，与中砂岩截然分界，细砂岩风化后见黄铁矿锈蚀后留下的空洞； 19.1 m

16. 青灰色中层状岩屑细砂岩、粉砂岩夹中层状岩屑中砂岩，见不完整的鲍马序列； 17.0 m

15. 青灰色块状岩屑中砂岩夹厚层状岩屑细砂岩，中砂岩可见不明显的正粒序层理，细砂岩发育平行层理； 24.7 m

14. 青灰色中厚层状具平行层理的岩屑细砂岩夹平行层理不发育的岩屑中砂岩； 23.7 m

13. 灰绿色薄层状粉砂质板岩夹中层状岩屑细砂岩； 27.9 m

12. 青灰色块状中粒岩屑砂岩，偶见不连续的平行层理； 22.9 m

11. 青灰色块状岩屑细砂岩夹砾岩及少量板岩，砂岩中发育水平层理，板岩中发育水平层理，砾岩层分密集砾岩层和稀疏砾岩层，密集层砾石含量约 60%，成分以石英为主，大小为 0.2～0.4 cm，与上下层截然分界，稀疏层砾石含量约 10%，成分以石英为主，分选差，砾石长轴顺层分布； 20.5 m

10. 青灰色中厚层状岩屑细砂岩与板岩互层，向上以粉砂质板岩为主；　13.9 m

9. 土黄色薄层状板岩夹砂岩，板岩风化后呈砖红色，隐约可见水平层理；　21.3 m

8. 灰绿色块状岩屑细砂岩，不显层理，单层厚大于 1 m，顶部见砾石层，与第 5 层岩性相近，但露头较差，风化后呈砖红色；　8.0 m

7. 浅黄绿色薄层状粉砂质板岩，单层厚 5～10 cm，水平层理隐约可见，风化后部分呈砖红色；　29.7 m

6. 灰色薄-中层状岩屑细砂岩，单层厚 10～30 cm 底部 1.5 m 为灰色薄层状岩屑细砂岩，单层厚 3～10 cm，岩层中水平层理发育，粗细纹理相间；　5.4 m

5. 灰色厚层状含砾细砂岩，砾石在砂岩中顺层分布，含砾层与砂岩呈渐变关系；砾石成分复杂，主要有白色、灰色、绿色等，大小为 2～3 mm，胶结较好，磨圆一般，呈次棱角状，分选较好，砾石层平行层面分布，可见不明显的冲刷面；　5.4 m

——————整　合——————

下伏地层：青白口系小木坪组（Qb*xm*）

4. 灰绿色中层状岩屑细砂岩夹薄层状粉砂质板岩；　12.9 m

3. 浅灰绿色薄层状粉砂质板岩与薄-中层状长石石英岩屑细砂岩互层，粉砂质板岩水平层理明显；　21.1 m

2. 灰绿色中层状岩屑砂岩夹土黄色薄层条带状粉砂质板岩，岩屑砂岩单层向上变薄；　3.0 m

1. 灰绿色薄-中层状粉砂质板岩夹灰白色中-薄层状岩屑石英细砂岩，未见底。　>6.9 m

小洞剖面岩石组合自下而上可分为两段，两者之间渐变过渡。

下段（1～25 层）厚 167.6 m，底部以砾岩出现为标志，与下伏小木坪组整合接触，岩性组合以砾岩和含砾（粉）砂岩为主，常由砾岩（或含砾砂岩）—砂岩—粉砂质板岩组成韵律，夹含少量褐色岩屑石英杂砂岩。绝大多数砾岩成层分布，但也有少部分砾岩层中砾石成块分布，或向一侧尖灭。砾岩层与其上下的砂岩层通常为突变接触，底部可见槽模构造。可识别出三个由粗到细旋回，每个旋回内部又有次一级的旋回，砾石大小总体上有先变大后变小的趋势。

上段（26～33 层）厚 371.5 m，下以大套粉砂岩或粉砂质板岩的出现与下段过渡，偶夹少量含砾层，与上覆南华系莲沱组呈平行不整合接触，岩性组合为千枚状板岩或条带状板岩及少量浅变质杂（粉）砂岩，可见褐色岩屑石英杂砂岩夹层，相对于下段的褐色砂岩夹层而言，其层厚稳定，成层性好，出现的频次变高；粉砂质板岩中发育水平层理、斜层理、波痕等。

小洞剖面局部层序特征如图 3.11 所示，各层序在剖面中的位置如图 3.15 所示。可以看出，大药菇组下段岩性常出现突变现象，发育鲍马序列 AD、ABD 组合，而上段则水体相对稳定，发育 CD、CDE 组合，但这并非严格意义上的鲍马序列，下文将详述其原因。

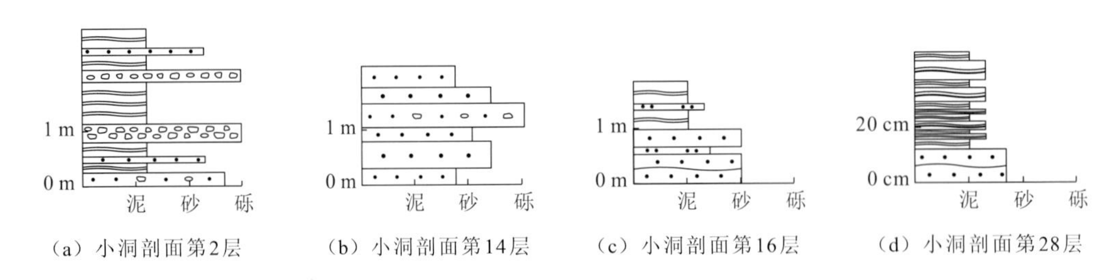

（a）小洞剖面第2层　（b）小洞剖面第14层　（c）小洞剖面第16层　（d）小洞剖面第28层

图 3.11　小洞剖面局部层序特征

图例及层序在剖面中的位置见图 3.14

（二）岩石学特征

小洞剖面岩石类型主要有砾岩和含砾砂（板）岩、浅变质（杂）砂岩、（千枚状、条带状）板岩，各类岩性详细特征如下。

砾岩和含砾砂（板）岩：主要分布在剖面中下部，砾石成分通常以脉石英或砂质为主，各砾石层之间的成分、含量、粒度变化均较大，就整个剖面而言，自下而上脉石英质砾石先增多后减少，砂质砾石先减少后增多；砾石粒度先变大后变小；砾岩与其上下的砂岩之间多为突变接触。同一套砾石层内常有密集与稀疏之分，密集层砾石含量往往骤然升高，与稀疏层界面截然[图 3.12（a），图 3.13（e）、（f）]，还有的在同一砾岩层内砾石也分布极不均匀。以小洞剖面为主，结合对药菇山剖面的观察，将大药菇组砾岩层大致分为五类（表 3.2）。

浅变质（杂）砂岩：大药菇组砂岩主要为变质石英杂砂岩、变质岩屑石英杂砂岩、变质长石石英杂砂岩及含凝灰质变质粉砂岩，少量变质长石岩屑杂砂岩，这些砂岩的基质含量通常较多（10%～38%），碎屑组分主要为石英（70%以上）、岩屑（5%～15%）、长石（5%～10%）。镜下可见部分碎屑具有晶屑特征[图 3.12（c）]，基质中可见隐晶质燧石晶出，可能为凝灰质重结晶所致，部分砂岩被后期的方解石交代，其中的杂基被交代时可出现“灰泥”杂基胶结的假象[图 3.12（e）]。值得注意的是，砂岩中的褐色岩屑砂岩，剖面自下而上均可见，时而分散在青灰色砂岩中，时而单独成层[图 3.12（d）]，褐色物质含量变化较大，在地层序列中所占的比例也有所变化，总体而言，向上出现频率变高，成层性变好，其所含的铁质氧化物呈板状或不规则状[图 3.12（f）]，有的近乎片状，但原矿物已无法辨别，是否有特殊的成因意义，有待进一步的研究。

（千枚状、条带状）板岩：主要类型有板岩、千枚状板岩及含砂质条带的板岩，主要分布在剖面中上部，常夹砂质条带，一些板岩表面呈现不明显的丝绢光泽。在剖面下部以砾岩为主的地层中，常分布于砾岩层之上，与砾岩层构成一个由粗到细的旋回[图 3.12（b）]。在镜下可见到鳞片状绢（水）云母之间有许多细小的隐晶质燧石，可能为凝灰质重结晶形成。岩石中常见自生黄铁矿颗粒，多被溶蚀留下铁锈色的空洞。

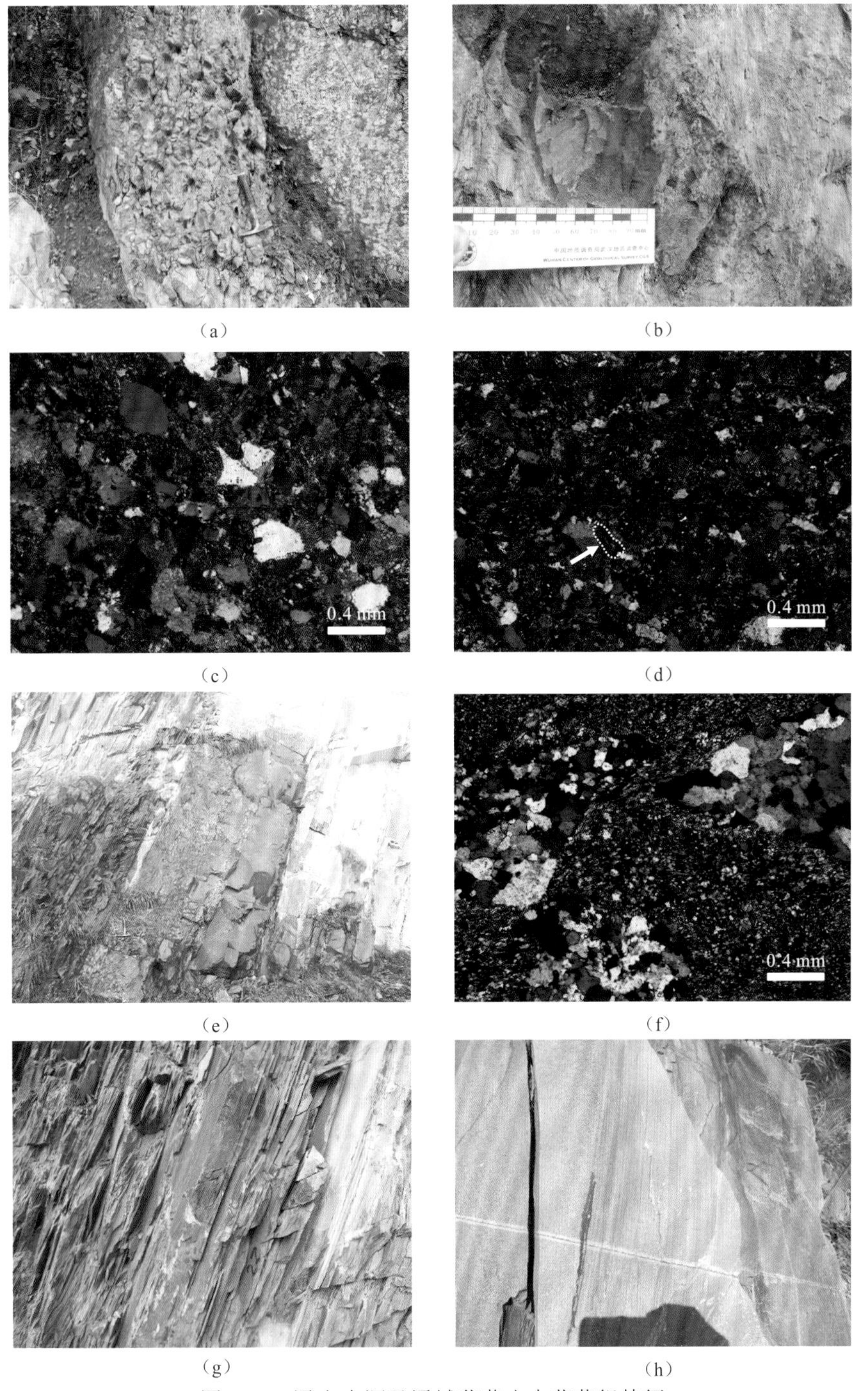

图 3.12　通山小洞及通城药菇山大药菇组特征

(a) 小洞剖面第 19 层砾岩，砾石以砂质为主；(b) 小洞剖面第 7 层风化的褐色岩屑砂岩；(c) 小洞剖面第 2 层中粒岩屑石英杂砂岩，被后期方解石交代，可见少量晶屑，正交偏光，样品号 15XD-3b1；(d) 小洞剖面第 4 层褐色细粒岩屑砂岩，箭头所指为褐色铁质氧化物，样品号 15XD-5b2，正交偏光；(e) 药菇山剖面大药菇组砾岩与砂岩层序特征；(f) 药菇山剖面砾岩镜下的棱角状石英质砾石；(g) 药菇山剖面中大药菇组上部的含粉砂质条带的板岩，水平层理发育；(h) 药菇山剖面中大药菇组下部的砂岩（左侧）与水平层理发育的细砂岩（右侧）

图 3.13　通山小洞剖面及通城药菇山剖面中大药菇组砾岩层沉积特征

（a）小洞剖面第 19 层砾岩层中的板岩“砾石”，板岩中可见层理，与砾岩层产状不协调；（b）小洞剖面第 5 层底部砾岩，砾石以石英为主，与其上下的砂岩层均呈突变接触；（c）小洞剖面第 12 层含砾砂岩中半固结的细砂质砾石与细小的石英质砾石共生；（d）药菇山剖面中大药菇组下部砾岩层中，在简单剪切作用下发生雁行破裂的粉砂质砾石；（e）药菇山剖面中大药菇组砾岩层与砂岩层界线截然，砾石含量高，分选差；（f）药菇山剖面中大药菇组碎屑流沉积特征，A 段无粒序层理且顶部与 B 段为突变接触

表 3.2　大药菇组砾岩分类描述

类型	特征描述	素描图（图例同图 3.15）	备注
第一类	颗粒支撑，砾石含量高，粒度通常较大（5～8 cm），圆状，分选中等—良好；成分以砂质为主，风化面上砾石明显突出，层内可见板岩或粉砂质板岩“砾石”顺层不连续分布，“砾石”层理与砾岩层产状并不协调	10 cm	图 3.12（a）和图 3.13（a）

续表

类型	特征描述	素描图（图例同图 3.15）	备注
第二类	砾石呈圆状、椭圆状，磨圆好但分选极差，砾石成分多与基质成分相近，胶结好，常见白色椭圆状砂质砾石	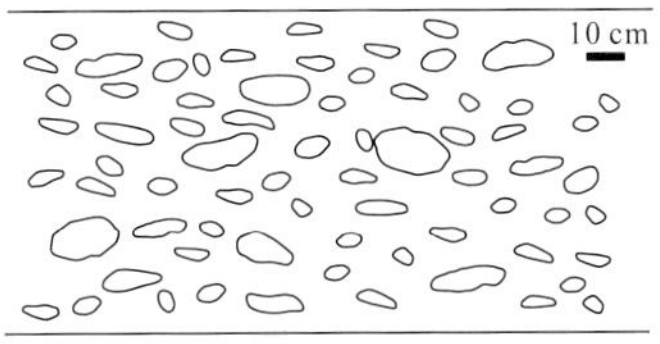 10 cm	药菇山剖面中较为发育［图 3.3（b）］
第三类	砾石小而密集，有的呈扁圆状，分选良好或中等，成分以石英质和砂质为主，常含白色扁圆状砾石，顺层定向排列，砾岩层与其上下的砂岩常呈突变接触，接触面较平直	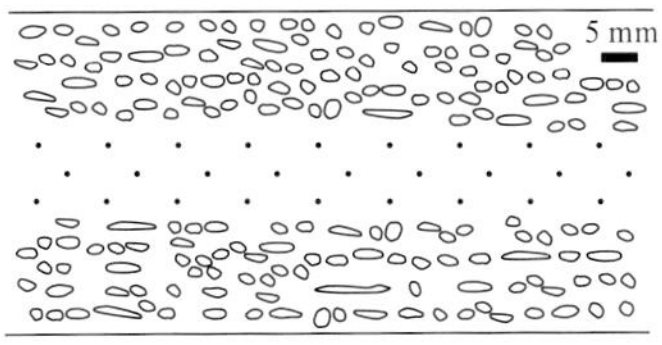 5 mm	药菇山剖面中较为发育［图 3.13（e）、（f）］
第四类	基质支撑，砾石成分单一，成分成熟度高，90%以上为石英质，分选极差，磨圆多为次圆—圆状，但也可见棱角状砾石，砾石稀疏分布在细砂基质中	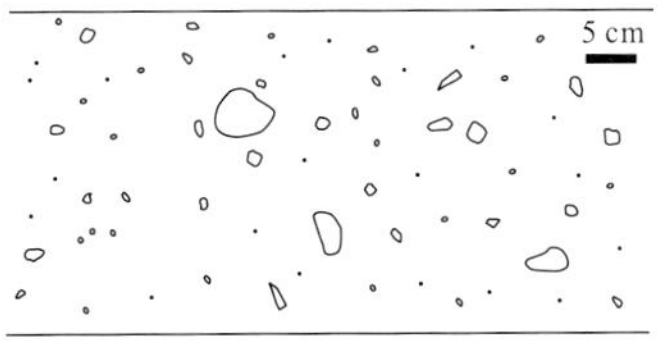 5 cm	图 3.13（b）
第五类	含砾板岩或含砾砂岩，砾石分布不均匀，分选极差，砾石成分复杂，有时含细砂质砾石	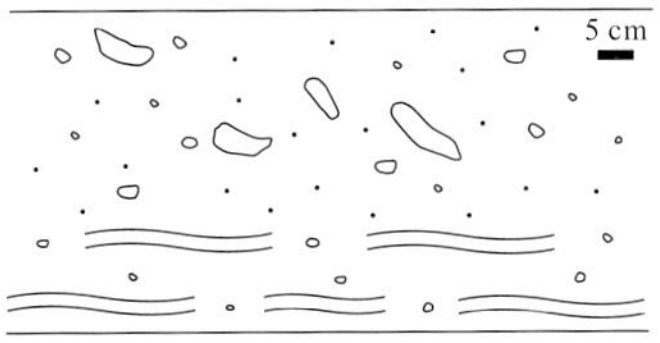 5 cm	图 3.13（c）

（三）沉积特征

小洞剖面下段含砾层的沉积特征十分引人注目，其上段的砂岩与板岩之间多为截然变化，且接触面平直，这种岩性突变面是重力流沉积的重要标志（邹才能，2009），伏于大药菇组之下的小木坪组上部具低密度浊流特征与复理石韵律结构特征（湖南省地质矿产局，1997），也是重力流沉积的产物。因此，在上下层位的限定下，小洞剖面下段的含砾层也应为重力流沉积。

Middleton 和 Hampton（1973）按不同的沉积物支撑机制将重力流分为碎屑流、颗粒流、液化沉积物流和浊流，其中碎屑流和浊流在地质记录中较为常见，随着“高密度浊流”术语的引入，浊流的概念逐渐扩大化，使得一部分碎屑流的沉积被认为是浊积岩（高红灿 等，2012）。有鉴于此，Shanmugam（1996）进一步提出了砂质碎屑流和泥质碎屑流的概念，并总结了砂质碎屑流的识别标准，后又提出碎屑流的斜坡沉积模式（Shanmugam，2000），高红灿等（2012）也详细总结了碎屑流和浊流之间的区别。

前人的理论研究对认识小洞剖面下段的含砾层成因有巨大的借鉴意义。小洞剖面下段含砾层主要发育三类砾岩，即表 3.2 中的第一类、第四类和第五类。这些砾岩层具有一些共同的沉积特征，即与上下的砂岩层均为突变接触[图 3.13（e）、（f）]，缺乏正粒序层理，这与浊积岩具有“突变或侵蚀的底、正粒序、渐变的顶”（高红灿 等，2012）的特征明显不符，同时第四类砾岩中漂浮的分选极差、磨圆度相差较大的石英颗粒[图 3.13（b）]也无法用浊流来解释；相比之下，这些特征与碎屑流的沉积特征十分吻合。首先，碎屑流沉积顶部和底部均为突变接触，并且碎屑流是通过冻结方式整体沉降的（Stow et al.，1996），所以比重、粒度、形状和硬度相差较大的石英颗粒和泥质撕裂屑等碎屑颗粒能混杂地漂浮于泥—砂中，而不存在水力学的分选和磨圆问题（高红灿等，2012），并且，部分砾岩层侧向尖灭的几何形态也与 Shanmugam（1996）提出的砂质碎屑流识别标准一致。

因此，大药菇组下段的含砾层应为碎屑流沉积，属于再沉积砾岩，其中第一类砾岩应为 Shanmugam（2000）碎屑流沉积模式中的水道体系（图 3.14），呈“岩块”状分布的砾石为崩塌成因。

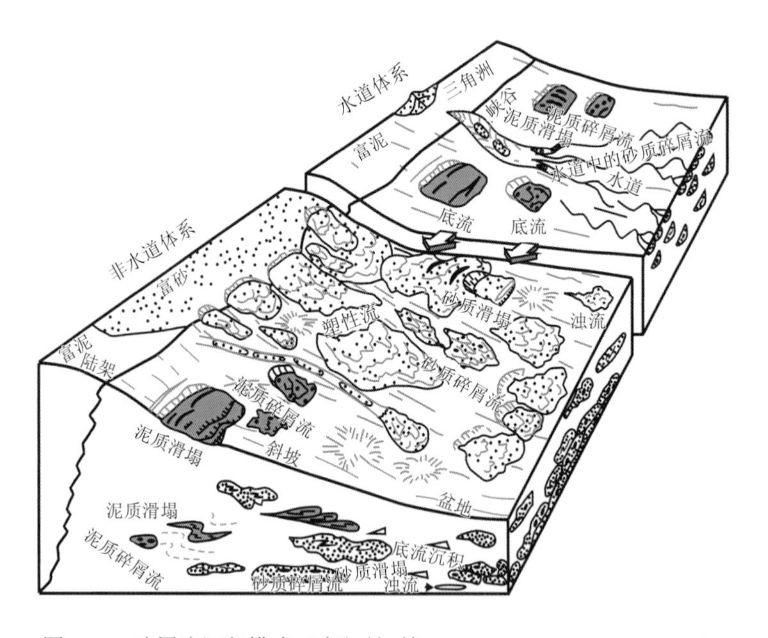

图 3.14　碎屑流沉积模式（高红灿 等，2012；Shanmugam，2000）

（四）与湖南地区的对比

区域分布上，大药菇组主要出露在湘鄂边境的通城县大药菇—临湘市四屋—张家坪一带，在平江、浏阳、益阳马迹塘及湘中石桥铺局部可见（湖南省地质调查院，2017）。

冷家溪群顶部层位在湖南省原称为“坪原组”，命名剖面为平江县三市乡坪原剖面，厚度超过 2 000 m，整合于小木坪组之上，向上未见顶，主要为呈韵律出现的（粉砂质或条带状）板岩与凝灰质粉砂岩及凝灰质岩屑杂砂岩（湖南省地质矿产局，1997）。从岩石组合来看，原“坪原组”与小洞剖面大药菇组上段十分接近，但孙海清等（2009）经野外核实后发现，剖面中小木坪组与“坪原组”为构造接触，“坪原组”实为雷神庙组第二段的石英杂砂岩与泥质粉砂岩、砂质板岩、条带状板岩呈不等厚韵律的岩性组合体。

唐晓珊等（2000）曾在株洲市郊杨林冲建立的“杨林冲组”，作为冷家溪群最上部的地层单位，剖面中“杨林冲组”整合于小木坪组之上，角度不整合于板溪群横路冲组之上，岩石组合主要为（凝灰质）岩屑杂砂岩、细砂岩、粉砂质板岩、杂砾岩。孙海清等（2009）认为“杨林冲组”实际上是宝林冲组的同期异地沉积，但典型的宝林冲组为变安山质集块岩、英安质集块岩及安山质火山角砾岩、沉火山角砾岩等，与“杨林冲组”差别甚大。注意到“杨林冲组”中的砾岩层也具有分选差、磨圆差的特点，砾岩层多集中在层序下部，此外，部分贫脉石英质砾石的砾岩层内也夹含板岩岩块，这与小洞剖面的第一类砾岩类似。由此看来，“杨林冲组”在岩石组合上与小洞剖面大药菇组下段的中下部十分相似，基本可以对比，但两者是否为相当层位，尚需要进一步的研究核实。

大药菇组作为冷家溪群顶部层位被确立之后，孙海清等（2009）实测了通城县药菇山剖面，将其分为三段：底部为砾岩、含砾岩屑杂砂岩、砂质粉砂岩；下部为含砾细砂岩夹条带状粉砂质板岩；上部为板岩、条带状板岩；作者也对该剖面进行了详细测制，发现其岩石组合与小洞剖面可对比。孙海清等（2009）所描述剖面的底部和下部相当于小洞剖面的下段，而其上部（可能也包含下部的一部分）则相当于小洞剖面的上段，区别在于药菇山剖面下段明显比小洞剖面厚（图 3.15），砾岩类型主要为第二类和第三类，可能相对于小洞剖面而言，药菇山剖面更靠近浊流端元（碎屑浓度略低一些），沉积位置更靠近斜坡底部，是沉积物的主要堆积区。

（五）与江西地区的对比

与冷家溪群相当的层位在江西称为双桥山群，其顶部的修水组底部同样存在一套砾岩层，分布于赣北修水流域、鄱阳湖北岸及赣东北地区（江西省地质矿产局，1996），称为观音阁砾岩，曾被认为是代表角度不整合的底砾岩，代表一次区域性的地壳运动——修水运动，与武陵运动、四堡运动、梵净山运动对应（康育义，1984）。而后许多学者通过反复地实地考察后发现，观音阁处砾岩与下伏地层实为断层接触，而在邻近地区则为整合接触，从而认为修水运动不存在（张雄华 等，1999；刘邦秀和左祖发，1998；熊清华和曾佐勋，1997）。

修水观音阁剖面中修水组凝灰岩 SHRIMP 锆石 U-Pb 年龄为（824±5）Ma（高林志等，2012），Wang W 等（2013）在修水组粗砂岩碎屑锆石中获得最年轻的一组峰值为 815 Ma，与本书大药菇组最年轻一颗碎屑锆石 816 Ma 的年龄大致相当。岩石组合上，

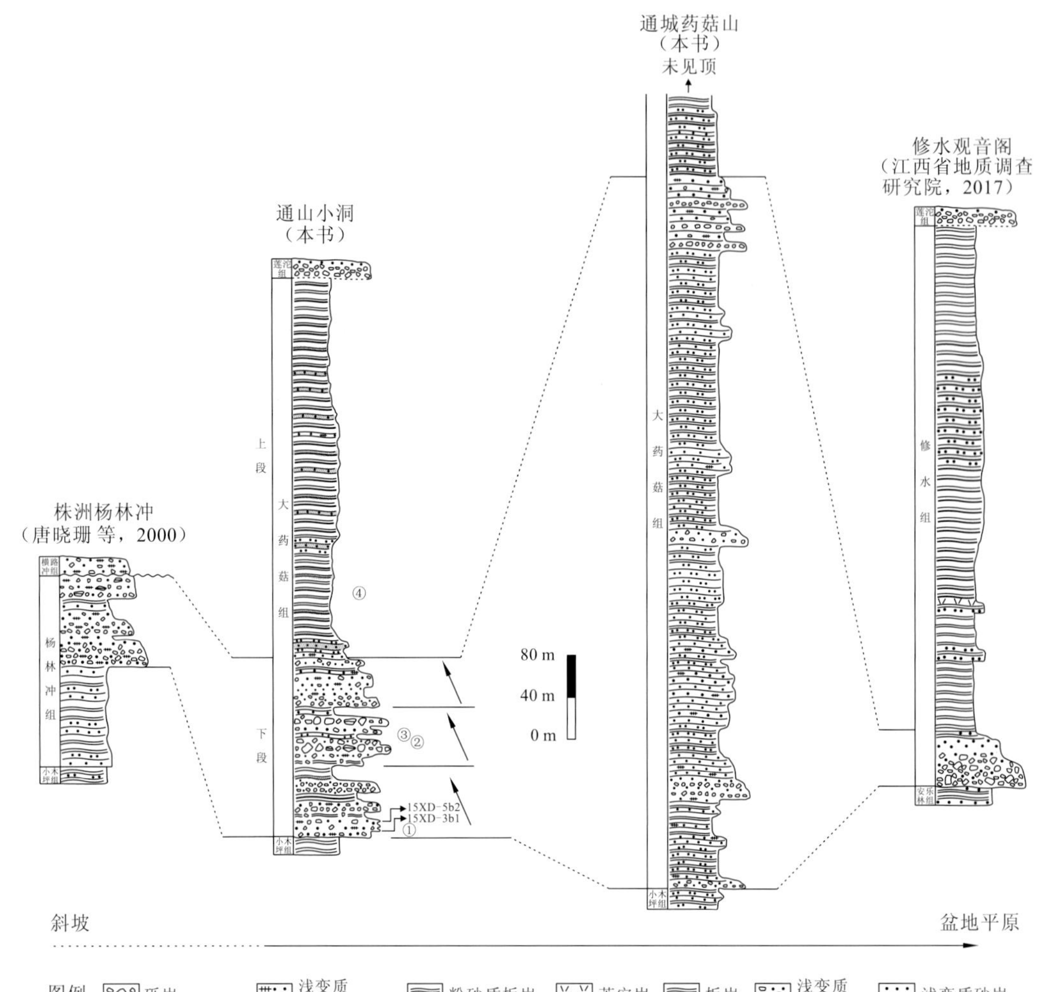

图 3.15　鄂东南地区新元古代冷家溪群大药菇组区域对比图（何垚砚 等，2017）

修水组可分为三部分：下部为复成分砾岩、凝灰质石英砾岩及凝灰质细砂岩夹石英砾岩；中部为沉凝灰岩、粉砂凝灰质板岩、凝灰质板岩组成韵律互层；上部为凝灰质板岩偶夹细屑沉凝灰岩（江西省地质调查研究院，2017）。同时，如上文沉积特征所述，两者的沉积特征也有相似之处。初步对比认为，修水组下部相当于小洞剖面的下段，但两者砾岩发育的类型有差别，修水组发育第三类和第五类砾岩，且砾岩层厚度小得多；修水组中部和上部大致相当于小洞剖面的上段，但其上部发育的海相火山喷发岩建造在大药菇组尚未见到，因此，修水组与大药菇组沉积时限相当，相对药菇山剖面而言，其沉积位置可能接近盆地平原。

第二节　沉积地球化学特征

陆源沉积物的化学组成受诸如物源类型、风化条件、搬运方式及成岩后生作用等多种因素的制约，而这些因素又主要受沉积盆地的构造环境所控制。因此，长期以来，许多地质学家一直致力于探索沉积物化学组成与板块构造之间的联系，用于识别古代沉积盆地的构造环境。大量的研究表明，沉积物地球化学组成与沉积构造环境之间的关系较为复杂，但是沉积岩的地球化学成分可以得到沉积岩形成过程的风化环境、物源区成分和构造环境等信息（Bhatia，1983）。

一、青白口纪沉积地球化学特征

本书收集总结了湘桂地区 1∶25 万区域地质调查报告和论文中的青白口纪各地层单元砂岩、粉砂岩、泥岩、板岩的地球化学数据，以期研究青白口纪早期和晚期的物源特征及沉积构造背景，进而判断其构造演化。

（一）岩石地球化学特征

1. 青白口纪早期

1）冷家溪群

冷家溪群砂岩主量元素以中等 SiO_2 含量和 K_2O/Na_2O 值及较高的 Fe_2O_3 和 MgO 含量为特征，富集 Ti、Nd，贫 Th（张恒 等，2013；顾雪祥 等，2003a，b）。与砂岩相比，板岩 SiO_2 含量较低，Al_2O_3/SiO_2 值较高。较高 K_2O、Fe_2O_3+MgO 含量说明板岩中泥质矿物和铁镁质矿物含量较高（Gu et al.，2002）。砂岩中的相容元素（Cr、Ni、Co、V、Sc）、大离子亲石元素（Rb、Ba、Sr、Cs）及高场强元素（Zr、Hf、Th、U）含量均与澳大利亚后太古代平均页岩（post-Archean Australian shale，PAAS）相似。具有较低的稀土总量，与球粒陨石相比，均以轻稀土富集和有强烈的 Eu 负异常特征，与 PAAS 特征相似（张恒 等，2013；顾雪祥 等，2003a，b；Gu et al.，2002）。

2）四堡群

四堡群砂岩具中-高 SiO_2、高 Al_2O_3、中等 Fe_2O_3 及低 MgO 的特征，而泥岩则具有低 SiO_2、高 Al_2O_3 的特征。砂岩和泥岩均含有类似的高 K_2O 含量及极低的 Na_2O 含量。泥岩的大离子亲石元素（large ion lithophile element，LILE）含量波动大。与 PAAS 和北美平均页岩（north American average shale，NASC）相比，Ba、Rb、Th、U 稍微富集，Sr 强烈亏损。泥岩和砂岩的高场强元素具有相似的特征，只是泥岩的总含量稍高，Nb、Ta 与 Al_2O_3 高度正相关，说明它们主要富集于泥质矿物中。与 PAAS 和 NASC 相比，泥岩具有相似或稍高的 Zr、Hf、Nb、Y 含量（Wang et al.，2012a）。

2. 青白口纪晚期

1）下江群

杨瑞东等（2009）、张晓东等（2012）和牟军等（2015）对贵州锦屏新元古代下江群地层剖面常量元素及稀土元素系统分析结果表明，该地区下江群地层常量元素具有 SiO_2 含量中等、较低的 CaO 含量（一般< 1%）、较高的 K_2O/Na_2O 值、Al_2O_3 / TiO_2 值及较低的 TFe_2O_3+MgO 含量等特征。稀土总量 ΣREE 较低；下江群各组段 δEu 在 0.7～0.8，为弱负异常。稀土配分模式总体为右倾，而轻稀土分馏中等，重稀土分馏较低，表现在稀土配分曲线为轻稀土斜率较大，重稀土趋于平坦。由各组段地球化学特征参数与参数投点可知，番召组与清水江组、平略组与隆里组具有相似的地球化学特征。

2）板溪群

湘东地区板溪群以 SiO_2 含量和 Al_2O_3 含量中等为特征（Gu et al.，2002），SiO_2/Al_2O_3 值中等。岩石的 SiO_2/Al_2O_3 值反映沉积岩成熟度（Taylor and McLennan，1985），说明板溪群沉积岩具有中等的成熟度（王鹏鸣 等，2013）。板溪群砂岩具有较高的 Fe_2O_3+ MgO 含量，较低的 CaO 含量和高 Al_2O_3 /（Na_2O+CaO）值。与砂岩相比，板岩 SiO_2 含量较低，Al_2O_3 /SiO_2 值较高。较高的 K_2O、Fe_2O_3+MgO 含量说明板岩中泥质矿物和铁镁质矿物含量较高（Gu et al.，2002）。板溪群砂岩的相容元素（Cr、Ni、Co、V、Sc）、大离子亲石元素（Rb、Ba、Sr、Cs）及高场强元素（Zr、Hf、Th、U）含量均与 PAAS 相似，但 Zr、Hf、Sc、Cr、Ni 稍微偏高，亏损 Sr。具有较低的稀土总量，与球粒陨石相比，均具有轻稀土富集和强烈的 Eu 负异常特征，与 PAAS 特征相似（王鹏鸣 等，2013，2012；Gu et al.，2002；李曰俊 等，1991）。

3）高涧群

高涧群砂岩、变质粉砂岩、板岩 SiO_2 和 CaO 含量较低，TiO_2 和 MnO 含量略低于 PAAS。Fe_2O_3 含量小于 FeO 含量，暗示其形成于还原环境（王鹏鸣，2012；吴湘滨 等，2001）。Au、Ag、Cu、Sr、Mn、Pb、Cr 等大部分元素含量均低于地壳丰度，As、Sb 平均含量高于地壳丰度。As 平均含量低于 NASC，Sb 接近于 NASC。在湘西南地区南部多数元素如 Au、As、Sb、Zn、Sr、Mn、Co、Ti、Cr 等含量高于北部，而 Ag 含量则相反，Cu、Pb、Ba 在区域上无明显差异（吴湘滨 等，2002）。高涧群变质砂岩的稀土元素均以轻微 Ce 亏损和强烈的 Eu 亏损为特征，属于轻稀土富集，重稀土趋于平坦的配分模式（王鹏鸣 等，2012）。

4）大江边组

大江边组浅变质粉砂岩 SiO_2 含量较高，Al_2O_3 含量中等，Fe_2O_3、MnO 含量较高。具有较高的 Fe_2O_3+MgO 含量，较低的 CaO 和高 Al_2O_3/（Na_2O+CaO）值的粉砂岩中的相容元素（Cr、Ni、Co、V、Sc）、大离子亲石元素（Rb、Ba、Sr、Cs）及高场强元素（Zr、Hf、Th、U）含量均与 PAAS 相似。稀土总量较低，与球粒陨石相比，均具有轻稀土富集和强烈的 Eu 负异常特征，与 PAAS 特征相似（1∶25 万衡阳市幅区域地质调查报告，湖南省地质调查院，2005）。

5）丹洲群

丹洲群碎屑岩 SiO_2 和 Al_2O_3 含量变化较大。白竹组砂岩具高 Fe_2O_3、MgO、K_2O，低 Na_2O 的特征；拱洞组砂岩则相反，具低 Fe_2O_3、MgO、K_2O，高 Na_2O 的特征；合桐组这几项元素的含量中等。所有碎屑岩 CaO、MnO、P_2O_5 含量均较低。丹洲群砂岩具有类似的稀土配分曲线。白竹组和合桐组碎屑岩均以低 REE 含量，轻重稀土高度分异为特征，具明显的 Eu 负异常，与上地壳和 PAAS 特征相似。而拱洞组则具有相对高的 REE 含量，轻重稀土低分异，以及轻微的 Eu 负异常（Wang et al.，2012a）。

（二）青白口纪沉积物的沉积构造背景及源区特征

在 Roser 和 Korsch（1988）等提出的沉积岩物源区 F1-F2 判别图解上（图 3.16），物源区划分为长英质火成岩物源区、中性火成岩物源区、基性火成岩物源区和成熟大陆石英质物源区。冷家溪群和四堡群的物源主要来自成熟大陆石英质物源区和基性火成岩物源区。冷家溪群样品的物源区较四堡群来说要广一些，在长英质火成岩物源区和中性火成岩物源区均有分布。湘西北和湘东北的碎屑组分也以石英质颗粒含量高，岩屑含量少，而且岩屑以沉积岩屑为主，较少发育火山岩岩屑为特征，物源区为再旋回造山带（张恒 等，2013），与地球化学的结果相吻合。古流向研究表明，湘西北沅陵地区的冷家溪群的物源来自南方或西南方，湘东北临湘地区的冷家溪群物源来自北方（张恒 等，2013）。

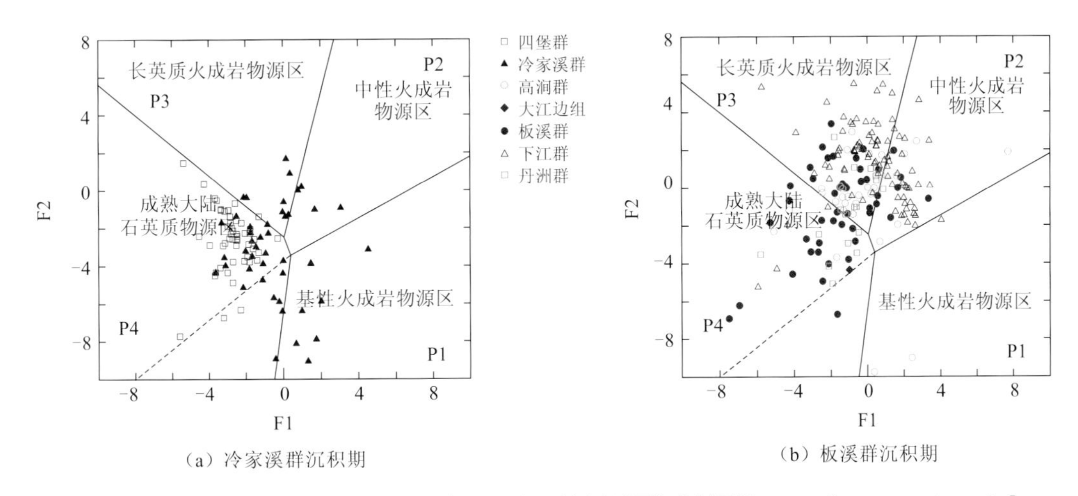

图 3.16 湘桂地区青白口纪沉积岩的主量元素环境判别图解[底图据 Roser 和 Korsch（1988）]

板溪群及其相当层位（高涧群、大江边组、丹洲群和下江群）大部分落入长英质火成岩物源区和成熟大陆石英质物源区，少量落入中性火成岩物源区。说明板溪群及其相当层位的沉积物源区可能为大陆内部，且中酸性岩浆岩比较发育或火山活动比较发育的地区。

（三）地球化学特征反映的沉积构造背景

Roser 和 Korsch（1986）将沉积盆地划分为被动大陆边缘（passive margin，PM）、活动大陆边缘（active continental margin，ACM）和大洋岛弧（oceanic island arc，ARC），

并发现来自这三类不同构造环境的砂岩和泥岩在 K_2O/Na_2O-SiO_2 图上落入明显不同的区域。Maynard 等（1982）提出了类似的判别现代沉积物构造环境的 SiO_2/Al_2O_3-K_2O/Na_2O 关系图。在上述两个图解中，冷家溪群位于活动大陆边缘和被动大陆边缘环境，四堡群主要位于被动大陆边缘环境，而板溪群及相当层位样品落入被动大陆边缘和活动大陆边缘环境，个别高涧群样品落入大洋岛弧环境（图 3.17）。根据 Roser 和 Korsch （1986）的定义，活动大陆边缘包括一系列复杂的位于活动板块边界之上或邻近活动板块边界的构造上活动的大陆边缘，石英含量中等的沉积物来自大陆边缘岩浆弧（沉积于包括海沟、弧前、弧间和弧后在内的一系列盆地环境）或与走滑断层有关的隆升区（沉积于拉张盆地），相当于 Reading（1996）定义的与俯冲作用有关的盆地、大陆碰撞盆地和与平移断裂有关的拉张盆地。被动大陆边缘包括稳定大陆边缘的板内盆地和克拉通内部盆地，相当于 Reading（1996）定义的陆壳上的盆地和与洋底扩张、夭折裂谷及大西洋型大陆边缘有关的盆地，与这一构造环境有关的富含石英的沉积物来自稳定的大陆地区并沉积于远离活动板块边缘的地方。

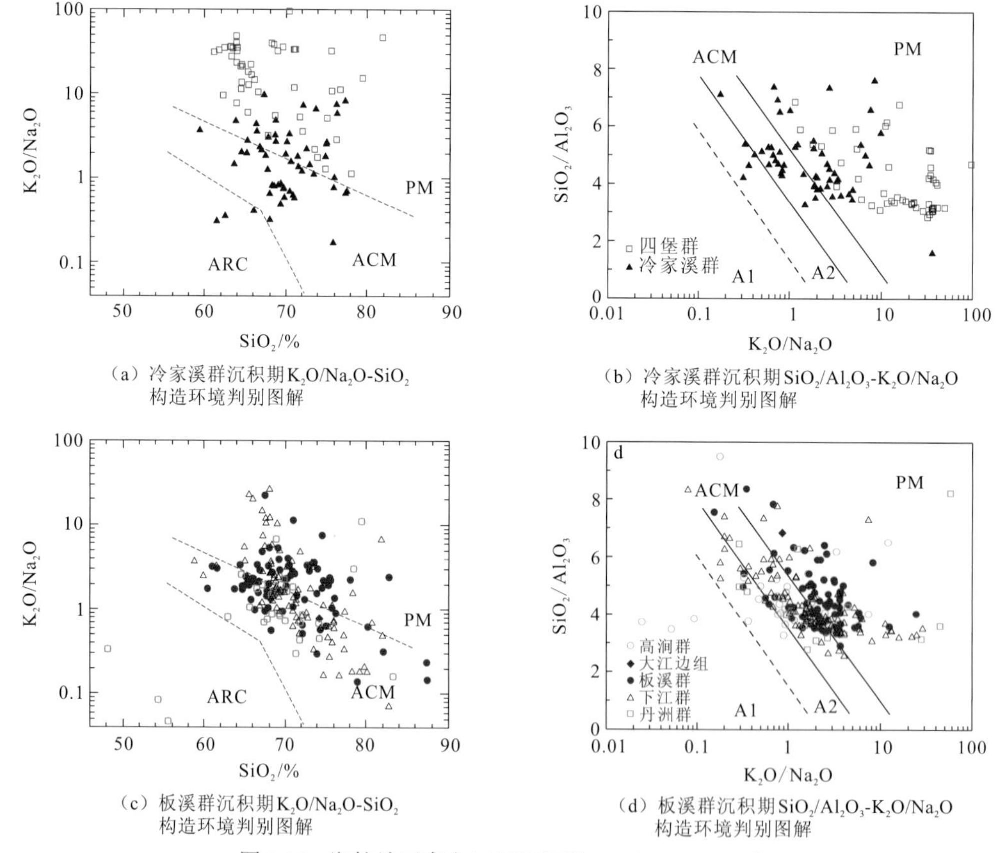

（a）冷家溪群沉积期 K_2O/Na_2O-SiO_2 构造环境判别图解

（b）冷家溪群沉积期 SiO_2/Al_2O_3-K_2O/Na_2O 构造环境判别图解

（c）板溪群沉积期 K_2O/Na_2O-SiO_2 构造环境判别图解

（d）板溪群沉积期 SiO_2/Al_2O_3-K_2O/Na_2O 构造环境判别图解

图 3.17　湘桂地区青白口纪沉积岩 K_2O/Na_2O-SiO_2 和 SiO_2/Al_2O_3-K_2O/Na_2O 构造环境判别图解

Bhatia（1983）和 Bhatia 和 Crook（1986）根据地壳性质将大陆边缘和大洋盆地划分为四种构造类型，即大洋岛弧（oceanic island arc，OIA）、大陆岛弧（continental island arc，CIA）、活动大陆边缘（ACM）和被动大陆边缘（PM）。他们通过对澳大利亚东部不同构造背景的盆地内形成的古生代杂砂岩化学组成的系统对比研究，提出了判别沉积盆地板块构造环境的若干主量元素的地球化学参数。其中最具判别意义的参数包括 TFe_2O_3+MgO、TiO_2、Al_2O_3 和 Al_2O_3/SiO_2 值，TFe_2O_3+MgO 代表岩石中相对基性的组分，Al_2O_3/SiO_2 大致表示石英的富集程度（或长石与石英的比例），代表了岩石中钾长石和云母与斜长石的比例，而 TiO_2/Al_2O_3 则大致代表了沉积岩中最不活动组分与最活动组分之间的比率。四堡群和冷家溪群样品在 TFe_2O_3+MgO-TiO_2、TFe_2O_3+MgO-Al_2O_3/SiO_2 图解上均落入大洋岛弧区和大陆岛弧区，而由于 Na_2O 和 CaO 含量偏低，而在 TFe_2O_3+MgO - K_2O/Na_2O 与 TFe_2O_3+MgO-Al_2O_3/（Cao+Na_2O）图解中偏离几个构造背景的范围，基本上已经出图，只有少量样品仍然在大陆岛弧或大洋岛弧附近（图 3.18）。板溪群及其相当层位样品比较分散，没有固定集中的区间，四个构造类型范围内均有分布（图 3.19）。值得指出的是，在沉积物的沉积过程及随后的成岩乃至变质作用过程中，主量元素中的 Na_2O 和 CaO 等活动性组分通常最易发生改变。例如，在大多数沉积盆地中，与源岩相比，砂岩中 Na_2O 和 CaO 常显著亏损，而 SiO_2 则相对富集（Bhatia，1983）。因此，对于古老的沉积岩，尤其是对遭受一定程度变质的古老沉积岩来说，Al_2O_3/（CaO+Na_2O）

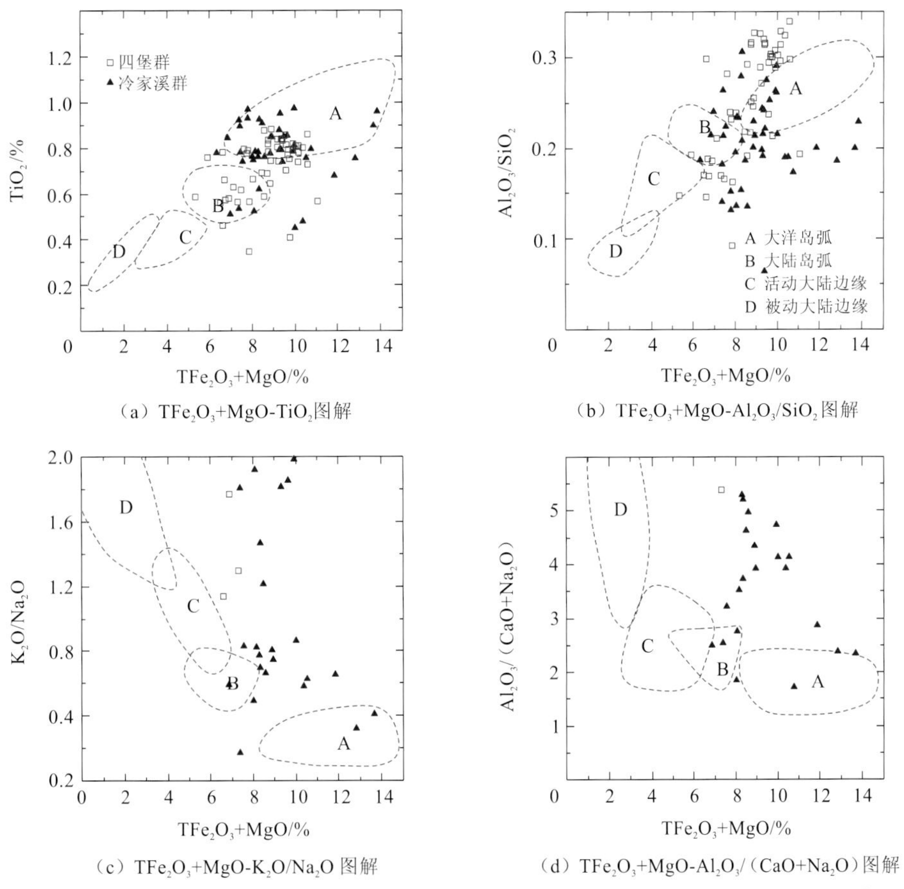

图 3.18　冷家溪群沉积期沉积岩主量元素氧化物判别图解[底图据 Bhatia（1983）]

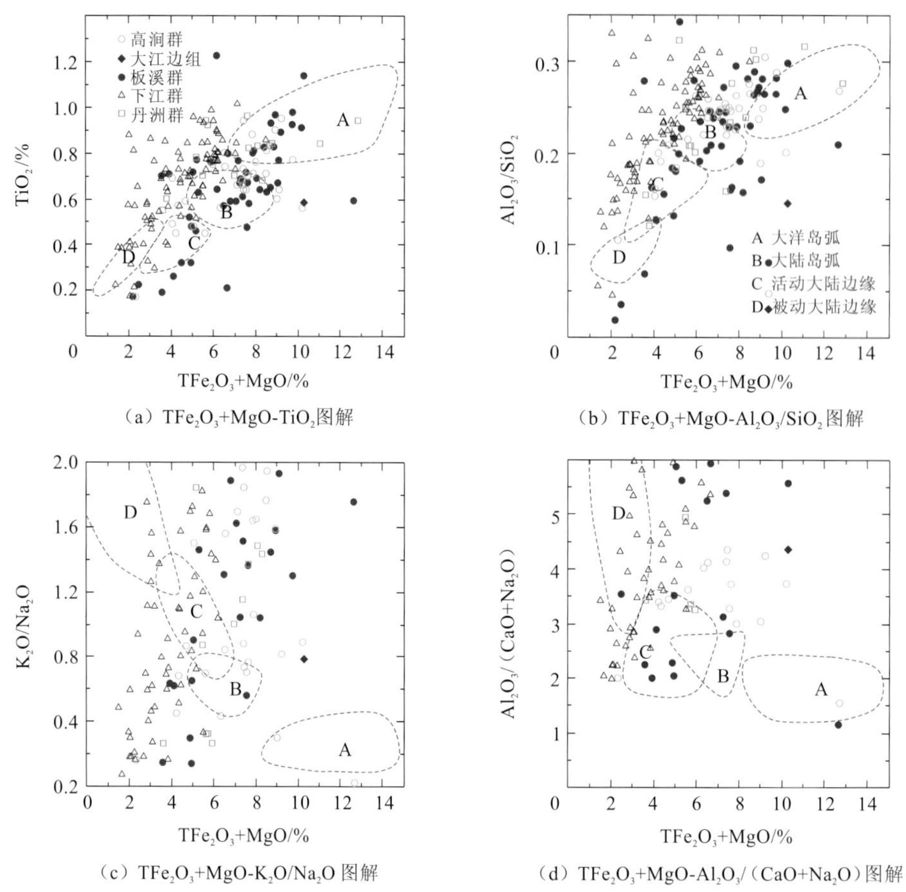

（a）TFe_2O_3+MgO-TiO_2图解　（b）TFe_2O_3+MgO-Al_2O_3/SiO_2图解

（c）TFe_2O_3+MgO-K_2O/Na_2O 图解　（d）TFe_2O_3+MgO-Al_2O_3/（CaO+Na_2O）图解

图 3.19　板溪群沉积期沉积岩主量元素氧化物判别图解[底图据 Bhatia（1983）]

值很可能增高，从而在一定程度上失去了构造环境判别意义。因而可以认为本区浅变质元古宇浊积岩在初始沉积时，K_2O/Na_2O 和 Al_2O_3/（CaO+Na_2O）值可能低于现今的测定值，在涉及 CaO 和 Na_2O 的图解中，如果将这两个比值减小，四堡群和冷家溪群样品很可能会落入大陆岛弧和大洋岛弧环境内。

利用 Bhatia（1983）给出的主量元素构造环境判别分析系数，对湘桂地区沉积岩的 11 个主元素氧化物变量所作的判别分析表明，四堡群和冷家溪群样品大部分落入活动大陆边缘环境，少部分样品落入被动大陆边缘环境；板溪群及其相当层位样品主要分布于活动大陆边缘和被动大陆边缘两种构造环境（图 3.20）。

沉积岩中的微量元素，尤其是 La、Ce、Y、Th、Zr、Hf、Nb、Ti、Sc 等活动性较弱且在海水中停留时间较短的元素，在风化、搬运和沉积过程中能定量地转移到碎屑沉积物中，因而这些元素能良好地反映母岩性质和沉积盆地的构造背景。在 Bhatia 和 Crook（1986）认为最具有构造判别意义的 La-Th-Sc、Zr/10-Th-Co、Zr/10-Th-Sc 三角图解中，冷家溪群和四堡群大部分样品落入大陆岛弧环境，只有 Zr/10-Th-Co 图解中部分四堡群样品落入活动大陆边缘和大陆岛弧环境内；而板溪群及其相当层位所有样品均落入大陆岛弧环境（图 3.21）。在这些图解中，大陆岛弧环境包括弧前、弧间和弧后盆地。四堡

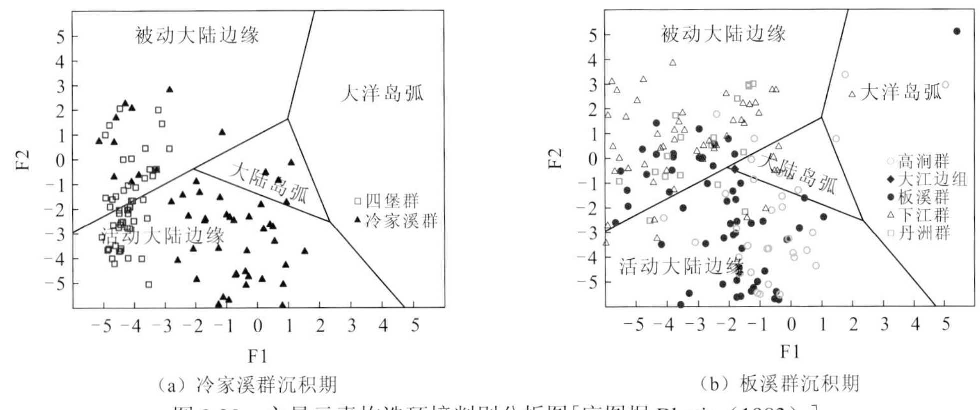

（a）冷家溪群沉积期　　（b）板溪群沉积期

图 3.20　主量元素构造环境判别分析图[底图据 Bhatia（1983）]

群和冷家溪群具有中等变形和低级变质作用，排除了弧前和弧间盆地的可能性，因为这两种沉积环境中的沉积物会在弧陆碰撞过程中经历强烈的变形和高级变质作用。冷家溪群沉积物物源以长英质为主（Wang W et al.，2012），很少基性物质也证明沉积环境应该是弧后盆地，因为弧前盆地和弧间盆地的沉积物中应该有大量基性物质的输入。而板溪群很可能是由于是在冷家溪群沉积期弧后盆地之上发育起来的，而携带了大量火山物质的微量元素信息，从而在构造判别图解上显示大陆岛弧的环境特征。

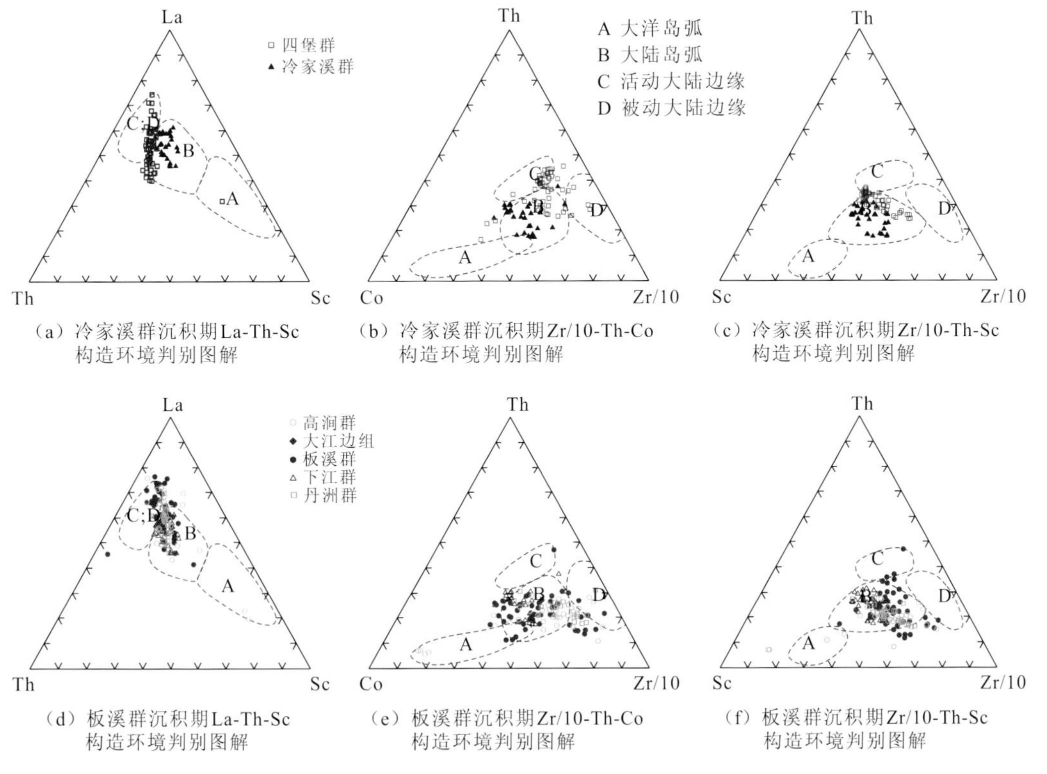

（a）冷家溪群沉积期La-Th-Sc构造环境判别图解　（b）冷家溪群沉积期Zr/10-Th-Co构造环境判别图解　（c）冷家溪群沉积期Zr/10-Th-Sc构造环境判别图解

（d）板溪群沉积期La-Th-Sc构造环境判别图解　（e）板溪群沉积期Zr/10-Th-Co构造环境判别图解　（f）板溪群沉积期Zr/10-Th-Sc构造环境判别图解

图 3.21　冷家溪群和板溪群沉积期的三角图解

[底图据 Bhatia 和 Crook（1986）]

综上所述，除部分样品在后期改造过程中由于 CaO 和 Na_2O 的流失造成部分图解出现偏差外，剩余样品基本上能够反映沉积物的物源区特征及沉积构造背景。青白口纪早期由于华南群向扬子陆块方向的俯冲，在广西四堡地区形成大面积的基性岩，形成的岛弧向西北方向的梵净山地区和湘北地区提供物源，四堡群和冷家溪群形成于活动大陆边缘或大陆岛弧环境内。而板溪群沉积期，裂谷作用发生于四堡期形成的弧后盆地附近，而使其地球化学特征带有活动大陆边缘的特征。

二、大药菇组沉积地球化学特征

（一）样品与分析

样品来自通山小洞剖面和通城药菇山剖面，均为自底向顶采集。小洞剖面采集板岩，药菇山剖面主要采集砂岩。主量元素和稀土元素检测均在自然资源部武汉矿产资源监督检测中心完成。首先将无污染样品粉碎至 200 目干燥后备用，全岩主量元素在 X 射线荧光光谱仪（AXIOS）上测试，微量元素与稀土元素在电感耦合等离子体质谱仪（ICPMS-X Series Ⅱ）上进行分析，测试精度优于 5%。Ce 异常（δCe）和 Eu 异常（δEu）表达式分别为 $[Ce]/[Ce]^*=2[Ce]_N/([La]_N+[Pr]_N)$，$[Eu]/[Eu]^*=2[Eu]_N/([Sm]_N+[Gd]_N)$。稀土元素据 Taylor 和 McLennan（1985）数据进行标准化。

（二）主微量及稀土元素

药菇山剖面和小洞剖面的样品主量元素组成总体相近，但由于岩性的差异，药菇山剖面样品的 SiO_2 含量略高于小洞剖面的样品，两者 SiO_2 含量分别为 65.53%～71.82% 和 54.06%～67.43%，Al_2O_3 含量则略低于小洞剖面，分别为（14.67±2.23）%、（17.39±1.10）%。K_2O/Na_2O 值分别为药菇山（0.83±0.13）%，小洞（1.64±0.68）%，反映小洞剖面所遭受的淋滤程度略大于药菇山剖面。K_2O/Na_2O 值除了受岩性影响外，还受沉积盆地构造环境的制约。根据现代沉积物的组成特征，火山活动强烈环境的现代深海浊积岩中的砂岩 $K_2O/Na_2O<1$；沉积盆地边缘砂岩的 $K_2O/Na_2O>1$（McLennan et al.，1990），说明药菇山剖面火山活动可能比小洞剖面稍为强烈。药菇山剖面 TFe_2O_3*+MgO 含量略低于小洞剖面，含量分别为 6.34%～7.06%，6.95%～10.25%（其中一个样品达到 16%）；Al_2O_3/（Na_2O+CaO）值分别为，药菇山 3.53%～5.34%，小洞 4.97%～12.81%。

比较特殊的是小洞剖面的 15XD-28 号样品，手标本为褐色砂岩，镜下见铁质氧化物呈板柱状或不规则状，有的近乎片状，但原矿物已无法辨别；其主量元素单独列于表 3.3，具有高 Fe_2O_3、MgO、MnO，低 SiO_2、FeO、Na_2O 的特点，在不同岩石类型元素比值对比中（表 3.4），该样品与基性砂岩较为接近，反映物源区中有基性成分，并且根据褐色砂岩在地层中单独成层的分布特征，推测这种基性成分是间歇性供给的物源。

表 3.3　褐色含铁质氧化物砂岩（15XD-28）主量元素（%）、稀土元素（μg/g）与微量元素（μg/g）组成

主量	SiO_2	Al_2O_3	TFe_2O_3*	CaO	MgO	K_2O	Na_2O	TiO_2	P_2O_5	MnO	LOI	Total
	56.06	14.64	14.57	0.43	2.42	2.20	0.71	0.83	0.11	2.31	6.58	93.24
稀土	La	Ce	Pr	Nd	Sm	Eu	Gd	Tb	Dy	Ho	Er	Tm
	22.60	42.90	5.06	20.90	5.29	1.40	5.43	0.97	6.10	1.22	3.31	0.52
	Yb	Lu										
	3.51	0.49										
微量	Zn	Cr	Ni	Co	Rb	Cs	Sr	Ba	V	Sc	Nb	Zr
	147	68.5	74.1	31.5	71.3	4.01	68.2	456	76.9	12.2	10.5	262
	Hf	B	U	Th	Ti	Y						
	6.48	31.4	1.84	3.98	0.50	29.2						

表 3.4　大药菇组砂岩与不同岩石类型元素对比值

样号	15XD-28	花岗岩	安山岩	蛇绿岩	基性砂岩	硅质砂岩	UCC	LCC	OC
La/Sc	1.85	8.0	0.9	0.25	0.4～1.1	2.5～16	2.7	0.3	0.1
Sc/Th	3.07	0.28	4.65	56	20～25	0.05～1.2	1.0	34	1.73
Cr/Th	17.21	0.44	9.77	410	22～100	0.5～7.7	3.3	222	1227
Co/Th	7.91	0.17	4.65	70	7.1～8.3	0.22～1.5	0.9	33	214
[Eu]/[Eu]*	0.80	0.34	0.66	1.00	—	—	0.65	1.07	1.02

注：数据引自 Mclennan 等（1990）；UCC 为大陆上地壳；LCC 为大陆下地壳；OC 为洋壳；$[Eu]/[Eu]^*=[Eu]_N/([Sm]_N\times[Gd]_N)^{1:2}$，$[Eu]/[Eu]^*$值均采用 Boynton（1984）推荐的球粒陨石平均值进行标准化

微量元素及稀土元素含量及比值见表 3.5。药菇山剖面和小洞的 Ni（平均值分别为 23.5×10^{-6}和 43.45×10^{-6}）、Ba（435.25×10^{-6}和 539.15×10^{-6}）含量表明，药菇山剖面的 Ni 和 Ba 的含砾普遍低于小洞剖面，而 Sr（155×10^{-6}和 77.82×10^{-6}）、Th（9.95×10^{-6}和 2.28×10^{-6}）则明显高于后者。Th 常在长英质岩石（酸性岩）中趋于富集，而 Sc 则在铁镁质岩石（基性岩）中富集，Th/Sc 值不随沉积再循环作用而改变，可以反映源区的特征（McLennan et al., 1993）。样品的 Th/Sc 值分别为，药菇山 1.03±0.01，小洞 0.64±0.24。

碎屑岩样品稀土总量（∑REE）均较高，为（103.78～242.72）$\times10^{-6}$，各项稀土指标如下：$[La]_N/[Yb]_N$值（药菇山 7.55～8.76，小洞 4.19～9.66），LREE / HREE 值（药菇山 7.95～8.67，小洞 4.55～10.26），表明两者轻稀土富集；$[La]_N/[Sm]_N$值较大（药菇山 3.5～3.67，小洞 2.69～4.33），即药菇山剖面轻稀土分异更大；$[Gd]_N/[Yb]_N$值（药菇山为 1.42～1.55，小洞为 1.00～1.60）较小，说明重稀土分异很小；样品无铈异常，$[Ce]/[Ce]^*$值多数在 0.91～1.05，但具有铕负异常，$[Eu]/[Eu]^*$值为 0.69～0.79。样品的球粒陨石标准化曲线显示样品稀土组成与 PAAS 相似（图 3.22）。

表 3.5 大药菇组沉积岩地球化学测试数据

编号	LDY-1H	LDY-2H	LDY-5H	LDY-6H	15XD-2h	15XD-5h	15XD-8h	15XD-11	15XD-12	15XD-17	15XD-20	15XD-20-1	15XD-28	15XD-30	15XD-32	15XD-34	15LXD-2
岩性	砂岩	砂岩	砂岩	砂岩	板岩	板岩	板岩	板岩	板岩	板岩	砂岩	板岩（块）	褐色砂岩	板岩	粉砂质板岩	板岩	板岩 Qb*xm*
SiO_2	68.84	71.82	69.06	65.53	63.66	62.18	64.27	61.23	65.43	62.34	67.43	64.60	56.06	63.92	66.04	61.63	63.59
Al_2O_3	13.26	13.20	13.71	18.51	17.98	18.47	17.50	18.71	16.77	18.76	16.07	17.24	14.64	17.88	16.78	17.89	17.38
Fe_2O_3	0.65	1.75	1.74	1.12	1.60	1.10	0.72	2.07	0.64	2.52	0.42	1.41	13.11	0.65	1.18	2.75	1.01
FeO	4.19	3.22	3.51	3.42	4.90	6.08	5.63	4.88	5.36	3.96	4.42	4.76	0.42	5.38	4.64	4.84	6.01
CaO	0.86	0.83	1.02	0.82	0.28	0.25	0.44	0.70	0.57	0.18	0.39	0.26	0.43	0.23	0.22	0.33	0.21
MgO	1.40	1.02	1.42	1.42	1.64	1.93	1.83	2.01	1.72	1.55	1.61	1.78	2.42	1.86	1.72	2.12	2.16
K_2O	1.88	2.30	2.22	2.20	2.65	2.81	2.81	3.13	2.77	3.22	2.68	2.81	2.20	3.36	3.15	3.80	2.53
Na_2O	2.89	2.24	2.71	2.65	2.22	1.99	2.00	1.88	2.09	2.26	2.84	2.64	0.71	1.97	1.78	1.20	2.18
TiO_2	0.68	0.65	0.75	0.63	0.85	0.81	0.75	0.82	0.77	0.89	0.79	0.76	0.83	0.76	0.74	0.79	0.83
P_2O_5	0.13	0.13	0.14	0.12	0.13	0.14	0.12	0.15	0.14	0.12	0.17	0.12	0.11	0.13	0.12	0.13	0.13
MnO	0.10	0.12	0.08	0.08	0.05	0.05	0.08	0.09	0.06	0.06	0.06	0.05	2.31	0.06	0.05	0.10	0.06
LOI	4.53	2.24	3.09	2.93	3.38	3.36	3.11	3.66	2.88	3.55	2.49	2.91	6.58	2.94	2.94	3.76	3.10
TFe_2O_3	5.31	5.33	5.64	4.92	7.05	7.86	6.97	7.49	6.60	6.92	5.34	6.70	13.58	6.63	6.34	8.13	7.69
$Fe_2O_3^T+MgO$	6.71	6.35	7.06	6.34	8.69	9.79	8.80	9.50	8.32	8.47	6.95	8.48	16.00	8.49	8.06	10.25	9.85
Al_2O_3/SiO_2	0.19	0.18	0.20	0.28	0.28	0.30	0.27	0.31	0.26	0.30	0.24	0.27	0.26	0.28	0.25	0.29	0.27
SiO_2/Al_2O_3	5.19	5.44	5.04	3.54	3.54	3.37	3.67	3.27	3.90	3.32	4.20	3.75	3.83	3.57	3.94	3.44	3.66
K_2O/Na_2O	0.65	1.03	0.82	0.83	1.19	1.41	1.41	1.66	1.33	1.42	0.94	1.06	3.09	1.71	1.77	3.17	1.16
$Al_2O_3/(CaO+Na_2O)$	3.53	4.30	3.68	5.34	7.18	8.23	7.19	7.26	6.31	7.70	4.97	5.94	12.81	8.12	8.41	11.73	7.28
Zn	77.60	99.20	102.00	87.00	93.80	112.00	92.10	96.10	86.60	80.00	67.80	81.10	147.00	86.20	84.40	96.90	103.00
Cr	68.40	71.50	80.60	58.80	73.50	73.40	69.90	92.00	73.40	85.70	69.80	77.20	68.50	80.60	80.10	82.10	85.30

续表

编号	LDY-1H	LDY-2H	LDY-5H	LDY-6H	15XD-2h	15XD-5h	15XD-8h	15XD-11	15XD-12	15XD-17	15XD-20	15XD-20-1	15XD-28	15XD-30	15XD-32	15XD-34	15LXD-2
岩性	砂岩	砂岩	砂岩	砂岩	板岩	板岩	板岩	板岩	板岩	板岩	砂岩	板岩（块）	褐色砂岩	板岩	粉砂质板岩	板岩	板岩 Qb*xm*
Ni	23.00	24.60	23.60	22.80	36.70	42.30	40.00	49.80	35.40	31.90	25.70	36.00	74.10	43.00	44.60	51.90	53.50
Co	11.90	12.40	12.40	11.80	8.44	10.70	14.70	18.80	12.50	8.36	7.92	8.09	31.50	13.80	12.40	19.20	16.60
Rb	62.00	91.90	80.30	75.30	77.60	60.60	97.00	135.00	115.00	127.00	89.60	66.20	71.30	65.80	66.60	56.20	78.70
Cs	—	—	—	—	4.84	4.11	3.74	4.62	4.32	5.11	4.47	4.00	4.01	6.42	4.80	5.25	3.75
Sr	160.00	140.00	170.00	150.00	102.00	101.00	85.80	102.00	85.40	65.20	80.60	75.80	68.20	66.20	54.10	44.30	81.00
Ba	404.00	476.00	450.00	411.00	473.00	531.00	506.00	596.00	541.00	607.00	532.00	569.00	456.00	593.00	546.00	651.00	408.00
V	81.40	81.40	87.10	83.10	91.40	102.00	101.00	110.00	93.60	115.00	106.00	109.00	76.90	105.00	106.00	106.00	102.00
Sc	9.58	9.78	10.30	9.01	3.06	2.74	3.61	5.77	3.98	2.49	2.85	2.86	12.20	3.68	3.03	3.00	2.60
Nb	—	—	—	—	11.70	11.60	10.70	11.20	10.20	12.50	10.90	10.20	10.50	10.80	10.40	10.70	11.60
Zr	282.00	252.00	366.00	225.00	208.00	195.00	200.00	214.00	211.00	213.00	209.00	181.00	262.00	184.00	181.00	177.00	197.00
Hf	8.62	8.10	11.20	7.13	5.57	5.27	5.31	5.75	5.56	5.66	5.41	4.81	6.48	5.01	4.85	4.85	5.14
B	66.90	42.30	51.30	44.50	39.40	41.90	40.30	41.50	28.40	41.90	28.70	29.40	31.40	37.00	44.20	54.90	30.10
U	—	—	—	—	1.17	1.10	1.18	1.21	1.26	1.04	1.33	1.14	1.84	1.10	1.12	1.15	1.02
Th	10.00	10.00	10.60	9.18	2.52	1.87	1.01	3.10	2.78	2.38	1.62	1.50	3.98	2.30	1.64	1.84	3.13
Ti	0.41	0.39	0.45	0.38	0.51	0.48	0.45	0.49	0.46	0.53	0.47	0.46	0.50	0.46	0.44	0.47	0.50
Th/Sc	1.04	1.02	1.03	1.02	0.82	0.68	0.28	0.54	0.70	0.96	0.57	0.52	0.33	0.63	0.54	0.61	1.20
La	35.00	34.60	37.60	29.50	47.60	27.20	18.60	32.10	32.00	35.10	32.30	28.20	22.60	30.00	33.50	27.70	39.10
Ce	75.60	73.00	81.50	64.30	106.00	60.30	41.20	71.50	71.00	76.00	71.70	60.80	42.90	68.40	67.60	60.70	82.10
Pr	7.96	7.84	8.60	6.84	11.70	6.62	4.55	7.74	7.60	8.49	7.55	6.68	5.06	7.33	6.87	6.57	8.86

续表

编号	LDY-1H	LDY-2H	LDY-5H	LDY-6H	15XD-2h	15XD-5h	15XD-8h	15XD-11	15XD-12	15XD-17	15XD-20	15XD-20-1	15XD-28	15XD-30	15XD-32	15XD-34	15LXD-2
岩性	砂岩	砂岩	砂岩	砂岩	板岩	板岩	板岩	板岩	板岩	板岩	砂岩	板岩（块）	褐色砂岩	板岩	粉砂质板岩	板岩	板岩 Qb*xm*
Nd	30.40	29.90	33.10	26.60	45.80	26.70	18.50	31.10	29.80	33.60	29.30	26.00	20.90	29.00	25.90	26.40	34.60
Sm	6.00	5.94	6.44	5.31	8.32	5.61	4.00	6.08	5.50	6.10	5.24	4.67	5.29	5.74	4.87	5.36	6.27
Eu	1.31	1.30	1.41	1.18	1.74	1.21	0.90	1.34	1.22	1.30	1.21	1.17	1.40	1.30	1.10	1.23	1.35
Gd	5.11	5.10	5.56	4.61	6.58	4.93	3.70	5.13	4.65	5.05	4.67	4.25	5.43	5.14	4.52	4.67	5.31
Tb	0.83	0.82	0.88	0.75	0.97	0.81	0.66	0.83	0.74	0.81	0.75	0.72	0.97	0.86	0.77	0.78	0.83
Dy	4.85	4.99	5.32	4.54	5.52	5.12	4.29	5.10	4.40	4.96	4.56	4.52	6.10	5.24	4.75	4.74	4.92
Ho	0.96	1.00	1.05	0.94	1.12	1.04	0.92	1.06	0.90	1.03	0.93	0.96	1.22	1.08	0.98	0.97	0.99
Er	2.67	2.70	2.87	2.58	3.09	2.89	2.60	2.90	2.50	2.89	2.58	2.66	3.31	2.94	2.67	2.66	2.73
Tm	0.42	0.42	0.47	0.40	0.48	0.47	0.43	0.47	0.40	0.47	0.41	0.44	0.52	0.47	0.43	0.43	0.42
Yb	2.80	2.67	3.06	2.64	3.33	3.23	3.00	3.20	2.79	3.20	2.72	2.92	3.51	3.14	2.88	2.88	2.87
Lu	0.39	0.38	0.43	0.37	0.47	0.45	0.43	0.45	0.39	0.46	0.38	0.40	0.49	0.44	0.40	0.40	0.41
Y	23.00	24.00	25.40	22.00	25.40	24.00	21.10	23.90	20.80	23.90	21.20	21.70	29.20	25.00	22.30	22.20	22.70
∑REE	174.30	170.66	188.29	150.56	242.72	146.58	103.78	169.00	163.89	179.46	164.30	144.39	119.70	161.08	157.24	145.49	190.76
[Ce]/[Ce]*	1.03	1.01	1.03	1.03	1.03	1.03	1.03	1.04	1.04	1.01	1.05	1.01	0.91	1.06	1.00	1.03	1.00
[Eu]/[Eu]*	0.71	0.71	0.70	0.71	0.70	0.69	0.70	0.71	0.72	0.70	0.73	0.79	0.79	0.72	0.71	0.74	0.70
$[La]_N/[Yb]_N$	8.45	8.76	8.30	7.55	9.66	5.69	4.19	6.78	7.75	7.41	8.02	6.53	4.35	6.46	7.86	6.50	9.21
$[La]_N/[Sm]_N$	3.67	3.67	3.67	3.50	3.60	3.05	2.93	3.32	3.66	3.62	3.88	3.80	2.69	3.29	4.33	3.25	3.93
$[Gd]_N/[Yb]_N$	1.48	1.55	1.47	1.42	1.60	1.24	1.00	1.30	1.35	1.28	1.39	1.18	1.25	1.33	1.27	1.31	1.50
LREE/HREE	8.67	8.44	8.59	7.95	10.26	6.74	5.47	7.83	8.77	8.51	8.66	7.56	4.55	7.34	8.04	7.30	9.32

注：LDY 为药菇山剖面；15XD 为小洞剖面；LOI 为烧失量；主量元素单位为%，稀土元素单位为 μg/g，微量元素单位为 μg/g。

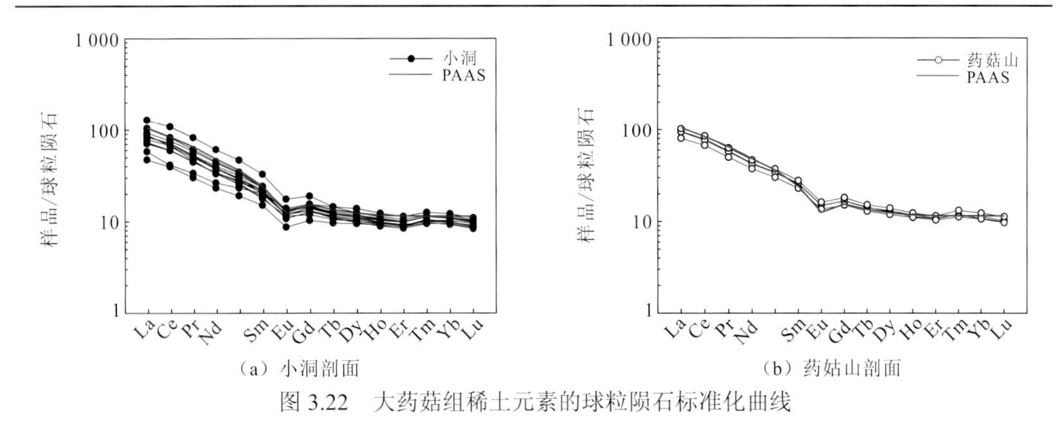

（a）小洞剖面　（b）药菇山剖面

图 3.22　大药菇组稀土元素的球粒陨石标准化曲线

（三）沉积构造背景

Roser 和 Korsch（1986）、Maynard 等（1982）分别提出了砂岩和泥岩沉积盆地构造环境的 K_2O / Na_2O-SiO_2 图解和 K_2O/Na_2O-SiO_2/Al_2O_3 图解（图 3.23）。但对于大药菇组来说，两个图解所反映的大地构造背景并不一致，在 Maynard 等（1982）的图解中，样品点均落在活动大陆边缘区域，而在 Roser 和 Korsch（1986）的图解中却落在被动大陆边缘，其具体原因尚不清楚，需要通过多元素判别来综合判断。

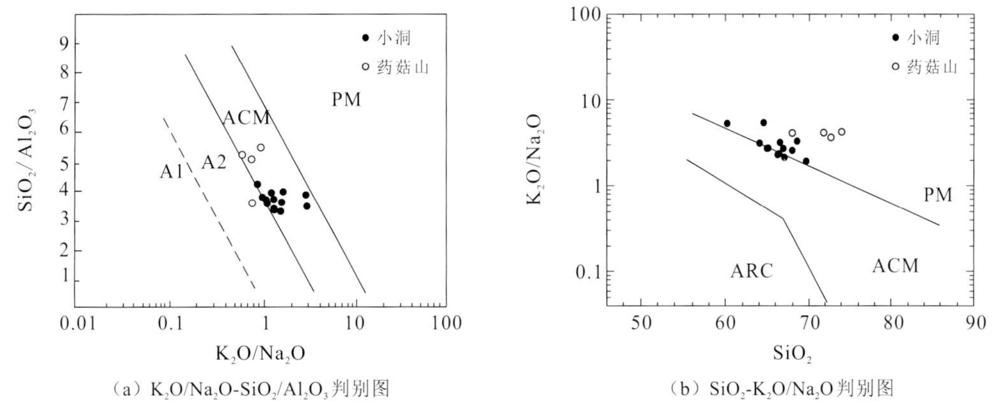

（a）K_2O/Na_2O-SiO_2/Al_2O_3 判别图　（b）SiO_2-K_2O/Na_2O 判别图

图 3.23　大药菇组碎屑岩构造背景图解[底图据 Roser 和 Korsch（1986）、Maynard 等（1982）]

ARC 为大洋岛弧，ACM 为活动大陆边缘，PM 为被动大陆边缘，A1 为玄武质和安山质碎屑的岛弧环境，A2 为长英质侵入岩碎屑的进化岛弧环境

为了消除单一主量元素或比值投点的不稳定性，Bhatia（1983）提出的构造环境主量元素判别函数图解（图 3.24），可以看出，小洞剖面样品点均落在了活动大陆边缘区域，而大药菇山剖面样品多数落在大陆岛弧区域。两者均远离被动大陆边缘区域，说明均为活动性沉积，与上述 Maynard 等（1982）的图解基本相符。

在 Bhatia（1983）总结的主量元素构造背景图解中（图 3.25），小洞剖面样品大多落在大洋岛弧区域（A 区）附近，而药菇山剖面样品仍落在大陆岛弧区（B 区）。再一次说明了两个剖面大药菇组活动的构造背景。

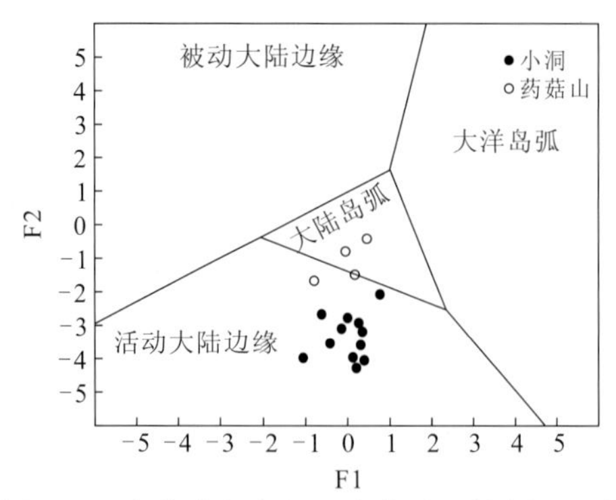

图 3.24　大药菇组主量元素构造环境判别函数

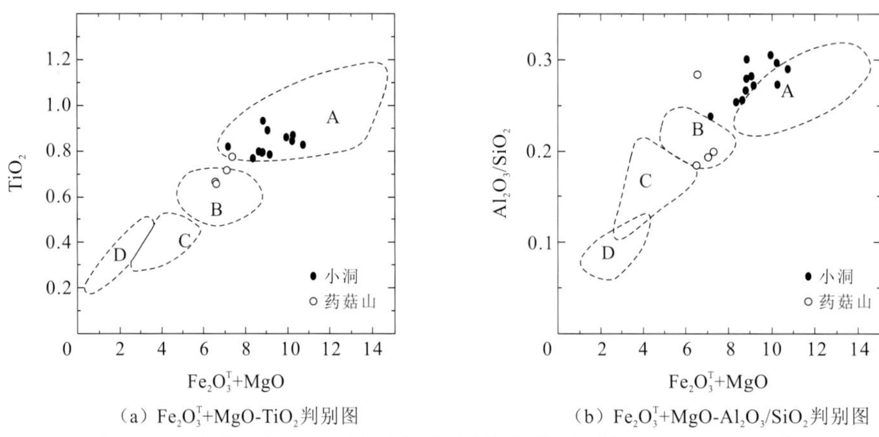

（a）$Fe_2O_3^T$+MgO-TiO_2 判别图　　（b）$Fe_2O_3^T$+MgO-Al_2O_3/SiO_2 判别图

图 3.25　大药菇组主量元素构造背景判别图[底图据 Bhatia（1983）]

A. 大洋岛弧，B. 大陆岛弧，C. 活动大陆边缘，D. 被动大陆边缘

在 Bhatia 和 Crook（1986）认为最具构造判别意义的 La-Th-Sc、Th-Co-Zr/10 和 Th-Sc-Zr/10 三角图中（图 3.26），药菇山剖面投点比较一致地落在大陆岛弧区域附近，而小洞剖面由于相对富集 La、Zr，亏损 Th，投点偏离了底图的区域。从不同元素的构造背景判别图来看，药菇山地区的构造背景为大陆岛弧，而小洞剖面的构造背景尚未定论，总的来看应该也是一种活动性比较强的构造背景。

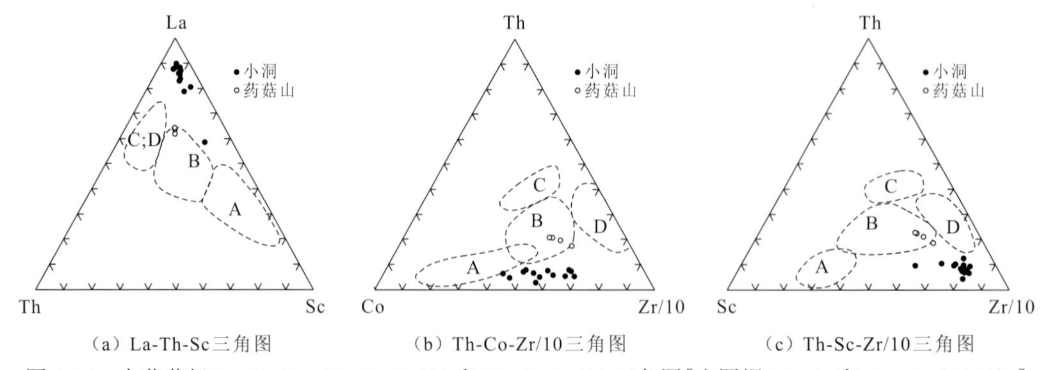

（a）La-Th-Sc 三角图　　（b）Th-Co-Zr/10 三角图　　（c）Th-Sc-Zr/10 三角图

图 3.26　大药菇组 La-Th-Sc、Th-Co-Zr/10 和 Th-Sc-Zr/10 三角图[底图据 Bhatia 和 Crook（1986）]

A 为大洋岛弧，B 为大陆岛弧，C 为活动大陆边缘，D 为被动大陆边缘

Roser 和 Korsch（1988）认为一些氧化物或氧化物比值变化图会随着碎屑岩粒度的变化而发生投点的重叠，而利用多元素的判别函数可以很好地消除这样的重叠，为此他们总结出用于判断物源属性的判别函数图解（图 3.27）。图中大药菇组主要落在长英质火成岩和中性火成岩物源区，其中药菇山剖面更趋于落入长英质火成岩物源区，与上述的大陆岛弧构造背景相符，小洞剖面多数落在中性火成岩物源区，甚至有一个样品（15XD-28 褐色砂岩）进入基性火成岩物源区，说明其物源区中基性成分增多。

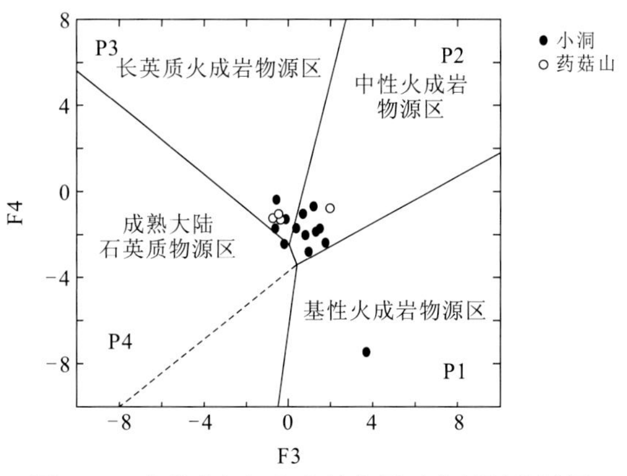

图 3.27　大药菇组沉积岩的主量元素判别分析图

［底图据 Roser 和 Korsch（1988）］

从以上地球化学分析可知，大药菇组主要是类似岛弧的活动构造背景，物源主要来自长英质火成岩和中性火成岩物源区。据此，推测大药菇组沉积盆地类型可能为位于岛弧与前缘增生楔之间的弧前盆地或岛弧与大陆边缘之间的离弧后盆地，而考虑其变形变质特征，更应为弧后盆地。

第三节　碎屑锆石特征及物源分析

为了研究青白口纪早期和晚期的沉积时限及物源变化，本节对采自通山县小洞冷家溪群大药菇组、常德太阳山板溪群横路冲组、常德市马金洞板溪群多益塘组和宁乡市龙田镇菜花村板溪群牛牯坪组及隆回县石桥铺高涧群石桥铺组碎屑锆石进行研究。

一、样品与分析

测试样品层位与岩性分别为：湖北省通山县小洞剖面大药菇组灰白色岩屑石英砂岩（15LDW-1）；湖南省常德市太阳山打山垭剖面横路冲组紫红色厚层状含砾岩屑粗砂岩（LXG-2）；常德市桃源县理公港镇马金洞剖面多益塘组浅灰色浅变质粉砂岩（MJD-13）；宁乡市龙国镇菜花村牛牯坪组灰色细粒岩屑砂岩（LLT-4）；隆回县石桥铺剖面石桥铺组灰绿色火山角砾岩（LSQ-1）。

样品均采自新鲜露头，破碎后手工淘洗分离出重砂，经磁选和电磁选后，在双目镜下挑选不同晶形、不同颜色的锆石颗粒，将其粘在双面胶上用环氧树脂固定。抛光后进行反射和透射光下的显微观察和照相。并在北京锆年领航科技有限公司对锆石进行阴极发光照相用以观察各锆石颗粒内部结构（图 3.28），确定测试对象和位置。

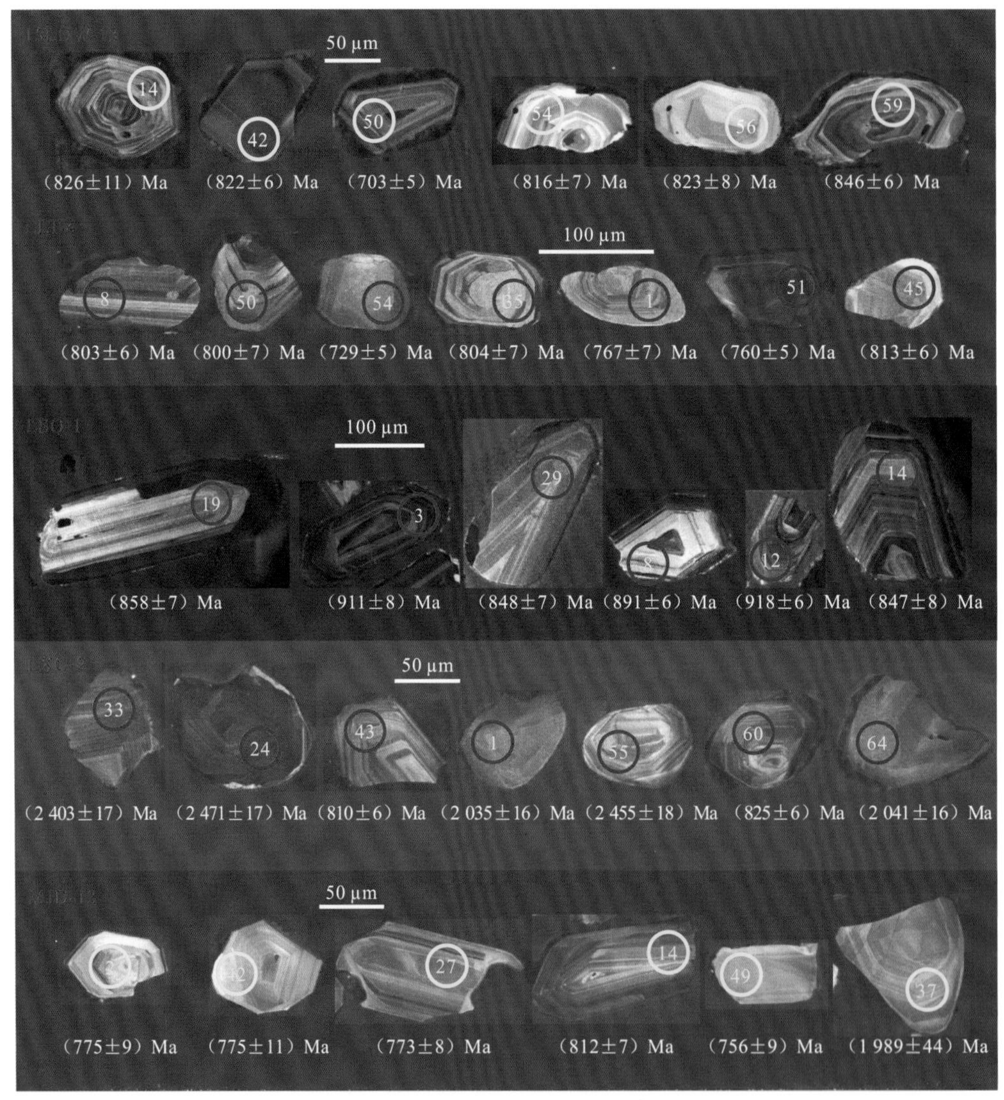

图 3.28　青白口纪沉积岩代表性锆石 CL 图像

锆石的 U-Pb 同位素测量采用激光剥蚀-等离子体质谱（LA-ICP-MS）原位分析方法，在中国地质大学（武汉）国家重点实验室完成。锆石微量元素含量和 U-Pb 同位素定年在中国地质大学（武汉）地质过程与矿产资源国家重点实验室（GPMR）利用 LA-ICP-MS 同时分析完成。激光剥蚀系统为 GeoLas 2005，ICP-MS 为 Agilent 7500a。激光剥蚀过程中采用氦气作载气、氩气为补偿气以调节灵敏度，两者在进入 ICP 之前通过一个 T 型接头混合。在等离子体中心气流（Ar+He）中加入了少量氮气，以提高仪器灵敏度、降低检出限和改善分析精密度（Hu et al.，2008）。每个时间分辨分析数据包括 20～30 s 的空白信号和 50 s 的样品信号。对分析数据的离线处理（包括对样品和空白信号的选择、仪器灵敏度漂移校正、元素含量及 U-Th-Pb 同位素比值和年龄计算）采用软件 ICPMSDataCal（Liu et al.，2010b，2008）完成。详细的仪器操作条件和数据处理方法同 Liu 等（2010a，2008）。

锆石微量元素含量利用多个 USGS 参考玻璃（BCR-2G，BIR-1G）作为多外标、Si 作内标的方法进行定量计算（Liu et al.，2010b）。这些 USGS 参考玻璃中元素含量的推荐值参考 GeoReM 数据库（http://georem.mpch-mainz.gwdg.de /）。U-Pb 同位素定年中采用锆石标准 91500 作外标进行同位素分馏校正，每分析 5～8 个样品点，分析两次 91500。对于与分析时间有关的 U-Th-Pb 同位素比值漂移，利用 91500 的变化采用线性内插的方式进行校正（Liu et al.，2010b）。锆石标准 91500 的 U-Th-Pb 同位素比值推荐值据 Wiedenbeck 等（1995）。锆石样品的 U-Pb 年龄谐和图绘制和年龄权重平均计算均采用 Isoplot/Ex_ver3（Ludwig，2003）完成。在做概率密度曲线过程中，大于 1 000 Ma 的古老锆石由于含有大量放射性成因 Pb，因而采用 $^{207}Pb/^{206}Pb$ 表面年龄，而小于 1 000 Ma 的锆石由于可用于测量的放射性成因 Pb 含量低和普通 Pb 校正的不确定性，采用更为可靠的 $^{206}Pb/^{238}U$ 表面年龄。在作图过程中，仅选用谐和度大于 90%的锆石年龄参与统计。

二、锆石特征及定年结果

（一）小洞剖面大药菇组（15LDW-1）

大药菇组 65 颗锆石中获得 63 组有效年龄（图 3.29）。测试分析结果如表 3.6 及图 3.28 所示，虽然锆石形态不尽相同，但大多数锆石具有振荡环带，且 Th / U 值大于 0.4，显示为岩浆成因。大部分测点年龄分布在 967～816 Ma，只有一颗锆石出现了（703±5）Ma 的年龄，造成该点年龄偏离的原因尚不清楚，可能不具备明确的地质含义（属于小概率事件，离群年龄），除此之外最年轻的一组锆石加权平均年龄为（826±4.5）Ma（MSDW = 0.56，$n=8$），组内单颗最年轻的锆石年龄为（816±7）Ma，该颗锆石环带清晰，谐和度达到 99%，说明大药菇组至少沉积于 826 Ma 之后，其沉积下限年龄甚至可能晚于 820 Ma，达到 816 Ma。

（二）高涧群石桥铺组（LSQ-1）

对样品 LSQ-1 中 40 粒锆石进行测定，获得 36 组有效年龄（图 3.29）。锆石年龄为 2 107～825 Ma，主要集中分布于 918～825 Ma 和 1 887～1 824 Ma。

918～825 Ma：共 25 粒，谐和度大于 95%，是主要的和可信的年龄分布区间，其峰值年龄为 892 Ma，另有少量 875 Ma 的次级峰值和 826 Ma、954 Ma、1 016 Ma 三组较低的年龄峰值。以半自形晶为主，呈棱柱状、短柱状，长宽比为 3∶1～1∶1，颗粒棱角分明，边界平直，少量边部磨圆中等，具有近源沉积特征。Th/U 值为 0.13～0.87，具振荡环带，属岩浆成因锆石。

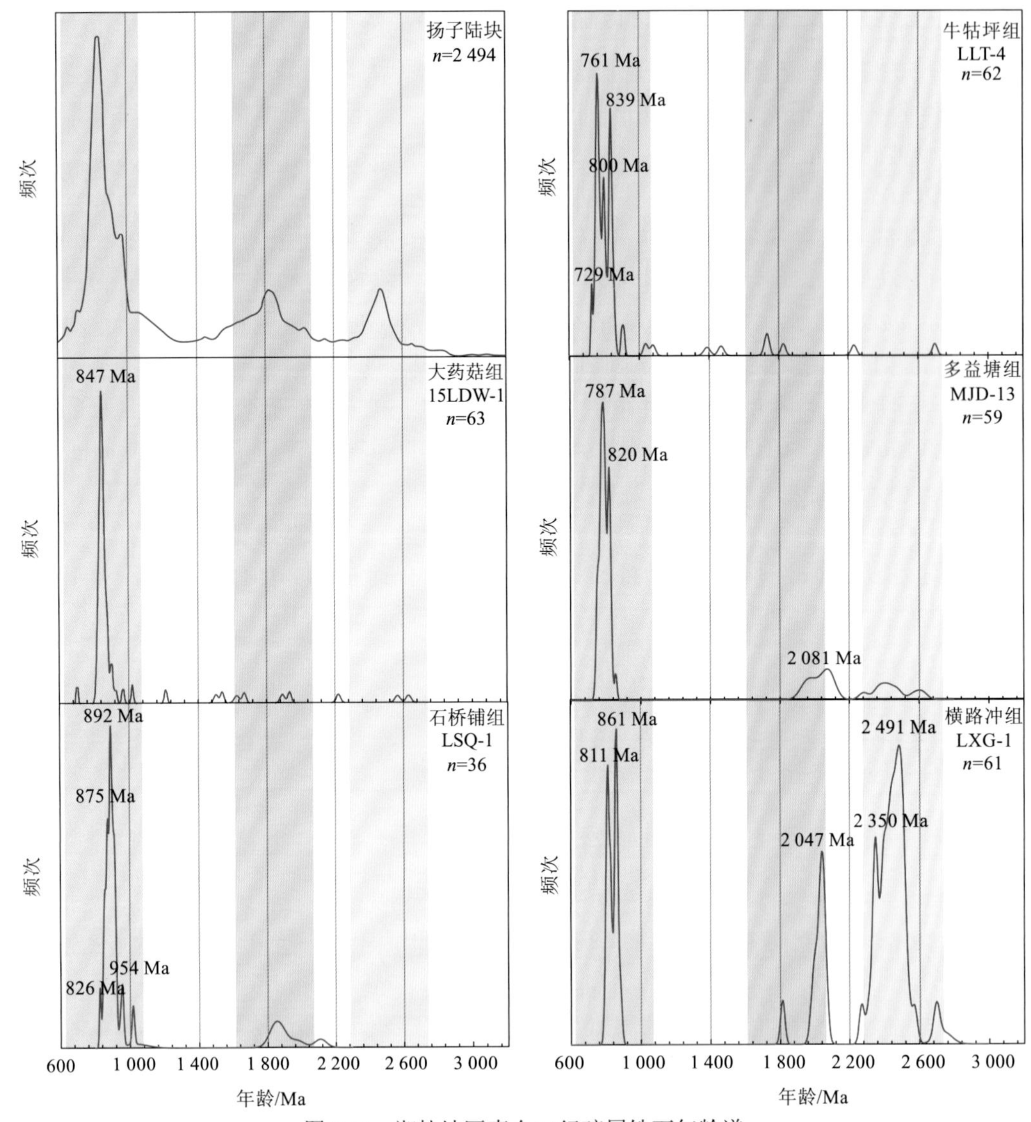

图 3.29　湘桂地区青白口纪碎屑锆石年龄谱

1 887～1 824 Ma：共 4 粒，谐和度大于 98%，为次一级的年龄集中区间，其加权平均值为（1845±35）Ma。以半自形晶为主，呈棱柱状、短柱状，长宽比约为 2∶1，Th/U 值为 0.32～0.71，大部分大于 0.4，具振荡环带，属岩浆成因锆石。

（三）板溪群横路冲组（LXG-2）

对样品 LXG-2 中 65 粒锆石进行测定，获得 61 组有效年龄（图 3.29）。锆石年龄为 2 733～795 Ma，主要集中分布于 879～795 Ma、2 059～2 000 Ma、2 527～2 310 Ma。

879～795 Ma：共 13 粒锆石，绝大多数谐和度大于 95%，只有 1 颗锆石谐和度为 91%，是主要的年龄集中区间。呈无色透明或浅黄色，以半自形—自形晶为主，呈棱柱状、短柱状，长宽比为 3∶1～2∶1，其 Th/U 值为 0.66～1.61，均大于 0.1，为岩浆锆石。其年

表 3.6　湘北鄂南地区青白口纪碎屑锆石 U-Pb 定年结果

测点号	$^{207}Pb/^{206}Pb$ 值	$^{207}Pb/^{206}Pb$ 误差	$^{207}Pb/^{235}U$ 值	$^{207}Pb/^{235}U$ 误差	$^{206}Pb/^{238}U$ 值	$^{206}Pb/^{238}U$ 误差	$^{207}Pb/^{206}Pb$ 年龄/Ma	$^{207}Pb/^{206}Pb$ 误差/Ma	$^{207}Pb/^{235}U$ 年龄/Ma	$^{207}Pb/^{235}U$ 误差/Ma	$^{206}Pb/^{238}U$ 年龄/Ma	$^{206}Pb/^{238}U$ 误差/Ma	Th/U 值	谐和度 /%
LSQ-1-01	0.064 0	0.002 0	1.310 9	0.041 6	0.147 7	0.001 5	743	69	851	18	888	8	0.4	95
LSQ-1-02	0.073 6	0.001 4	1.774 3	0.034 8	0.173 3	0.001 4	1 029	71	1 036	13	1 030	8	1.0	99
LSQ-1-03	0.070 7	0.001 8	1.486 9	0.038 7	0.151 9	0.001 4	948	53	925	16	911	8	0.2	98
LSQ-1-04	0.067 6	0.001 5	1.498 7	0.032 3	0.159 8	0.001 2	855	45	930	13	956	6	0.5	97
LSQ-1-05	0.130 7	0.002 9	7.090 6	0.154 0	0.392 7	0.004 1	2 107	34	2 123	19	2 135	19	0.5	99
LSQ-1-06	0.067 6	0.001 8	1.392 7	0.035 6	0.149 0	0.001 2	857	−145	886	15	895	7	0.4	98
LSQ-1-07	0.071 6	0.002 3	1.552 6	0.049 1	0.157 9	0.001 7	974	67	952	20	945	10	0.5	99
LSQ-1-08	0.066 5	0.001 3	1.367 5	0.026 5	0.148 3	0.001 0	820	36	875	11	891	6	0.6	98
LSQ-1-09	0.067 7	0.001 2	1.394 4	0.026 1	0.148 3	0.001 0	859	39	887	11	891	5	0.1	99
LSQ-1-10	0.067 8	0.001 7	1.351 3	0.032 2	0.144 5	0.001 5	863	55	868	14	870	8	0.8	99
LSQ-1-11	0.120 8	0.002 8	5.623 3	0.132 3	0.335 4	0.003 0	1 969	41	1 920	20	1 865	15	0.8	97
LSQ-1-12	0.070 2	0.001 5	1.492 3	0.031 7	0.153 1	0.001 1	1 000	39	927	13	918	6	0.3	99
LSQ-1-13	0.068 3	0.001 5	1.346 1	0.029 3	0.142 0	0.001 1	876	45	866	13	856	6	0.4	98
LSQ-1-14	0.065 4	0.002 1	1.267 4	0.040 3	0.140 5	0.001 4	787	69	831	18	847	8	0.6	98
LSQ-1-15	0.068 0	0.001 4	1.410 2	0.029 6	0.149 5	0.001 4	878	38	893	12	898	8	0.9	99
LSQ-1-16	0.067 9	0.001 8	1.417 1	0.036 3	0.150 8	0.001 3	866	56	896	15	906	7	0.4	98
LSQ-1-17	0.068 0	0.001 4	1.384 9	0.027 4	0.146 7	0.001 1	870	41	883	12	882	6	0.3	99
LSQ-1-18	0.112 8	0.002 2	5.396 0	0.107 3	0.344 6	0.002 8	1 856	35	1 884	17	1 909	14	0.3	98
LSQ-1-19	0.068 3	0.001 7	1.348 5	0.032 7	0.142 3	0.001 2	876	46	867	14	858	7	0.4	98

续表

测点号	$^{207}Pb/^{206}Pb$ 值	$^{207}Pb/^{206}Pb$ 误差	$^{207}Pb/^{235}U$ 值	$^{207}Pb/^{235}U$ 误差	$^{206}Pb/^{238}U$ 值	$^{206}Pb/^{238}U$ 误差	$^{207}Pb/^{206}Pb$ 年龄/Ma	$^{207}Pb/^{206}Pb$ 误差/Ma	$^{207}Pb/^{235}U$ 年龄/Ma	$^{207}Pb/^{235}U$ 误差/Ma	$^{206}Pb/^{238}U$ 年龄/Ma	$^{206}Pb/^{238}U$ 误差/Ma	Th/U 值	谐和度 /%
LSQ-1-20	0.111 5	0.002 1	5.309 0	0.101 8	0.342 5	0.002 5	1 824	34	1 870	16	1899	12	0.7	98
LSQ-1-21	0.067 4	0.001 1	1.357 3	0.022 9	0.145 0	0.000 9	850	35	871	10	873	5	0.4	99
LSQ-1-22	0.065 9	0.001 7	1.305 2	0.033 0	0.143 5	0.001 4	806	54	848	15	864	8	0.7	98
LSQ-1-23	0.115 4	0.002 2	5.464 3	0.107 0	0.341 8	0.003 3	1 887	35	1 895	17	1 895	16	0.7	99
LSQ-1-24	0.069 9	0.001 6	1.659 3	0.037 3	0.170 7	0.001 3	928	46	993	14	1 016	7	0.5	97
LSQ-1-25	0.068 6	0.001 5	1.426 1	0.030 2	0.149 7	0.001 1	887	44	900	13	899	6	0.3	99
LSQ-1-26	0.067 2	0.001 3	1.377 5	0.027 5	0.147 4	0.001 2	856	−156	879	12	887	7	0.5	99
LSQ-1-27	0.068 7	0.001 2	1.446 8	0.025 9	0.151 6	0.001 0	889	37	909	11	910	6	0.3	99
LSQ-1-28	0.067 9	0.001 5	1.365 3	0.028 9	0.145 0	0.001 2	865	44	874	12	873	6	0.6	99
LSQ-1-29	0.066 1	0.001 3	1.291 3	0.026 0	0.140 5	0.001 3	809	41	842	12	848	7	0.2	99
LSQ-1-30	0.066 6	0.001 3	1.344 1	0.026 7	0.144 9	0.001 1	833	41	865	12	872	6	0.2	99
LSQ-1-31	0.113 2	0.002 4	5.487 6	0.117 9	0.348 1	0.003 3	1 851	38	1 899	18	1 926	16	0.3	98
LSQ-1-32	0.069 6	0.001 7	1.429 4	0.036 0	0.147 7	0.001 3	917	51	901	15	888	7	0.2	98
LSQ-1-33	0.071 4	0.002 3	1.480 0	0.047 6	0.150 2	0.001 7	970	67	922	19	902	10	0.6	97
LSQ-1-34	0.145 0	0.003 5	7.072 7	0.216 9	0.344 2	0.003 7	2 287	36	2 121	27	1 907	18	0.6	89
LSQ-1-35	0.069 0	0.001 3	1.465 8	0.027 6	0.152 6	0.001 0	898	69	916	11	916	5	0.3	99
LSQ-1-36	0.069 7	0.001 3	1.325 3	0.024 9	0.136 7	0.000 8	920	39	857	11	826	5	0.5	96
LXG-2-01	0.124 8	0.002 3	6.416 5	0.119 3	0.371 0	0.002 8	2 028	32	2 035	16	2 034	13	1.1	99
LXG-2-02	0.152 5	0.002 2	9.473 0	0.144 5	0.447 6	0.003 1	2 374	24	2 385	14	2 384	14	0.8	99
LXG-2-03	0.164 5	0.002 4	10.058 8	0.156 8	0.440 3	0.003 3	2 503	24	2 440	14	2 352	15	0.3	96

续表

测点号	$^{207}Pb/^{206}Pb$ 值	$^{207}Pb/^{206}Pb$ 误差	$^{207}Pb/^{235}U$ 值	$^{207}Pb/^{235}U$ 误差	$^{206}Pb/^{238}U$ 值	$^{206}Pb/^{238}U$ 误差	$^{207}Pb/^{206}Pb$ 年龄/Ma	$^{207}Pb/^{206}Pb$ 误差/Ma	$^{207}Pb/^{235}U$ 年龄/Ma	$^{207}Pb/^{235}U$ 误差/Ma	$^{206}Pb/^{238}U$ 年龄/Ma	$^{206}Pb/^{238}U$ 误差/Ma	Th/U 值	谐和度 /%
LXG-2-04	0.124 5	0.001 9	6.488 2	0.101 0	0.375 7	0.002 5	2 021	27	2 044	14	2 056	12	0.1	99
LXG-2-05	0.159 4	0.002 7	10.025 2	0.178 0	0.452 9	0.003 6	2 449	28	2 437	16	2 408	16	0.6	98
LXG-2-06	0.163 1	0.002 8	10.870 1	0.200 5	0.479 7	0.004 1	2 488	29	2 512	17	2 526	18	0.7	99
LXG-2-07	0.167 2	0.002 9	11.052 2	0.189 9	0.476 2	0.003 0	2 531	29	2 528	16	2 511	13	0.6	99
LXG-2-08	0.068 9	0.002 0	1.334 6	0.037 9	0.140 8	0.001 4	894	60	861	16	849	8	0.8	98
LXG-2-09	0.159 1	0.002 9	10.304 7	0.202 0	0.465 4	0.003 8	2 447	30	2 463	18	2 463	17	0.4	99
LXG-2-10	0.067 5	0.002 5	1.278 4	0.045 6	0.138 3	0.001 5	854	77	836	20	835	9	1.4	99
LXG-2-11	0.076 3	0.005 7	1.506 2	0.120 7	0.141 9	0.001 3	1 102	156	933	49	856	7	1.2	91
LXG-2-12	0.066 5	0.001 6	1.315 3	0.031 2	0.142 8	0.001 1	833	51	852	14	860	6	1.0	99
LXG-2-14	0.148 1	0.002 8	9.112 3	0.172 8	0.443 1	0.003 4	2 324	33	2 349	17	2 364	15	0.9	99
LXG-2-15	0.164 6	0.005 9	10.838 5	0.361 4	0.484 2	0.007 5	2 503	60	2 509	31	2 546	32	3.7	98
LXG-2-16	0.155 1	0.002 7	10.518 6	0.181 3	0.487 1	0.003 8	2 402	29	2 482	16	2 558	16	0.9	96
LXG-2-17	0.139 9	0.002 4	6.601 8	0.123 8	0.338 7	0.003 2	2 226	30	2 060	17	1 880	15	1.1	90
LXG-2-18	0.062 0	0.002 2	1.140 1	0.038 8	0.133 7	0.001 4	676	76	773	18	809	8	0.8	95
LXG-2-19	0.118 3	0.001 8	4.958 6	0.075 3	0.301 9	0.002 2	1 931	32	1 812	13	1 701	11	0.3	93
LXG-2-20	0.118 2	0.001 8	6.170 0	0.090 5	0.376 9	0.002 4	1 929	27	2 000	13	2 062	11	0.1	96
LXG-2-21	0.117 1	0.002 0	6.051 2	0.106 0	0.372 9	0.002 7	1 922	31	1 983	15	2 043	13	0.9	97
LXG-2-22	0.150 3	0.002 3	9.525 7	0.151 5	0.457 4	0.003 1	2 350	26	2 390	15	2 428	14	0.9	98
LXG-2-23	0.143 7	0.002 3	9.120 4	0.149 9	0.458 2	0.003 1	2 273	22	2 350	15	2 431	14	0.1	96
LXG-2-24	0.151 5	0.002 7	10.397 7	0.192 2	0.495 7	0.003 6	2 365	31	2 471	17	2 595	15	0.6	95

续表

测点号	$^{207}Pb/^{206}Pb$ 值	$^{207}Pb/^{206}Pb$ 误差	$^{207}Pb/^{235}U$ 值	$^{207}Pb/^{235}U$ 误差	$^{206}Pb/^{238}U$ 值	$^{206}Pb/^{238}U$ 误差	$^{207}Pb/^{206}Pb$ 年龄/Ma	$^{207}Pb/^{206}Pb$ 误差/Ma	$^{207}Pb/^{235}U$ 年龄/Ma	$^{207}Pb/^{235}U$ 误差/Ma	$^{206}Pb/^{238}U$ 年龄/Ma	$^{206}Pb/^{238}U$ 误差/Ma	Th/U 值	谐和度 /%
LXG-2-25	0.160 6	0.003 1	10.728 5	0.224 4	0.482 3	0.003 9	2 461	32	2 500	19	2 537	17	0.5	98
LXG-2-26	0.154 5	0.003 1	9.206 4	0.187 3	0.433 5	0.004 7	2 398	35	2 359	19	2 322	21	1.1	98
LXG-2-27	0.149 0	0.002 1	9.082 7	0.139 3	0.440 2	0.003 1	2 344	25	2 346	14	2 351	14	0.1	99
LXG-2-28	0.157 8	0.002 3	9.727 3	0.164 3	0.444 6	0.004 1	2 432	25	2 409	16	2 371	18	0.5	98
LXG-2-29	0.069 6	0.002 4	1.361 6	0.044 0	0.142 7	0.001 4	917	66	873	19	860	8	0.8	98
LXG-2-30	0.161 2	0.002 8	10.749 7	0.182 9	0.481 9	0.003 7	2 468	30	2 502	16	2 536	16	0.7	98
LXG-2-31	0.070 0	0.003 2	1.294 6	0.057 5	0.135 1	0.001 7	929	94	843	25	817	10	1.0	96
LXG-2-32	0.161 5	0.002 9	10.219 7	0.176 5	0.455 9	0.003 0	2 472	31	2 455	16	2 421	13	0.6	98
LXG-2-33	0.162 8	0.003 1	9.665 2	0.178 3	0.428 0	0.003 4	2 484	31	2 403	17	2 296	15	0.9	95
LXG-2-34	0.144 8	0.002 5	8.731 7	0.148 4	0.434 6	0.003 2	2 287	31	2 310	15	2 326	14	0.9	99
LXG-2-35	0.161 2	0.002 7	10.667 6	0.178 1	0.477 0	0.003 6	2 468	29	2 495	15	2 514	16	1.0	99
LXG-2-36	0.157 2	0.002 3	9.864 1	0.143 3	0.451 7	0.002 9	2 426	−175	2 422	13	2 403	13	0.6	99
LXG-2-37	0.158 2	0.002 3	10.835 9	0.160 2	0.493 0	0.003 5	2 437	24	2 509	14	2 584	15	0.6	97
LXG-2-38	0.153 6	0.002 8	9.624 5	0.173 1	0.451 5	0.003 4	2 387	31	2 400	17	2 402	15	1.2	99
LXG-2-40	0.154 5	0.002 8	10.369 1	0.189 3	0.482 4	0.003 8	2 398	31	2 468	17	2 538	17	0.5	97
LXG-2-41	0.147 8	0.003 1	9.064 3	0.193 8	0.442 3	0.004 4	2 321	41	2 345	20	2 361	20	1.1	99
LXG-2-42	0.143 7	0.002 3	9.110 6	0.145 5	0.456 4	0.003 3	2 272	27	2 349	15	2 423	14	0.3	96
LXG-2-43	0.065 0	0.001 6	1.204 3	0.030 0	0.133 9	0.001 1	772	56	803	14	810	6	1.2	99
LXG-2-44	0.064 8	0.002 9	1.163 9	0.051 4	0.131 4	0.001 5	766	63	784	24	796	8	1.6	98
LXG-2-45	0.186 8	0.006 0	13.768 1	0.683 5	0.504 6	0.006 9	2 714	52	2 734	47	2 633	30	0.8	96

续表

测点号	$^{207}Pb/^{206}Pb$ 值	$^{207}Pb/^{206}Pb$ 误差	$^{207}Pb/^{235}U$ 值	$^{207}Pb/^{235}U$ 误差	$^{206}Pb/^{238}U$ 值	$^{206}Pb/^{238}U$ 误差	$^{207}Pb/^{206}Pb$ 年龄/Ma	$^{207}Pb/^{206}Pb$ 误差/Ma	$^{207}Pb/^{235}U$ 年龄/Ma	$^{207}Pb/^{235}U$ 误差/Ma	$^{206}Pb/^{238}U$ 年龄/Ma	$^{206}Pb/^{238}U$ 误差/Ma	Th/U 值	谐和度 /%
LXG-2-46	0.146 0	0.002 2	8.340 0	0.131 5	0.411 1	0.002 7	2 302	27	2 269	14	2 220	12	0.4	97
LXG-2-47	0.153 2	0.002 7	9.968 2	0.172 3	0.469 2	0.003 0	2 383	30	2 432	16	2 480	13	1.3	98
LXG-2-49	0.120 4	0.002 5	6.383 6	0.137 8	0.382 5	0.003 2	1 962	38	2 030	19	2 088	15	1.2	97
LXG-2-50	0.121 5	0.002 2	6.329 8	0.112 6	0.375 8	0.002 6	1 989	32	2 023	16	2 057	12	0.7	98
LXG-2-51	0.165 9	0.002 7	11.578 5	0.198 5	0.502 9	0.004 1	2 516	21	2 571	16	2 626	17	0.4	97
LXG-2-52	0.069 9	0.002 7	1.273 6	0.047 4	0.133 4	0.001 5	924	84	834	21	807	8	1.3	96
LXG-2-53	0.180 8	0.003 2	13.226 5	0.236 1	0.527 6	0.004 1	2 661	34	2 696	17	2 731	17	1.5	98
LXG-2-54	0.161 7	0.002 6	10.654 4	0.169 3	0.474 6	0.002 8	2 473	27	2 493	15	2 504	12	1.3	99
LXG-2-55	0.158 7	0.002 9	10.216 2	0.196 9	0.463 5	0.003 9	2 443	31	2 455	18	2 455	17	0.6	99
LXG-2-56	0.162 0	0.003 0	10.366 3	0.191 4	0.460 6	0.003 0	2 477	26	2 468	17	2 442	13	0.3	98
LXG-2-57	0.073 3	0.002 8	1.477 3	0.057 6	0.146 1	0.001 8	1 021	78	921	24	879	10	0.9	95
LXG-2-58	0.161 7	0.002 9	10.525 2	0.184 9	0.468 8	0.003 0	2 473	30	2 482	16	2 478	13	0.3	99
LXG-2-59	0.163 2	0.002 8	9.669 8	0.165 1	0.426 9	0.002 8	2 489	28	2 404	16	2 292	13	0.3	95
LXG-2-60	0.066 1	0.001 6	1.250 6	0.029 5	0.136 6	0.001 0	811	50	824	13	825	6	1.0	99
LXG-2-61	0.124 4	0.002 0	6.569 4	0.104 2	0.381 1	0.002 6	2 020	29	2 055	14	2 081	12	2.2	98
LXG-2-62	0.066 7	0.002 3	1.311 5	0.045 2	0.143 2	0.001 6	828	72	851	20	863	9	0.7	98
LXG-2-63	0.158 4	0.002 7	10.032 3	0.165 9	0.457 9	0.003 1	2 439	34	2 438	15	2 430	14	0.5	99
LXG-2-64	0.124 9	0.002 2	6.460 4	0.115 6	0.373 4	0.002 9	2 028	31	2 041	16	2 045	13	1.2	99
MJD13Z-01	0.065 4	0.003 3	1.168 5	0.058 4	0.130 3	0.001 5	787	112	786	27	789	9	0.9	99
MJD13Z-02	0.071 1	0.003 1	1.241 0	0.053 2	0.127 7	0.001 6	961	85	819	24	775	9	1.0	94

续表

测点号	$^{207}Pb/^{206}Pb$ 值	$^{207}Pb/^{206}Pb$ 误差	$^{207}Pb/^{235}U$ 值	$^{207}Pb/^{235}U$ 误差	$^{206}Pb/^{238}U$ 值	$^{206}Pb/^{238}U$ 误差	$^{207}Pb/^{206}Pb$ 年龄/Ma	$^{207}Pb/^{206}Pb$ 误差/Ma	$^{207}Pb/^{235}U$ 年龄/Ma	$^{207}Pb/^{235}U$ 误差/Ma	$^{206}Pb/^{238}U$ 年龄/Ma	$^{206}Pb/^{238}U$ 误差/Ma	Th/U 值	谐和度 /%
MJD13Z-03	0.062 9	0.003 4	1.142 7	0.061 9	0.132 8	0.001 6	706	115	774	29	804	9	1.0	96
MJD13Z-04	0.068 8	0.002 4	1.277 5	0.044 1	0.135 2	0.001 3	900	73	836	20	818	7	0.8	97
MJD13Z-07	0.068 5	0.002 8	1.281 3	0.051 7	0.136 1	0.001 6	883	86	837	23	822	9	0.9	98
MJD13Z-10	0.058 1	0.003 1	1.023 3	0.055 2	0.129 3	0.001 6	600	121	716	28	784	9	0.5	90
MJD13Z-11	0.118 8	0.002 4	4.643 8	0.115 0	0.282 1	0.003 9	1 939	36	1 757	21	1 602	20	1.0	90
MJD13Z-12	0.066 1	0.001 6	1.248 4	0.030 6	0.136 7	0.001 1	809	45	823	14	826	6	1.1	99
MJD13Z-13	0.151 6	0.002 5	9.933 6	0.179 5	0.474 0	0.003 8	2 364	28	2 429	17	2 501	17	0.2	97
MJD13Z-14	0.069 1	0.002 6	1.266 9	0.045 2	0.134 3	0.001 3	902	77	831	20	812	7	1.7	97
MJD13Z-15	0.176 5	0.003 1	12.870 5	0.227 8	0.528 7	0.003 8	2 620	29	2 670	17	2 736	16	0.4	97
MJD13Z-16	0.066 2	0.002 6	1.184 1	0.045 8	0.131 2	0.001 5	813	83	793	21	795	8	1.1	99
MJD13Z-17	0.065 0	0.002 1	1.112 3	0.035 5	0.124 1	0.001 2	776	66	759	17	754	7	2.1	99
MJD13Z-19	0.129 4	0.002 7	6.515 0	0.135 2	0.364 9	0.002 9	2 100	36	2 048	18	2 005	14	0.8	97
MJD13Z-20	0.069 3	0.002 3	1.205 2	0.038 5	0.126 9	0.001 4	909	67	803	18	770	8	0.8	95
MJD13Z-21	0.069 1	0.002 2	1.288 4	0.041 4	0.135 0	0.001 3	902	65	841	18	816	7	1.0	97
MJD13Z-22	0.066 1	0.002 0	1.294 3	0.039 9	0.141 8	0.001 3	811	64	843	18	855	7	1.4	98
MJD13Z-23	0.065 6	0.001 9	1.195 3	0.033 8	0.131 7	0.001 1	794	55	798	16	798	6	0.7	99
MJD13Z-24	0.067 4	0.002 4	1.251 2	0.042 9	0.134 5	0.001 3	850	74	824	19	814	7	1.0	98
MJD13Z-25	0.128 5	0.003 1	6.611 2	0.155 1	0.371 4	0.003 1	2 077	43	2 061	21	2 036	15	1.0	98
MJD13Z-27	0.067 9	0.002 3	1.190 1	0.039 3	0.127 4	0.001 4	865	104	796	18	773	8	1.1	97
MJD13Z-29	0.067 7	0.003 0	1.145 4	0.049 0	0.123 7	0.001 2	857	94	775	23	752	7	1.3	96

续表

测点号	$^{207}Pb/^{206}Pb$ 值	$^{207}Pb/^{206}Pb$ 误差	$^{207}Pb/^{235}U$ 值	$^{207}Pb/^{235}U$ 误差	$^{206}Pb/^{238}U$ 值	$^{206}Pb/^{238}U$ 误差	$^{207}Pb/^{206}Pb$ 年龄/Ma	$^{207}Pb/^{206}Pb$ 误差/Ma	$^{207}Pb/^{235}U$ 年龄/Ma	$^{207}Pb/^{235}U$ 误差/Ma	$^{206}Pb/^{238}U$ 年龄/Ma	$^{206}Pb/^{238}U$ 误差/Ma	Th/U 值	谐和度/%
MJD13Z-30	0.070 1	0.001 8	1.273 4	0.031 6	0.131 3	0.001 0	931	52	834	14	796	6	1.3	95
MJD13Z-31	0.126 9	0.002 8	6.686 6	0.147 9	0.381 2	0.003 5	2 057	39	2 071	20	2 082	16	1.3	99
MJD13Z-32	0.126 6	0.003 3	6.540 6	0.171 4	0.374 3	0.003 6	2 051	46	2 051	23	2 050	17	1.2	99
MJD13Z-33	0.060 8	0.004 1	1.093 0	0.076 4	0.130 4	0.001 9	632	144	750	37	790	11	1.1	94
MJD13Z-34	0.067 4	0.002 2	1.222 7	0.040 0	0.131 6	0.001 2	850	64	811	18	797	7	1.2	98
MJD13Z-35	0.066 3	0.002 8	1.174 4	0.049 2	0.129 2	0.001 5	817	89	789	23	784	9	1.3	99
MJD13Z-36	0.144 5	0.002 4	7.924 0	0.129 8	0.395 2	0.002 6	2 283	28	2 222	15	2 147	12	0.3	96
MJD13Z-37	0.122 2	0.003 0	6.309 2	0.150 5	0.374 0	0.003 4	1 989	44	2 020	21	2 048	16	0.9	98
MJD13Z-38	0.068 9	0.003 2	1.248 1	0.055 7	0.132 8	0.001 9	896	95	823	25	804	11	1.0	97
MJD13Z-39	0.122 8	0.004 4	5.276 0	0.198 4	0.315 9	0.007 7	1 998	63	1 865	32	1 770	38	1.4	94
MJD13Z-40	0.063 9	0.003 5	1.080 5	0.056 5	0.123 5	0.001 6	739	115	744	28	751	9	1.1	99
MJD13Z-41	0.065 5	0.001 9	1.181 8	0.034 1	0.130 0	0.001 1	791	61	792	16	788	7	1.0	99
MJD13Z-42	0.060 3	0.003 9	1.060 1	0.067 6	0.127 7	0.001 8	613	134	734	33	775	11	1.1	94
MJD13Z-43	0.063 4	0.009 6	1.132 2	0.160 4	0.127 3	0.002 7	724	324	769	77	773	16	2.4	99
MJD13Z-44	0.120 7	0.002 4	6.228 8	0.121 0	0.372 3	0.002 9	1 969	35	2 009	17	2 040	13	0.5	98
MJD13Z-45	0.066 0	0.002 7	1.178 9	0.046 2	0.129 6	0.001 5	807	90	791	22	785	8	0.8	99
MJD13Z-46	0.066 0	0.002 4	1.163 6	0.041 4	0.128 3	0.001 4	806	76	784	19	778	8	1.0	99
MJD13Z-47	0.073 2	0.003 3	1.378 5	0.061 7	0.136 9	0.001 5	1 020	92	880	26	827	8	1.0	93
MJD13Z-48	0.121 6	0.003 4	6.190 9	0.176 4	0.368 6	0.003 8	1 979	50	2 003	25	2 023	18	1.0	99
MJD13Z-49	0.064 8	0.003 3	1.101 5	0.054 9	0.124 3	0.001 5	769	109	754	27	756	9	1.8	99

续表

测点号	$^{207}Pb/^{206}Pb$ 值	$^{207}Pb/^{206}Pb$ 误差	$^{207}Pb/^{235}U$ 值	$^{207}Pb/^{235}U$ 误差	$^{206}Pb/^{238}U$ 值	$^{206}Pb/^{238}U$ 误差	$^{207}Pb/^{206}Pb$ 年龄/Ma	$^{207}Pb/^{206}Pb$ 误差/Ma	$^{207}Pb/^{235}U$ 年龄/Ma	$^{207}Pb/^{235}U$ 误差/Ma	$^{206}Pb/^{238}U$ 年龄/Ma	$^{206}Pb/^{238}U$ 误差/Ma	Th/U 值	谐和度 /%
MJD13Z-50	0.129 3	0.002 3	6.651 7	0.122 1	0.370 9	0.002 8	2 089	31	2 066	16	2 034	13	0.3	98
MJD13Z-51	0.153 4	0.002 8	8.365 1	0.194 9	0.391 6	0.005 5	2 384	30	2 271	21	2 130	25	0.7	93
MJD13Z-52	0.171 5	0.002 9	10.982 2	0.187 5	0.461 5	0.003 1	2 573	32	2 522	16	2 446	14	0.6	96
MJD13Z-53	0.066 6	0.002 0	1.169 5	0.036 0	0.126 8	0.001 1	828	69	786	17	770	6	1.1	97
MJD13Z-54	0.067 5	0.003 4	1.160 7	0.056 1	0.126 9	0.001 6	854	105	782	26	770	9	1.8	98
MJD13Z-57	0.068 2	0.004 0	1.134 1	0.065 9	0.122 7	0.001 7	874	122	770	31	746	10	1.7	96
MJD13Z-58	0.074 1	0.002 2	1.320 3	0.040 9	0.128 3	0.001 5	1 043	61	855	18	778	8	0.7	90
MJD13Z-59	0.071 0	0.002 2	1.343 1	0.041 7	0.137 0	0.001 2	967	60	865	18	828	7	0.6	95
MJD13Z-60	0.128 1	0.002 7	5.526 9	0.118 9	0.311 4	0.003 3	2 073	37	1 905	19	1 747	16	1.0	91
MJD13Z-61	0.162 1	0.002 6	9.583 8	0.153 6	0.425 1	0.002 6	2 480	27	2 396	15	2 283	12	0.4	95
MJD13Z-64	0.158 8	0.003 1	10.295 2	0.192 1	0.466 2	0.003 7	2 443	33	2 462	17	2 467	16	0.5	99
MJD13Z-65	0.067 4	0.002 0	1.276 4	0.037 2	0.136 7	0.001 2	850	62	835	17	826	7	1.3	98
MJD13Z-66	0.068 1	0.002 0	1.215 6	0.033 7	0.129 1	0.001 1	872	61	808	15	782	6	0.9	96
MJD13Z-67	0.156 7	0.002 6	10.334 5	0.168 3	0.474 2	0.003 3	2 420	28	2 465	15	2 502	14	0.5	98
MJD13Z-68	0.071 9	0.003 7	1.322 9	0.065 5	0.134 6	0.001 9	983	105	856	29	814	11	1.1	95
MJD13Z-69	0.066 1	0.002 6	1.184 1	0.044 3	0.130 3	0.001 3	809	80	793	21	790	8	1.7	99
MJD13Z-70	0.066 4	0.001 4	1.250 8	0.025 4	0.135 7	0.001 0	820	43	824	11	820	6	0.5	99
LLT-4-01	0.062 5	0.002 1	1.091 9	0.035 8	0.126 4	0.001 2	694	70	749	17	767	7	—	97
LLT-4-02	0.069 3	0.002 0	1.276 3	0.035 8	0.133 5	0.001 1	909	57	835	16	808	6	—	96
LLT-4-03	0.178 5	0.002 5	13.232 9	0.192 6	0.534 9	0.003 9	2 639	23	2 696	14	2 762	16	—	97

续表

测点号	$^{207}Pb/^{206}Pb$ 值	$^{207}Pb/^{206}Pb$ 误差	$^{207}Pb/^{235}U$ 值	$^{207}Pb/^{235}U$ 误差	$^{206}Pb/^{238}U$ 值	$^{206}Pb/^{238}U$ 误差	$^{207}Pb/^{206}Pb$ 年龄/Ma	$^{207}Pb/^{206}Pb$ 误差/Ma	$^{207}Pb/^{235}U$ 年龄/Ma	$^{207}Pb/^{235}U$ 误差/Ma	$^{206}Pb/^{238}U$ 年龄/Ma	$^{206}Pb/^{238}U$ 误差/Ma	Th/U 值	谐和度 /%
LLT-4-04	0.064 5	0.001 4	1.263 2	0.026 3	0.141 6	0.001 1	759	41	829	12	854	6	—	97
LLT-4-05	0.064 0	0.001 6	1.227 2	0.030 8	0.138 7	0.001 2	740	52	813	14	837	7	—	97
LLT-4-06	0.061 6	0.001 2	1.083 3	0.020 8	0.126 8	0.000 9	661	39	745	10	769	5	—	96
LLT-4-07	0.065 3	0.001 5	1.188 8	0.026 4	0.131 5	0.001 0	783	44	795	12	796	6	—	99
LLT-4-08	0.069 4	0.001 9	1.274 0	0.033 9	0.132 7	0.001 1	909	56	834	15	803	6	—	96
LLT-4-09	0.063 6	0.001 6	1.103 1	0.029 0	0.124 7	0.001 0	728	56	755	14	758	6	—	99
LLT-4-10	0.066 4	0.001 3	1.398 8	0.027 4	0.152 1	0.001 1	820	43	888	12	913	6	—	97
LLT-4-11	0.064 6	0.001 2	1.090 0	0.019 7	0.121 9	0.001 2	761	39	749	10	742	7	—	99
LLT-4-12	0.105 5	0.001 7	4.519 2	0.071 2	0.308 1	0.002 0	1 724	29	1 735	13	1 731	10	—	99
LLT-4-13	0.064 8	0.001 2	1.076 7	0.020 6	0.119 6	0.000 8	766	40	742	10	728	5	—	98
LLT-4-14	0.065 7	0.001 9	1.142 4	0.032 5	0.125 8	0.001 2	798	56	774	15	764	7	—	98
LLT-4-15	0.090 1	0.002 3	2.927 5	0.074 8	0.234 2	0.002 1	1 428	50	1 389	19	1 357	11	—	97
LLT-4-16	0.066 7	0.001 6	1.170 2	0.026 6	0.126 4	0.001 1	829	45	787	12	767	6	—	97
LLT-4-17	0.073 2	0.001 7	1.893 4	0.042 1	0.186 3	0.001 5	1 020	46	1 079	15	1 101	8	—	97
LLT-4-18	0.067 1	0.001 5	1.227 4	0.027 1	0.131 7	0.000 9	843	46	813	12	797	5	—	98
LLT-4-19	0.067 1	0.001 2	1.187 0	0.022 3	0.127 2	0.000 9	840	−160	795	10	772	5	—	97
LLT-4-20	0.063 8	0.001 1	1.143 6	0.021 3	0.128 7	0.000 9	744	37	774	10	780	5	—	99
LLT-4-21	0.067 9	0.002 1	1.293 0	0.040 1	0.138 0	0.001 2	866	−135	843	18	833	7	—	98
LLT-4-22	0.110 3	0.001 8	5.047 2	0.082 8	0.330 0	0.002 1	1 806	31	1 827	14	1 838	10	—	99
LLT-4-23	0.067 9	0.001 6	1.408 5	0.033 6	0.149 8	0.001 1	865	54	893	14	900	6	—	99

续表

测点号	$^{207}Pb/^{206}Pb$ 值	$^{207}Pb/^{206}Pb$ 误差	$^{207}Pb/^{235}U$ 值	$^{207}Pb/^{235}U$ 误差	$^{206}Pb/^{238}U$ 值	$^{206}Pb/^{238}U$ 误差	$^{207}Pb/^{206}Pb$ 年龄/Ma	$^{207}Pb/^{206}Pb$ 误差/Ma	$^{207}Pb/^{235}U$ 年龄/Ma	$^{207}Pb/^{235}U$ 误差/Ma	$^{206}Pb/^{238}U$ 年龄/Ma	$^{206}Pb/^{238}U$ 误差/Ma	Th/U 值	谐和度 / %
LLT-4-24	0.065 6	0.001 3	1.262 1	0.024 9	0.139 0	0.001 0	792	43	829	11	839	6	—	98
LLT-4-25	0.066 3	0.001 8	1.157 3	0.030 5	0.126 7	0.001 1	817	53	781	14	769	7	—	98
LLT-4-26	0.074 2	0.001 5	1.777 5	0.036 3	0.173 4	0.001 2	1 056	42	1 037	13	1 031	7	—	99
LLT-4-27	0.063 5	0.001 4	1.229 5	0.026 3	0.140 1	0.001 0	724	46	814	12	845	6	—	96
LLT-4-28	0.063 0	0.001 0	1.100 1	0.017 8	0.125 9	0.000 7	709	34	753	9	765	4	—	98
LLT-4-29	0.061 5	0.001 2	1.075 2	0.022 0	0.125 8	0.000 9	657	43	741	11	764	5	—	96
LLT-4-30	0.061 9	0.001 3	1.113 7	0.025 7	0.129 7	0.001 1	733	42	760	12	786	7	—	96
LLT-4-31	0.067 6	0.001 7	1.338 6	0.034 0	0.143 0	0.001 3	857	53	863	15	862	8	—	99
LLT-4-32	0.064 8	0.001 8	1.240 3	0.034 2	0.138 7	0.001 3	769	59	819	15	838	7	—	97
LLT-4-33	0.062 6	0.001 3	1.140 3	0.024 3	0.131 5	0.001 2	694	44	773	12	796	7	—	96
LLT-4-36	0.062 7	0.001 7	1.144 3	0.030 3	0.132 0	0.001 3	698	56	775	14	800	7	—	96
LLT-4-37	0.070 3	0.001 5	1.363 6	0.028 1	0.140 0	0.000 9	939	47	873	12	845	5	—	96
LLT-4-38	0.071 9	0.001 9	1.380 4	0.036 2	0.138 8	0.001 1	984	55	881	15	838	6	—	95
LLT-4-39	0.064 3	0.001 1	1.141 6	0.021 2	0.127 9	0.000 9	750	32	773	10	776	5	—	99
LLT-4-40	0.064 4	0.001 3	1.069 4	0.021 1	0.119 7	0.000 8	754	36	738	10	729	5	—	98
LLT-4-41	0.066 4	0.001 3	1.282 8	0.025 5	0.139 1	0.001 0	820	36	838	11	840	6	—	99
LLT-4-42	0.065 8	0.001 4	1.117 0	0.023 3	0.122 7	0.000 8	1 200	44	762	11	746	5	—	97
LLT-4-43	0.092 6	0.002 0	3.254 6	0.070 4	0.254 0	0.001 9	1 480	41	1 470	17	1 459	10	—	99
LLT-4-44	0.066 1	0.001 4	1.263 4	0.027 0	0.138 2	0.001 0	809	44	829	12	835	6	—	99
LLT-4-45	0.071 9	0.001 9	1.326 6	0.034 2	0.134 4	0.001 1	983	55	857	15	813	6	—	94

续表

测点号	$^{207}Pb/^{206}Pb$ 值	$^{207}Pb/^{206}Pb$ 误差	$^{207}Pb/^{235}U$ 值	$^{207}Pb/^{235}U$ 误差	$^{206}Pb/^{238}U$ 值	$^{206}Pb/^{238}U$ 误差	$^{207}Pb/^{206}Pb$ 年龄/Ma	$^{207}Pb/^{206}Pb$ 误差/Ma	$^{207}Pb/^{235}U$ 年龄/Ma	$^{207}Pb/^{235}U$ 误差/Ma	$^{206}Pb/^{238}U$ 年龄/Ma	$^{206}Pb/^{238}U$ 误差/Ma	Th/U 值	谐和度/%
LLT-4-46	0.140 7	0.002 4	8.031 9	0.138 8	0.412 1	0.002 5	2 236	29	2 235	16	2 224	11	—	99
LLT-4-47	0.069 2	0.001 3	1.357 7	0.027 6	0.141 5	0.001 1	906	41	871	12	853	6	—	97
LLT-4-48	0.066 5	0.002 0	1.165 3	0.036 0	0.126 4	0.001 1	822	62	784	17	767	7	—	97
LLT-4-49	0.063 3	0.001 6	1.094 9	0.028 5	0.125 1	0.001 0	717	56	751	14	760	6	—	98
LLT-4-50	0.067 1	0.001 9	1.144 1	0.032 1	0.123 8	0.001 0	839	55	774	15	752	6	—	97
LLT-4-51	0.063 7	0.001 2	1.103 1	0.021 9	0.125 2	0.001 0	731	42	755	11	760	5	—	99
LLT-4-52	0.068 5	0.001 3	1.324 1	0.024 5	0.139 7	0.000 9	883	39	856	11	843	5	—	98
LLT-4-53	0.106 2	0.002 0	4.499 4	0.087 2	0.305 7	0.002 2	1 735	35	1 731	16	1 719	11	—	99
LLT-4-54	0.066 7	0.002 0	1.268 0	0.036 4	0.137 9	0.001 2	829	68	832	16	833	7	—	99
LLT-4-55	0.065 1	0.002 6	1.161 0	0.046 3	0.129 7	0.001 2	776	86	782	22	786	7	—	99
LLT-4-56	0.067 7	0.001 8	1.213 0	0.033 1	0.129 2	0.001 1	861	-142	807	15	783	6	—	97
LLT-4-57	0.063 1	0.001 8	1.095 4	0.031 2	0.124 8	0.001 0	722	59	751	15	758	6	—	99
LLT-4-59	0.067 7	0.001 8	1.277 0	0.033 2	0.136 5	0.001 1	861	-139	836	15	825	6	—	98
LLT-4-60	0.171 9	0.002 8	10.018 3	0.221 7	0.416 9	0.005 9	2 577	27	2 436	20	2 247	27	—	91
LLT-4-61	0.064 0	0.001 8	1.097 6	0.029 3	0.124 0	0.000 9	743	58	752	14	754	5	—	99
LLT-4-62	0.068 4	0.001 8	1.169 7	0.030 2	0.124 0	0.001 0	880	83	786	14	753	6	—	95
LLT-4-63	0.068 6	0.001 5	1.308 0	0.029 3	0.137 4	0.001 1	887	44	849	13	830	6	—	97
LLT-4-64	0.067 6	0.001 7	1.272 6	0.033 7	0.135 9	0.001 2	857	-145	834	15	821	7	—	98

龄代表了锆石的形成年龄，限定了横路冲组的最大沉积年龄，即横路冲组沉积应该晚于795 Ma。该区间内的年龄有两个峰值，分别为 811 Ma 和 861 Ma。

2 059～2 000 Ma：共 10 粒锆石，谐和度均大于 96%，Th/U 值为 0.06～2.2，只有一颗锆石的比值小于 0.1，说明这些锆石绝大多数为岩浆锆石。

2 527～2 310 Ma：共 35 粒锆石，谐和度均大于 95%，Th/U 值为 0.08～3.65，大多数为 0.25～1.31，具有岩浆锆石特征。具两组年龄峰值，分别为 2 350 Ma 和 2 491 Ma。

（四）板溪群多益塘组（MJD-13）

对样品 MJD-13 中 70 粒锆石进行测定，获得 59 组有效年龄（图 3.29）。锆石年龄为2 655～746 Ma，主要集中分布于 854～746 Ma、2 100～1 938 Ma、2 479～2 283 Ma。

854～746 Ma：共 46 粒锆石，绝大多数谐和度大于 94%，只有 1 颗锆石谐和度为 90%，是主要的年龄集中区间。这些锆石呈无色透明或浅黄色，以半自形—自形晶为主，呈棱柱状、短柱状，长宽比为 3∶1～2∶1，其 Th / U 值为 0.48～2.43，均大于 0.1，为岩浆锆石。该组年龄有两个峰值，分别为 787 Ma 和 820 Ma。最年轻的 5 组年龄加权平均值为（752.2±6.9）Ma（MSWD＝0.16），可以代表多益塘组的最大沉积年龄，即多益塘组沉积应该晚于 752 Ma。

2 100～1 938 Ma：共 11 粒锆石，只有 2 颗锆石谐和度分别为 90%和 91%，其余谐和度大于 94%，为次一级的年龄集中区间。这些锆石呈无色透明或浅黄色，以半自形—自形晶为主，呈棱柱状、短柱状，长宽比为 3∶1～2∶1，其 Th / U 值为 0.26～1.40，均大于 0.1，为岩浆锆石。

2 479～2 283 Ma：共 6 粒锆石，谐和度均大于 93%。这些锆石呈浅黄色，以半自形为主，呈短柱状，长宽比为 2∶1～1∶1，其 Th/U 值为 0.25～0.66，均为岩浆成因锆石。其峰值年龄为 2 411 Ma。

（五）板溪群牛牯坪组（LLT-4）

对样品 LLT-4 中 64 粒锆石进行测定，获得 62 组有效年龄（图 3.29）。锆石年龄为2 696～728 Ma，主要集中分布于 861～752 Ma。

861～752 Ma：共 47 粒锆石，谐和度均大于 93%，是最主要的年龄集中区间。这些锆石呈无色透明或浅黄色，以半自形—自形晶为主，呈棱柱状、短柱状，长宽比为 3∶1～2∶1。该组年龄有两个主峰值和一个次级峰值，主峰值年龄为 761 Ma 和 839 Ma，次级峰值年龄为 800 Ma。

三、讨论与小结

湘北地区测试的冷家溪群、板溪群和高涧群碎屑锆石都具有多期年龄峰值(图 3.29)，但均以新元古代的年龄占主导地位，850～750 Ma 的年龄与扬子陆块周缘分布大量同时代花岗岩十分吻合（Zheng et al.，2007）。

已有研究显示华夏陆块新元古代沉积岩以包含大量的格林威尔期（~1 000 Ma）和新太古代（~2 500 Ma）碎屑锆石为特征（Yu et al.，2010，2008；王丽娟 等，2008）。华夏陆块很多的显生宙沉积岩也同样具有这两个特征峰值（Wang et al.，2010a）。扬子陆块则以大量的新元古代（860~780 Ma）岩浆事件为标志，这期岩浆活动广泛分布于扬子陆块的周缘，但在华夏陆块却很弱。前人研究认为扬子陆块存在大量 2.0~1.8 Ga 的构造热事件年代学记录，在整个扬子陆块内均见分布（Zheng et al.，2007），在扬子崆岭地区发现的该年龄热事件 Hf 同位素特征主要为负值，显示这些热事件是早期地壳物质再循环的结果（Xu et al.，2007；陆松年 等，2001）。扬子陆块新元古代沉积物中同样含有大量 2.5 Ga 的碎屑锆石（Wang et al.，2012b；2010a；2007b），说明在扬子陆块的深部有可能存在一个新太古代基底（Zhang et al.，2006）。扬子陆块虽然也有~1 000 Ma 的碎屑锆石和岩浆岩的发现（Wang et al.，2012a；Greentree and Li，2008），但主要位于扬子陆块西缘，远离研究区，且在扬子陆块西缘的岩浆活动中也不占主导地位。湘北地区板溪群和高涧群所有样品占主导地位的年龄集中在 955~730 Ma，分别以 769 Ma、797 Ma、896 Ma 和 892 Ma 为峰值。另外含有少量~2 000 Ma 和 2 500 Ma 的锆石，而极少格林威尔期年龄的碎屑锆石。存在大量新元古代锆石而缺乏格林威尔期锆石的特征显示它们具有与扬子陆块的亲缘性（Li et al.，2012）。860~820 Ma，华南洋与扬子陆块东南缘弧陆之间俯冲造山（Wang et al.，2007b），在大陆岛弧环境形成了大量的岩浆岩，岩浆岩具大陆地壳的性质，以长英质岩浆为主。板溪群的物源区主要为成熟大陆石英质物源区和长英质火成岩物源区（本章第三节），碎屑锆石的来源以酸性岩浆岩为主，以 769 Ma 为峰值（785~728 Ma）的锆石很可能来源于青白口期早期俯冲造山形成的大陆岛弧的岩浆岩和板溪群同沉积期发育的裂谷火山岩。

多名学者对冷家溪群、板溪群及其相当层位碎屑锆石进行系统地研究。Wang 等（2007b）对南桥镇冷家溪群含砂质泥岩进行了碎屑锆石研究，主要表现为 900~800 Ma、1.9~1.5 Ga 两组主峰值，以及 2.5 Ga 的次级峰值，最年轻的一组锆石加权平均年龄为（862±11）Ma。物源来自扬子陆块或江南造山带弧地体，沉积环境与前陆盆地类似。Wang 等（2010a）对冷家溪群和板溪群的碎屑锆石研究结果表明冷家溪群沉积一直持续到新元古代，其最年轻的碎屑锆石（~830 Ma）代表了最小沉积年龄，而板溪群最年轻的碎屑锆石年龄[（785±12）Ma]则代表了板溪群初始沉积的年龄，两组年龄之间的差值暗示在湖南西北部冷家溪群和板溪群之间[（48±13）Ma]短暂的沉积缺失。孟庆秀等（2013）获得的锆石 U-Pb 年龄表明，冷家溪群沉积时代大致在 860~820 Ma，不整合于其上的板溪群沉积下限约在 820 Ma。张玉芝等（2011）在冷家溪群中的碎屑锆石主要年龄峰值集中于 864 Ma、917 Ma、974 Ma、1 136 Ma、1 362 Ma、1 898 Ma 和 2 358 Ma，其中最年轻碎屑锆石给出的年龄峰值集中在 864 Ma，代表了冷家溪群的最大沉积顶界年龄，917 Ma 和 974 Ma 年龄峰值可能表明其沉积过程中接受了大量与格林威尔期造山作用相关的碎屑物源，峰值 1362 Ma 很可能为 Pinwarian 期造山作用在此碎屑岩中的痕迹。

王鹏鸣等（2012）认为湘东湘乡-醴陵地区湘东新元古代沉积岩中含有大量 850~800 Ma 的碎屑锆石，而缺少~1 000 Ma 的碎屑锆石，显示与扬子陆块的亲缘性。湘东南新元古代沉积岩中含丰富的格林威尔期（～1 000 Ma）和 2.5 Ga 左右的碎屑锆石，与华夏陆块物质组成类似。伍皓等（2013）对湘东南桂阳泗洲山南华纪大江边组上部泥质岩碎屑锆石进行 U-Pb 测年，锆石年龄主要集中分布于 897～693 Ma、1 916～1 810 Ma、2 177～1 974 Ma 三个区间，最年轻的谐和锆石年龄为（734±4）Ma，大江边组物源可能主要来源于武夷地块南东部的一个格林威尔期造山带。

张玉芝等（2011）在板溪群马底驿组获得的碎屑锆石年龄区间分析表明，年龄集中在 764 Ma、812 Ma、1 570 Ma、1 847 Ma 和 2 100 Ma 五个年龄峰值，其中以 764 Ma 和 812 Ma 最为明显，占所分析颗粒的 35%，表明扬子东南缘大规模的裂谷沉积作用开始于～820 Ma，与该区大规模岩浆作用的时间相一致，并延续至 760 Ma 以后，上述碎屑锆石年龄很可能来源于该地区 820～740 Ma 的大量岩浆锆石，代表了在 800～750 Ma 扬子陆块存在一次大规模的快速抬升剥露事件。

Wang 等（2007b）对采自桂北杨梅坳的文通组砂岩和三防的文通组粉砂岩 3 个样品和鱼西组 1 个样品开展碎屑锆石 U-Pb 定年研究。杨梅坳的文通组砂岩碎屑锆石年龄显示 2.5～2.4 Ga、1.8～1.6 Ga 和 1.0～0.86 Ga 三组主峰值，以及～2.1 Ga 和 1.4～1.1 Ga 两组次一级的峰值。2.5～2.4 Ga 及 1.8～1.6 Ga 两组年龄峰值与华南地壳增长的两个主幕年龄相近，碎屑锆石主要为扬子陆块的再旋回锆石。1.0～0.86 Ga 的年龄峰值主要来自江南造山带俯冲相关的火山活动。两个样品中最年轻的两组锆石谐和年龄均接近于 860 Ma，一个样品的最年轻谐和年龄为（859.5±8.8）Ma，另一个样品最年轻锆石的加权平均年龄为（870.9±6.1）Ma。采自三防的文通组粉砂岩最年轻的锆石加权平均值为（870.3±9.1）Ma。采自元宝山的鱼西组斜长石英片岩碎屑锆石年龄中，最年轻的一组平均加权年龄为（868.2±9.7）Ma。三组最年轻的锆石年龄相对一致。这些碎屑锆石来自源区的岩浆岩，最年轻的锆石谐和年龄可以作为该地区四堡群最大的沉积年龄。扬子陆块和与江南造山带俯冲相关的弧地体是基底沉积物的两个主要物源。

Wang 等（2012a）认为桂北四堡群砂岩、粉砂岩的碎屑锆石年龄集中于 980～830 Ma，其余的锆石大致可以分为 2.22～1.35 Ga 及 2.86～2.32 Ga 两组。四堡群砂岩中的中元古代锆石主要集中于 1.8～1.4 Ga，峰值为 1.75 Ga，记录了哥伦比亚大陆古—中元古代俯冲过程中的增生，说明扬子陆块是哥伦比亚大陆的一部分，直到～1.4 Ga 从哥伦比亚大陆裂离成一个独立的块体。980～830 Ma 的锆石记录了源区持续的火山活动，说明扬子东南缘自 980 Ma 至 830 Ma 处于活动大陆边缘。王鹏鸣等（2013）对桂北摩天岭地区四堡群砂岩锆石定年结果表明锆石有三个年龄峰，年龄主峰是 1 627 Ma，次峰是 933 Ma 和 2 526 Ma。该样品中最年轻锆石的年龄为（862±13）Ma，表明岩石形成于 862 Ma 之后。Wang 等（2012a）和 Yang 等（2015）将丹洲群碎屑锆石年龄限定的沉积年龄为 770～730 Ma，丹洲群碎屑锆石具有两组新元古代碎屑锆石年龄峰值，分别为 790～740 Ma 及 830～810 Ma，暗示其物源来自扬子陆块广泛分布的新元古代侵入岩。

梵净山群回香坪组、洼溪组、独岩塘组碎屑锆石主要集中在 945～757 Ma、2 121～1 536 Ma，以 945～757 Ma 占主体，峰值年龄为 820 Ma，其锆石的来源主要为花岗岩类，少量来自基性岩（Wang et al.，2010a）。

下江群隆里组碎屑锆石年龄集中在 2023～1 894 Ma 和 886～703 Ma 两个区间，最年轻的锆石加权平均年龄为（725±10）Ma（覃永军 等，2015）。乌叶组、张家坝组和清水江组碎屑岩的锆石年龄主要集中在 951～723 Ma、2 070～1 964 Ma 和 2 564～2 414 Ma，以 951～723 Ma 年龄占主体，其峰值年龄为 800 Ma 和 879 Ma。锆石的来源按层位由下及上基性岩增多，说明区域内可能存在双峰火山岩（Wang et al.，2010a）。

湘北地区冷家溪群、桂北地区四堡群和黔东梵净山群的碎屑锆石年龄组成大致相同（图 3.30），均以 950～780 Ma 的年龄占主体，分别以 863 Ma、838 Ma 和 820 Ma 为峰值年龄。均有少量 1 800～1 600 Ma 的碎屑锆石年龄集中区。四堡群中另外有一组 2 550～2 400 Ma 的年龄集中区域。冷家溪群、四堡群和梵净山群的碎屑锆石均缺少华夏陆块特征的格林威尔期（1 000 Ma）年龄，而显示与扬子陆块的亲缘性。说明青白口纪早期的物源均为扬子陆块，物质来源于西北方向。湘北地区向桂北、黔东地区过渡，碎屑锆石年龄的峰值逐渐减小，有可能北部地区最早发生俯冲作用，俯冲地带由北东向南西方向逐渐推进。

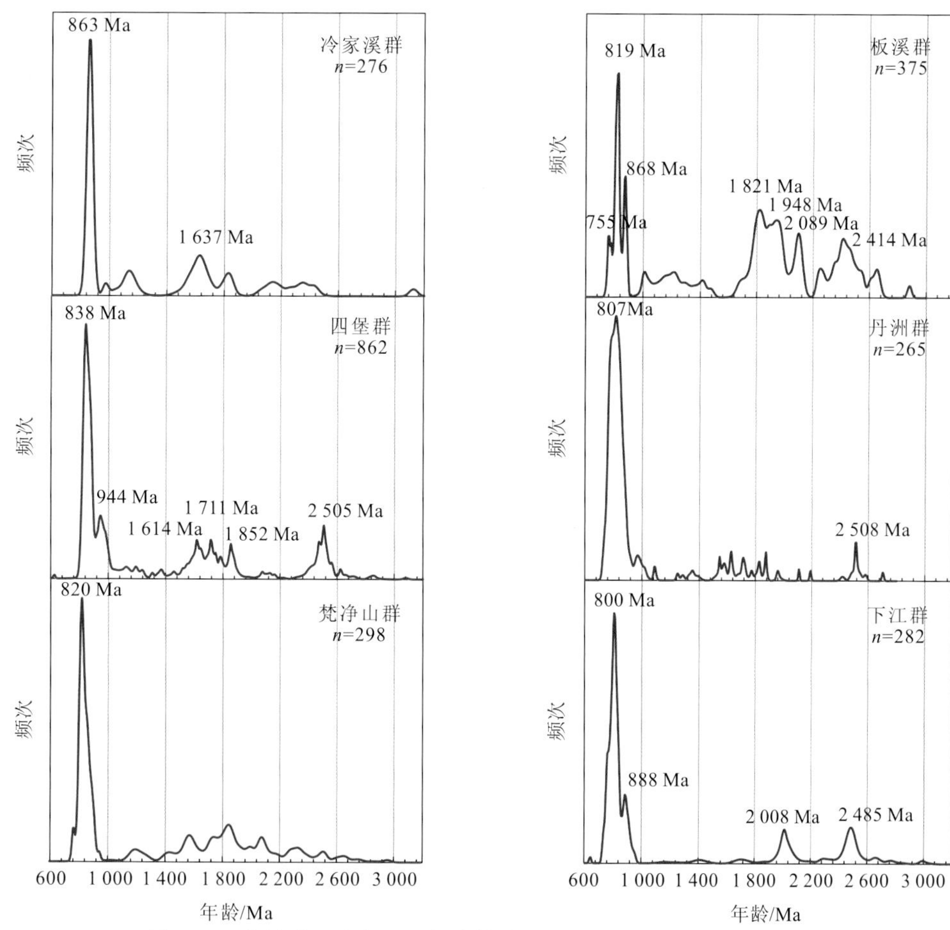

图 3.30　湘桂地区青白口纪代表性地层的碎屑锆石概率密度曲线图

冷家溪群数据引自 Zhang 等（2015a）、孟庆秀（2014）、Wang 等（2010a）；板溪群数据引自 Zhang 等（2015a）、Wang 等（2010a）；四堡群数据引自 Wang 等（2007b，2012a）；丹洲群数据引自 Wang 等（2012a）；梵净山群和下江群数据引自 Wang 等（2010a）、覃永军等（2015）

湘北地区板溪群、桂北地区丹洲群和黔东地区下江群的碎屑锆石年龄组成比较类似，均以 890～700 Ma 的年龄为主体，峰值年龄分别为 819 Ma、807 Ma 和 800 Ma（图 3.30）。均含有少量 2 100～1 800 Ma 和 2 600～2 400 Ma 的碎屑锆石。几个地层单位的后两组集中的锆石年龄中，板溪群 2 100～1 800 Ma 所占的比例比丹洲群和下江群稍高。湘北向桂北、黔东过渡，其占主体地位的年龄峰值逐渐减小，推断有可能湘北地区最早完成碰撞作用，开启裂谷盆地的沉积，这还需要地层学、岩石学的再研究而确定。

综上所述，通过湘北及湘中地区冷家溪群、板溪群和高涧群的碎屑锆石研究，并综合前人同时期沉积物的研究结果得出以下结论。

（1）冷家溪群和板溪群、高涧群最年轻的碎屑锆石限定了两者接触界面的时间为 820 Ma，可以作为裂谷开启的时间。

（2）板溪群和高涧群的物质来源很可能来源于青白口期早期俯冲造山形成于大陆岛弧的岩浆岩和板溪群同沉积期发育的裂谷火山岩。

（3）湘桂地区青白口纪沉积物的碎屑锆石均以～800 Ma 的年龄为主，并有少量 2 000～1 800 Ma 和～2 500 Ma 的年龄。早期和晚期在物源上差别不大，均来自扬子陆块。

第四节　岩相古地理与盆地演化

一、青白口纪早期

四堡群、冷家溪群总体岩性相当，均以浅灰色-灰绿色巨厚的砂质、黏土质复理石-类复理石建造为主，少量火山碎屑岩建造和基性-超基性岩建造。沉积环境也均以半深海-深海为主，少量为浅海陆棚或三角洲环境。沉积时限基本一致为 850～825 Ma（Wang et al.，2012a）。

冷家溪群沉积早期（易家桥组和潘家冲组），湘黔桂地区均为半深海的环境为主，火山活动较弱。在湘东北易家桥组和潘家冲组岩性由以板岩、绢云母板岩为主过渡到钙质板岩并出现白云岩，整体反映了水体逐渐变浅，由深海-半深海盆地过渡为浅海陆棚的过程。桂北九小组、黔东南淘金河组、余家沟组岩性总体处于较浅的环境，砂岩、粉砂岩总量大于黏土岩（板岩）的总量，鲍马序列发育 A、B 段居多，发育小型交错层理、包卷层理等，沉积环境以半深海大陆坡为主。

由于湘黔桂地区地壳不断拉张，变薄下陷，深部大量基性岩-超基性岩浆沿断裂侵入或喷出地表。冷家溪群沉积中期（雷神庙组）以变质沉积岩与火山岩交互为特征。在湘东北沉积了雷神庙组板岩、粉砂质板岩为主间夹浅变质粉砂岩、砂质粉砂岩，发育细而密的水平纹层。岩石中普遍发育鲍马序列的 ABCE、CDE、CE、DE 等组合，局部地区夹 1～2 层晶屑凝灰岩。沉积环境为深海-半深海盆地平原—浊积扇沉积。在桂北、黔东南分别沉积了文通组和肖家河组、回香坪组，沉积岩以细碎屑岩为主，砂岩、粉砂岩总量小于黏土岩（板岩）的总量，火山活动在桂北和黔东南地区较为强烈，以火山活动为主，沉积作用为次，火山岩组合复杂，有细碧-角斑岩，层状基性-超基性岩、火山集块岩、火山角砾岩等。说明对于冷家溪群沉积早期来说火山爆发频度及强度逐渐加剧，海水进一步加深。

冷家溪群沉积晚期地壳相对稳定，总体以碎屑岩沉积为主，火山活动较少。沉积环境也由深海逐渐变为浅海-半深海。在湘东北黄浒洞组以浅变质杂砂岩、条带状板岩、粉砂质板岩为特征，多见鲍马序列 ADE、ACE 等组合，底部常见槽模等底蚀构造。岩石特征及沉积构造均反映为次深海浊流沉积。向上小木坪组以板岩占绝对优势，并以浅变质粉砂岩、杂砂岩的夹层少且薄为特征。板岩中水平纹层、沙纹层理发育。沉积特征反映其形成于水动力条件较弱，且相对平静的深水盆地，偶夹浊流沉积。湘西南小木坪组、桂北鱼西组中下部以细碎屑岩为主，泥质成分较多，具条带、条纹、水平层理，说明当时为深水环境。黔东南地区整个沉积时期岩石颜色由深变浅，砂屑岩石中岩屑含量由少变多，粒度总趋势变粗。铜厂组下部、洼溪组下部变余砂岩较多，鲍马序列 A、B 段较发育，铜厂组上部、洼溪组上部黏土岩（板岩）较多，鲍马序列 C、D 段较为发育，深海纹泥也常见，表现深海-半深海环境。

冷家溪群沉积末期盆地进入萎缩阶段，海水逐渐变浅。在湘东北沉积了大药菇组，为以块状杂砾岩、杂砂岩为主的粗碎屑岩组合，并常见槽沟等底蚀构造，发育递变层理与液化变形层理，反映水动力条件是一种阵发性的快速流动机制，沉积于大陆斜坡环境，属海底斜坡扇浊流体系（何垚砚 等，2017）。桂北鱼西组上部砂质沉积逐渐增多，说明海水逐渐变浅，但仍以浊流沉积为主，并有小规模中酸性-酸性火山喷发。在黔东南地区砂屑岩石中岩屑含量由少变多，在独岩塘组变余砂岩含量较多，鲍马序列以发育 A、B 段居多，表现为半深海-浅海沉积特征。

二、青白口纪晚期

板溪群、高涧群、下江群和丹洲群的底界为武陵运动不整合界面，顶面为南华纪冰期。沉积岩年代学研究和同沉积的火山岩研究表明丹洲群及其相当的地层沉积时限为 820～716 Ma（Zhou et al.，2002），沉积相、地层序列和盆地演化研究表明丹洲群及其相当层位沉积于大陆裂谷环境（Wang et al.，2012a；Li et al.，2008；Wang and Li，2003），可与澳大利亚东南的 Adelaide 裂谷系统对比（Li et al.，2008；Wang and Li，2003）。

青白口纪早期随着扬子陆块与东南缘块体的碰撞拼合，在扬子东南缘形成大量的岩浆活动，弧后盆地环境形成冷家溪群、梵净山群和四堡群沉积。并且该弧-盆系在 820 Ma 随着陆块碰撞结束而消失。之后伴随着裂谷的拉张，形成板溪群、高涧群、下江群和丹洲群大陆裂谷盆地沉积，以及广泛的火山喷发。

板溪群沉积早期开始进入裂谷发育期。依据沉积古地理研究成果，可划分出河流相、滨岸相、浅海陆棚相、大陆斜坡相及深海盆地相，水体由北西向南东逐渐加深，它们共同组成了一个自北北西向南南东倾斜的大陆边缘斜坡沉积带；若论其物质组成，则以陆源碎屑占绝对优势，夹有少量火山凝灰质沉积。在湘西北大体以思南—吉首—沅陵一线为界，以北地区发育以张家湾组为代表的河流相沉积，二元结构明显。靖州—溆浦—安化—桃江一线与思南—吉首—沅陵一线之间为紫红色砂页岩（滨海相），即板溪群分布区，靖州及其南东为灰黑色页岩、粉砂岩、砂岩沉积，为高涧群和下江群分布区，为大陆斜坡相沉积。再向东南方向水体逐渐加深，沉积了丹洲群以泥质、碳质黑色页岩为主的深海盆地相。平江—郴州一线及以南地区主要沉积了以大江边组为代表的黑色页岩、泥岩，属于深海盆地相（图 3.31、图 3.32）。在贺州鹰扬关一带为以基性岩、火山碎屑岩为主的混杂堆积。

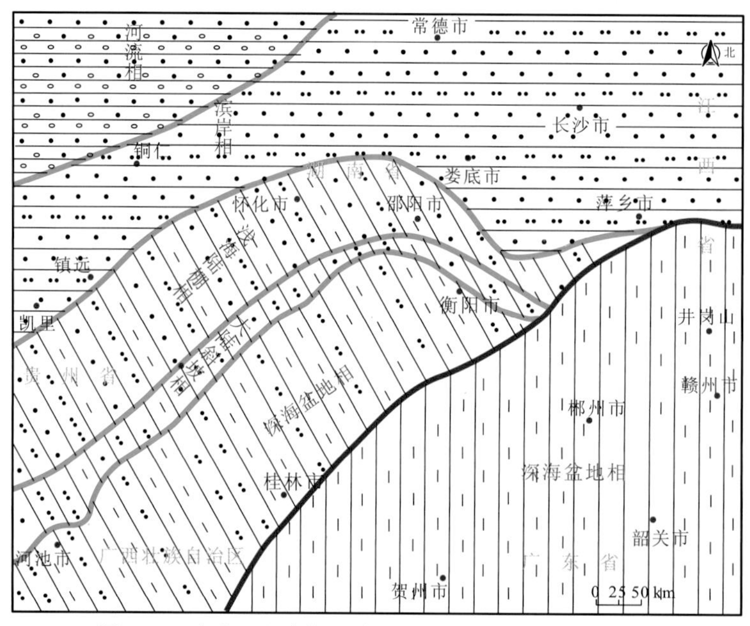

图 3.31　青白口纪晚期马底驿组沉积期沉积古地理略图

［据湖南省地质调查院（2017）修改］

通塔湾组沉积期，基本延续了早期的古地理格局，在湘西南、黔东、桂北地区沉积了乌叶组、合桐组下段、砖墙湾组碳质千枚岩、粉砂质绢云母板岩及变质细砂岩。常见浊流沉积的 CE、CD 或 BCE 序列，可能为间歇性深水浊流活动的产物。

五强溪组沉积期以吉首—大庸—常德一线以北地区以浅灰色-紫灰色厚-巨厚层状砾岩、砂砾岩、含砾砂岩、长石石英砂岩与紫红色板岩、含砾砂质板岩组成韵律为特征。砂岩发育以板状为主的大型交错层理，属河流相。向南至会同—溆浦—娄底—醴陵一线以灰白色中-厚层状长石石英砂岩、凝灰质砂岩为主夹粉砂质板岩及凝灰质板岩。砂岩可见交错层理，常见滨岸带代表性的冲洗交错层理，层面发育波痕，属滨海相。向西南方向火山碎屑明显增多，板岩成分增多。会同—溆浦—娄底—醴陵一线以南以石英砂岩、

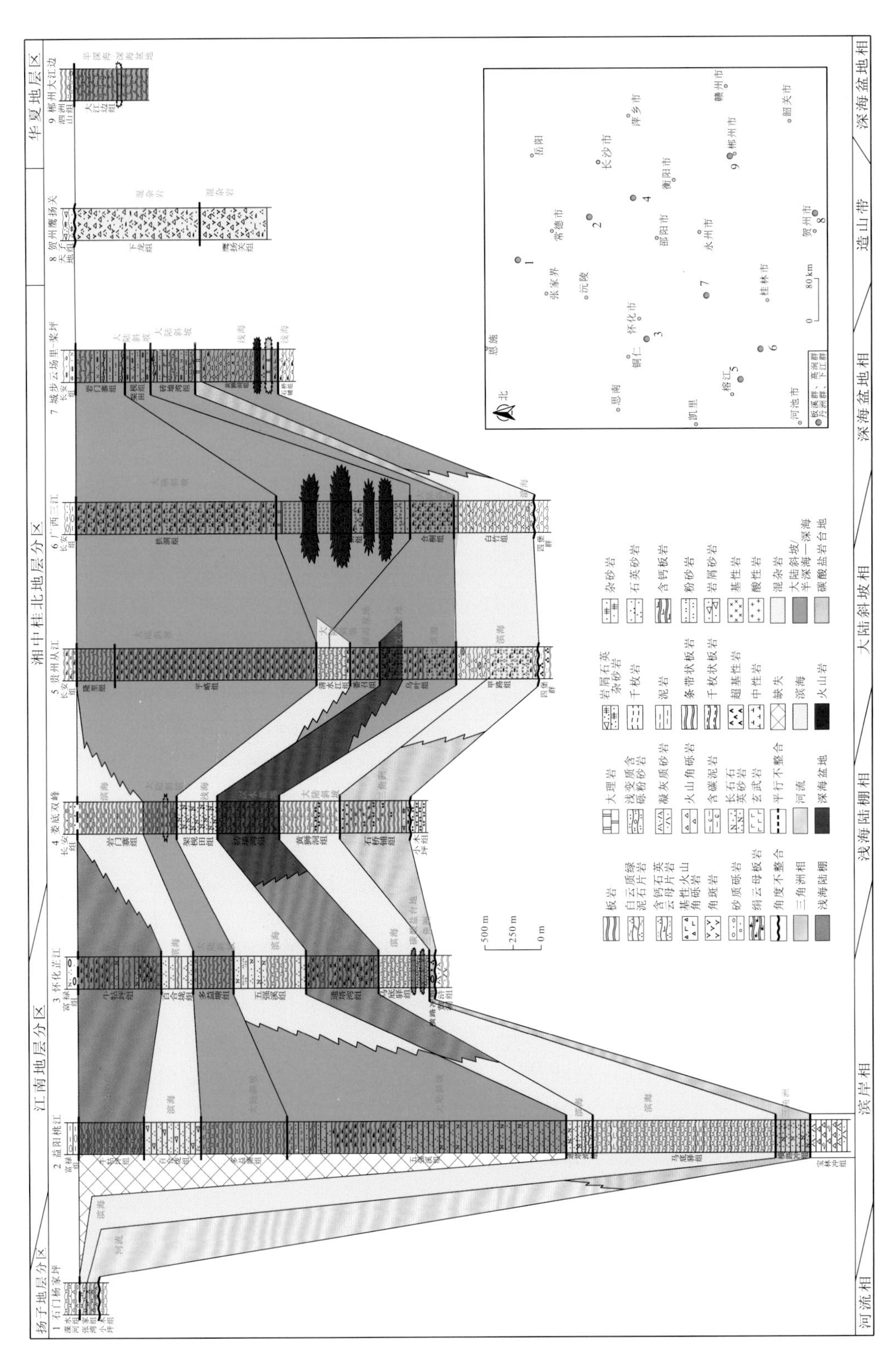

图 3.32　湘桂地区青白口纪晚期沉积序列对比图

长石石英杂砂岩与水平条带状板岩不等厚互层为特征。砂岩杂基含量高，交错层理不发育，板岩条带构造比较发育，属陆棚相。靖县—洞口—邵阳一线以南地区以发育黑色碳质页岩、水平条带状板岩为特征。

多益塘组沉积期，以芷江—怀化—溆浦—界牌—衡东—萍乡一线为界，以北为浅灰白色条带状粉砂质板岩、条带状板岩、凝灰质板岩、泥质粉砂岩、砂质粉砂岩等，发育水平层理。该线以南为青灰色-灰黑色条带状板岩与千枚状板岩、粉砂质板岩互层，夹凝灰岩、玻屑沉凝灰岩、凝灰质粉砂岩及少量砂岩，发育水平层理、滑塌层理、包卷层理，为陆棚-大陆斜坡沉积夹火山碎屑。向西南至龙胜三门一带为基性熔岩、火山角砾岩夹绢云母千枚岩。广西龙胜—三江—拱洞—贵州从江一线为绢云板岩凝灰质板岩建造，夹变质（长石）石英砂岩、变质粉砂岩，发育重荷模、火焰状构造、楔状交错层理、平行层理、波状层理、水平层理，由东向西沉积厚度逐渐增加，同时砂质含量逐渐减少，泥质含量及凝灰质含量逐渐增加，为大陆斜坡夹火山碎屑沉积。该时期总体以板岩建造为主，表现为在北部东厚西薄，南部西厚东薄的特点。与此同时，在东部华夏地层区郴州地区沉积灰色-灰黑色条带状碳质板岩、含白云质碳质板岩夹细晶白云质大理岩，水平层理发育，为半深海—深海盆地相沉积。

百合垅组沉积期，沿黔东北—怀化芷江—益阳桃江一线以北沉积灰色、灰绿色厚层-块状浅变质含砾长石石英杂砂岩、凝灰质岩屑砂岩、含砾凝灰质石英砂岩夹薄层条带状粉砂质板岩，发育平行层理、大型交错层理，属滨海沉积；而该线以南地区以深灰色-灰黑色水平条带状板岩、粉砂质板岩、凝灰质板岩为特征，常含黄铁矿晶体，发育水平层理、波状层理，为大陆斜坡相沉积夹火山碎屑。总体由西向东变薄，火山碎屑减少。东部华夏地层区仍为板岩建造，为半深海-深海盆地沉积。

牛牯坪组沉积期，整个湘桂地区均以板岩建造为特征。在湘北、湘中、桂北、黔东北分别沉积牛牯坪组、隆里组上段、拱洞组顶部，岩性为块状-中层状条带状含凝灰质板岩、绢云母板岩为主夹粉砂质板岩、沉凝灰岩、细砂岩，发育包卷层理、水平层理和沙纹层理，属浅海陆棚-大陆斜坡相沉积夹火山碎屑。由西至东，沉积厚度逐渐增加，砂质成分和火山碎屑物质也逐渐变多。此时东部华夏地层区继续保持半深海-深海盆地相板岩沉积。

总体来看，从马底驿组沉积早期开始，湘桂地区整体地貌呈现北西高南东低的趋势，随着时间的推移，沉积中心向东南方向迁移，在时空上表现为百合垅组砂岩建造和牛牯坪组板岩中砂体的逐渐南移。

第四章　南华纪—震旦纪沉积特征与盆地类型

第一节　地层分区及其沉积特征

湘桂地区南华纪—震旦纪地层分布广泛、发育齐全、沉积类型多样，部分地区南华系含丰富的铁、锰等矿产，分布于湘中南、桂北等地。南华系以在极端寒冷气候条件下形成的冰碛砾岩及间冰期沉积为特征，与下伏板溪群/高涧群/丹洲群/下江群一般为平行不整合接触，部分地区为整合接触。震旦系主要为在温暖气候条件下形成的碳酸盐岩、硅质岩及碎屑岩沉积，与下伏南华系呈整合接触。本书按照《中国地层表》（王泽九 等，2014）中南华系三分（采用国际地层表成冰系底界年龄～720 Ma）、震旦系两分方案对地层沉积特征、沉积地球化学及碎屑锆石特征进行研究，进而讨论新元古代中-晚期湘桂地区的盆地类型及演化特征。

根据湘桂地区南华纪构造演化特征，此时期地层分区与青白口纪有明显区别，主要变化是贺州—鹰扬关—桂阳一线已经转变为地层分区的界线。震旦纪研究区地层分区格局与南华纪基本相同，但是在具体界线上发生一些变化。研究区总体属于华南地层区，自北而南划分为扬子地层分区、江南地层分区、湘桂地层分区和湘桂粤地层分区（图 4.1），各地层分区沉积特征简述如下。

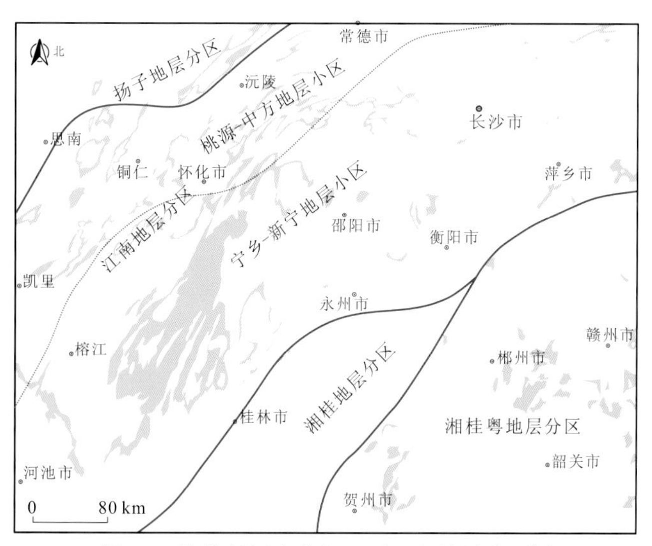

图 4.1　湘桂地区南华纪—震旦纪地层分区图

红色实线为地层分区界线，红色虚线为地层小区界线，蓝色为南华系—震旦系露头区

一、地层沉积特征

（一）扬子地层分区

扬子地层分区位于通山—岳阳—石门—吉首—铜仁一线北西，为扬子台地稳定区；南华纪主要表现为南沱冰期对下伏地层的剥蚀作用，震旦纪则发展为碳酸盐岩台地。南华纪与震旦纪地层分区界线有所差异，表现为震旦纪晚期分区界线北移至通山—吉首一线（图 4.1）。南华系自下而上划分为莲沱组/渫水河组、古城组、大塘坡组和南沱组，为大陆冰川沉积型为主的冰碛砾岩夹间冰期炭泥岩和含锰碳酸盐岩，区域上主要表现为南沱冰期沉积对下伏地层相对强烈的剥蚀造成的地层缺失。震旦系自下而上为陡山沱组和灯影组/老堡组，为扬子台地浅海碳酸盐岩沉积，南部边界部分地区在晚期由于海水加深后为硅质岩沉积。

1. 南华系

湖北境内称莲沱组，分布于鄂东通山[图 4.2（a）～（d）]及其以北地区，属河流相—河口湾相，岩性为紫红色-暗紫红色中厚层状砂砾岩、含砾粗砂岩、长石石英砂岩、含砾岩屑凝灰岩夹粉砂质泥岩等（宋芳 等，2016a，2016b），与下伏冷家溪群呈角度不整合或平行不整合接触。其地质时代一直存在争议（Lan et al.，2015；尹崇玉 等，2015；林树基，1995），考虑 2015 年以来国际地层委员会发布的国际年代地层表中成冰系（对应南华系）底界年龄为～720 Ma（樊隽轩 等，2015），其地质时代置于青白口纪晚期至南华纪早期较为合适，因其时代有争议，本书仍将其置于南华纪早期，关于地质时代尚需进一步研究。

湖南境内称渫水河组（尹崇玉 等，2015，2003；杨彦均 等，1984）或富禄组（湖南省地质调查院，2017；湖南省地质矿产局，1997），分布于湖南北部岳阳及湘西石门杨家坪一带，岩性浅紫红色块状石英砾岩、砂砾岩，紫红色厚层-块状含砾粗粒石英砂岩、含砾长石石英砂岩及厚层状中细粒长石石英砂岩、杂砂岩；由下至上成分趋于复杂、成分成熟度降低。下部属辫状河相，上部属海陆过渡的河口湾—潮坪组合相。该组厚 0～161.33 m，在岳阳一带与下伏冷家溪群呈角度不整合接触，在石门杨家坪一带与下伏板溪群张家湾组呈平行不整合接触[图 4.2（e）]。

古城组为灰绿色冰碛砾岩、砂砾岩，上部夹粉砂质黏土岩，与下伏莲沱组呈平行不整合或整合接触。分布局限，湖北通山四斗朱厚 5.20～7.66 m，湖南石门杨家坪—湖北走马一带为冰碛砾岩、板岩等，具平行层理，厚 3.70～5.84 m，至湖南慈利南山坪—张家界大坪一带超覆于青白口系之上，厚度仅为 0～0.29 m，为河口湾冰海沉积。与下伏莲沱组或渫水河组/富禄组整合或平行不整合接触，或与青白口系呈平行不整合接触。

大塘坡组为细碎屑岩沉积，与下伏古城组整合接触。下部以黑色碳质黏土岩为主，底部含菱锰矿，上部以灰色粉砂质黏土岩、泥岩为主，通山地区厚 1.95～13.63 m；湖南境内为灰黑色中薄层状条带状板岩夹含钙硅质板岩及碳质板岩[图 4.2（f）]，顶部夹灰岩、白云岩透镜体，具细纹状水平层理，富含有机质及原生黄铁矿，厚 0～11.93 m，为间冰期局限海沉积环境。

图 4.2　扬子地层分区南华系—震旦系地层特征

（a）湖北通山地区莲沱组底砾岩与下伏青白口系板岩界线；（b）通山地区古城组含砾砂岩；（c）通山地区南沱组含砾粉砂质泥岩；（d）通山地区震旦系硅质岩；（e）湖南石门杨家坪渫水河组砾岩与下伏青白口系板岩界线；（f）石门杨家坪大塘坡组碳质板岩；（g）石门杨家坪南沱组含砾粉砂质泥岩；（h）湖南张家界四都坪震旦系陡山沱组白云岩与南沱组含砾粉砂质泥岩界线

南沱组为灰绿色冰碛砾岩为主的地层，砾石成分复杂、分选差、磨圆差，为陆相冰川沉积；与下伏地层呈平行不整合或整合接触。通山四斗朱剖面厚 95.12 m，岩性为青灰色含砾、巨砾泥岩夹变质含砾沉凝灰岩。至石门杨家坪—走马及慈利南山坪—张家界大坪一带，南沱组主体为灰黑色块状冰碛砂质板岩[图 4.2（g）]，局部地区下部出现灰绿色中层状细纹层板岩，“落石”构造发育，属有冰水参与的河口湾冰海沉积或陆地冰碛沉积，厚 56.95～260.07 m。

2. 震旦系

震旦系下部陡山沱组为白云岩、硅质岩层位，由北往南硅质成分逐渐增加，平行不整合或整合于南华纪冰碛砾岩之上。该区震旦系受由南到北的快速海侵过程影响，地层厚度整体上为北厚南薄。湖南杨家坪一带厚 475.68 m，为灰质白云岩、泥质白云岩、粉砂质板岩、硅质板岩、鲕粒灰岩等，为稳定台地区的浅海潮坪沉积；通山地区陡山沱组厚 113.1 m，岩性为白云岩、灰岩夹碳质页岩及硅质岩，向上碳酸盐岩、硅质岩单层加厚，显示海水渐深趋势，属陆棚相。

震旦纪沉积晚期，地层分区与南华系相比略向北移动，主要表现在沅陵周边震旦系沉积了斜坡相的白云质板岩及上部硅质岩沉积（湖南省地质矿产局，1997）。震旦系上部在石门杨家坪地区为灯影组，厚 305.1 m，以浅色厚层状白云岩、硅质白云岩夹磷块岩及硅质条带为特征[图 4.2（h）]，在张家界四都坪—古丈是一个相变地带，厚 11.7～90 m（湖南省地质矿产局，1997）。通山地区为老堡组，厚 155 m，为黑色中薄层状硅质岩和含碳质硅质页岩，为浅海相硅泥质沉积。

3. 同位素年龄

扬子地层分区的同位素年代学研究以峡东地区的研究最为详细，而通山地区目前还尚未获得可靠的年龄数据。马国干等（1984）在峡东莲沱组下部凝灰岩夹层中对 23 颗锆石通过 SHRIMP 法取得不一致线下交点年龄（748±12）Ma，郑永飞（2003）重新计算为（802±7）Ma 和（766±12）Ma。高维和张传恒（2009）在峡东莲沱组顶部获得锆石 U-Pb 年龄（724±12）Ma。Pi 和 Jiang（2016）在峡东莲沱组顶部凝灰岩夹层中取得（734.1±8.1）Ma 的锆石 SHRIMP 加权平均年龄，南沱组底部碎屑锆石 LA-ICP-MS 年龄谱最小峰值 646 Ma。胡蓉等（2016）在峡东取得南沱组冰碛岩碎屑锆石最年轻年龄为（706±7）Ma。

尹崇玉等（2005）在三峡地区陡山沱组底部凝灰岩夹层中取得锆石 SHRIMP U-Pb 年龄为（628±5.8）Ma，在宜昌樟村坪王家沟陡山沱组中部凝灰岩 SHRIMP U-Pb 年龄为（614.0±7.6）Ma（尹崇玉 等，2015）。Condon 等（2005）在三峡陡山沱组底部的富黏土凝灰岩夹层及火山灰中获得锆石 TIMS U-Pb 年龄为（635.2±0.6）Ma 及（632.5±0.5）Ma，陡山沱组顶部火山灰夹层中锆石 SHRIMP U-Pb 年龄为（551.1±0.7）Ma，以及锆石 TIMS U-Pb 年龄为（550.6±0.8）Ma。Zhang 等（2005）在三峡九曲脑剖面陡山沱组底部和顶部火山灰夹层中分别取得锆石 SHRIMP U-Pb 年龄为（621±7）Ma 和（555.2±6.1）Ma。

在湘鄂交界地区主要有：尹崇玉等（2003）在湖南石门杨家坪渫水河组上部凝灰岩夹层中得到锆石 SHRIMP 加权平均年龄为（758±23）Ma，下伏青白口系老山崖组上部凝灰岩夹层锆石 SHRIMP 加权平均年龄为（809±16）Ma；刘建清等（2015）在重庆秀山对板溪群顶部及江口群底部火山角砾岩进行锆石 SHRIMP U-Pb 年代学研究，分别取得（786±11）Ma 和（785±11）Ma 的年龄；李明龙等（2019）在鄂西走马地区大塘坡组顶部泥岩中获得最年轻单颗锆石 LA-ICP-MS U-Pb 年龄为（651±7.7）Ma。

（二）江南地层分区

江南地层分区为岳阳—石门—吉首—铜仁一线南东至耒阳—东安—永福—金秀一线北西区域。根据沉积特征不同本区进一步划分为北西部的桃源-中方地层小区和南东部的宁乡-新宁地层小区。

1. 南华系

桃源-中方地层小区南华系分为富禄组、古城组（局部）、大塘坡组和南沱组，该区富禄组以底部含铁，砂体内含砾为特征，南沱组更多地显示了流水作用参与陆相冰川沉积的特征；宁乡-新宁地层小区南华系分为长安组、富禄组、古城组（局部）、大塘坡组和洪江组，该区以具有较大厚度的长安组沉积为主要特征，富禄组底部为砂体沉积，中上部则以板岩基质为主，上冰期过渡为海相冰川沉积的洪江组。总体上，南华系在江南地层分区为冰期沉积夹间冰期沉积的砂岩、碳质板状页岩、含锰碳酸盐岩、含锰砂岩等，地层序列与扬子地层分区过渡。震旦系为黑色板状页岩-硅质岩建造，相较扬子地层分区，江南地层分区新元古代沉积表现出水体深度增加的特征。各组具体情况如下。

长安组在北部桃源-中方地层小区一般不发育，但南部宁乡-新宁地层小区则较发育。在北部双峰—涟源—沅陵—怀化以北地区缺失或厚度较薄而不易区分，同时受洪江—溆浦断裂控制，沉积厚度差异极大，显示出北东向裂陷槽特点（杨明桂 等，2012b；王剑 等，2006，2001）。在洪江—铜湾—溆浦一线以西长安组厚度急剧变小，为 0～203.02 m；湖南洞口县月溪—洪江一带，厚 1 923.91 m，主要为厚层状浅变质含砾长石石英杂砂岩夹绢云母板岩、条带状板岩，砾石成分复杂，砾石含量砾径在垂向上有变少和变小的趋势，发育波状层理、交错层理，在部分层位略显定向性，属冰筏海洋相-滨前冰海相；在湖南涟源、新化、新邵一带厚度大于 2 574.02 m，岩性为浅灰色、浅灰绿色（含钙质）含砾砂质板岩、含砾绢云母板岩夹少量硅化灰岩透镜体，向上为浅灰色、浅灰绿色含砾砂质板岩夹粉砂质团块（条带）、条带状绢云母板岩、透镜状浅变质砂岩，含砾量减少，部分地区火山物质含量极高；发育粒序层理、单向斜层理、水平层理，见落石构造，总体属冰海相；与下伏板溪群及相当层位呈平行不整合或微角度不整合接触。

富禄组在北部桃源-中方地层小区，为紫红色-暗紫红色中厚层状砂砾岩、含砾粗砂岩、长石石英砂岩、含砾岩屑凝灰岩、杂砂岩夹粉砂质泥岩等，以底部含砾或铁质板岩，主体基质偏粗并含砾石为特征，为扬子地层分区与南部地层小区间的过渡类型，更主要是夹有多层含砾砂岩。湖南怀化地区厚 6.55～365.30 m，为滨浅海相碎屑沉积，其中多层含砾砂岩成因存在多种认识（张启锐 等，2012；林树基 等，2010；薛耀松 等，2001）。

在广西三江良口地区，唐专红等（2017）将富禄组划分为三个间冰期和两个冰期的五段式沉积序列，底部为灰紫色、深灰色薄层板岩、粉砂质板岩夹铁质层、底砾岩，是区域上三江式铁矿产出层位，其上为青灰色中-厚层状浅变质长石岩屑砂岩、含砾不等粒长石砂岩夹板岩、粉砂质板岩等，中上部及顶部层位局部夹冰碛砾岩、同生滑动角砾岩等，可见冰筏坠石构造（唐专红 等，2017），顶部局部见黑色碳质页岩，厚 600～800 m，部分地区小于 100 m；在此沉积序列中，富禄组上部冰碛砾岩及黑色碳质页岩与北部古城组及大塘坡组均可以很好地进行对比，向西延入贵州境内，岩性组合特征基本一致。林树基等（2010）认为该区富禄组可进一步划分为多个冰段和间冰段的沉积。但由于该区部分地区古城组厚度较薄，或总体呈砂岩层位与富禄组无法区分，而不被单独划分出来，但区域上大塘坡组的碳质页岩层等还是较易区分，而不应并入富禄组内。

富禄组在南部宁乡-新宁地层小区，厚度变化特征与长安组基本一致，基质较北部明显变细，沉积构造发育较好；湖南洪江-靖州-通道地区，该组厚度迅速增大为 400～1 600 m（图 4.3），底部砂岩局部含铁，下部以灰色、灰绿色厚层至块状变余不等粒含砾

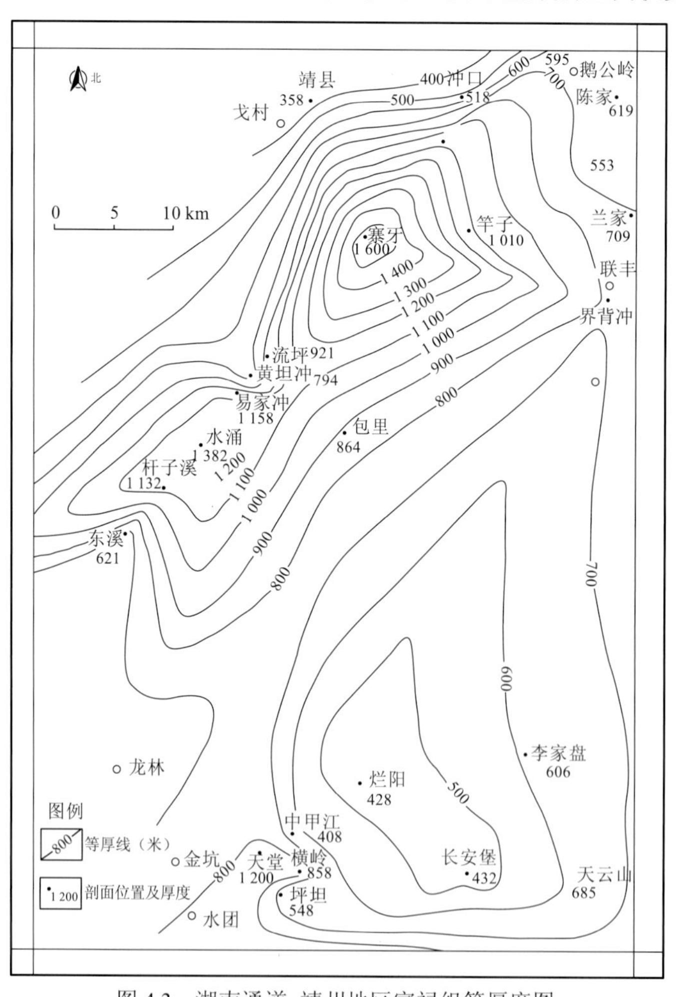

图 4.3　湖南通道-靖州地区富禄组等厚度图

［1∶25 万武冈幅区调报告，湖南省地质调查院（2013c）］

砂岩为主，夹板岩；中部为灰绿色含砾砂质板岩或变余砂岩、板岩为主夹白云岩；上部以变余粉砂岩、粉砂质板岩为主。在涟源、新化、新邵一带厚度为 8～406 m，岩性以凝灰质长石石英砂岩、含砾砂岩为主，夹砂板岩、含砂质钙质板岩、含砾板岩等，发育单向斜层理、板状交错层理、平行层理、粒序层理等，砾石成分相对单一，为滨岸相碎屑沉积；在祁东一带，该组厚 72.3～145.3 m，底部为含铁岩系[图 4.4（e）]，上部为粉砂质板岩、条带状板岩、粉砂岩，夹绢云母板岩及厚层状中细粒长石石英杂砂岩，偶含细小砾石，张纯臣 1994 年命名为西冲组（湖南省地质矿产局，1996）。

古城组总体为冰碛砾岩层，在北部的桃源-中方地层小区中较为发育，该组在湖南新路河一带最为发育[图 4.4（h）]，岩性较为单调，为灰绿色块状含砾砂质泥岩，厚达 123.8 m，城步周边厚 4.7 m。南部宁乡-新宁地层小区中，在 1∶25 万邵阳市幅、武冈市幅、永州市幅区域地质调查报告中均无此组记述（湖南省地质调查院，2013b，c，d，本书认为其中部分地区仍存在古城组，仅是未划分出来），张启锐等（2012）认为古城组在这个区内分布不是很普遍，经过在区内多个剖面的对比，本书认为相当于该冰期的层位应该是普遍存在的，只不过受北东向与北西向古构造的共同影响，部分地段的古城组厚度较薄不易识别，特别向东南部由于水体较深，相变为富禄组顶部（含砾）砂岩层。

大塘坡组为含锰页岩建造，为华南地区重要的含锰矿层位，从湘西南-黔东北地区总体来看，其厚度横向变化较大，岩性包括板岩、碳质板岩、含锰白云岩、软锰矿层等（林树基 等，2013，2010），大塘坡组及其中含锰层系的分布受古地理及构造的控制，锰矿层发育呈北东东向走向的带状（周琦 等，2013），是一次标志性的热沉积事件层（林树基 等，2010）。大塘坡组在研究区内北部的龙田—马金洞一线，厚 21.5～25.6 m，岩性以页岩、板状页岩为主，在龙田周边底部夹有锰土层[图 4.4（f）]；至怀化周边，该组厚度增加至超过 100 m（张启锐 等，2012），岩性为浅变质板岩，区域上在下部层位分布含锰层位较薄，其上部的粉砂质泥岩、粉砂岩层较厚；向东南在湖南永州关帝庙岩体西南侧为灰黑色薄层状含锰板岩、粉砂质板岩、含钙砂泥质板岩，上部夹白云岩透镜体及变余长石砂岩，厚仅数米（湖南省地质调查院，2013d）。

南华系上部冰碛岩层在桃源-中方地层小区称为南沱组，而在宁乡-新宁地层小区称为洪江组，但两者界线不是截然的，岩性以泥砾岩为主夹板岩、砂岩等，以是否显示层理、含砾岩石特征、条带状构造等区分南沱组和洪江组（湖南省地质矿产局，1997），厚度变化较大，为 101.5～543 m，在通道东溪厚度达 2 069 m，代表裂陷槽沉积；砾石成分比较复杂，砾石普遍具有定向性，落石构造发育，为海洋冰川沉积夹正常海洋沉积。

江南地层分区的南华系沉积特征较为复杂，上述地层单位的简述对比如图 4.5 所示。

2. 震旦系

震旦系下部为金家洞组，岩性主要为黑色板状页岩夹白云岩、灰岩、硅质岩，或成互层，底部偶见砂岩，中部有磷矿层、锰矿层；由北向南碳酸盐岩减少、硅质岩增加，显示水体向南加深的特征。

图 4.4　江南地层分区南华系特征

（a）～（b）宁乡龙田周边长安组含砾粉砂岩；（c）宁乡龙田富禄组岩屑细砂岩；（d）怀化中方新路河富禄组砂岩中层理发育；（e）祁东西冲富禄组底部含铁层位；（f）宁乡龙田大塘坡组碳质锰质粉砂岩；（g）怀化中方新路河大塘坡组泥岩；（h）怀化中方新路河古城组含砾粉砂质板岩

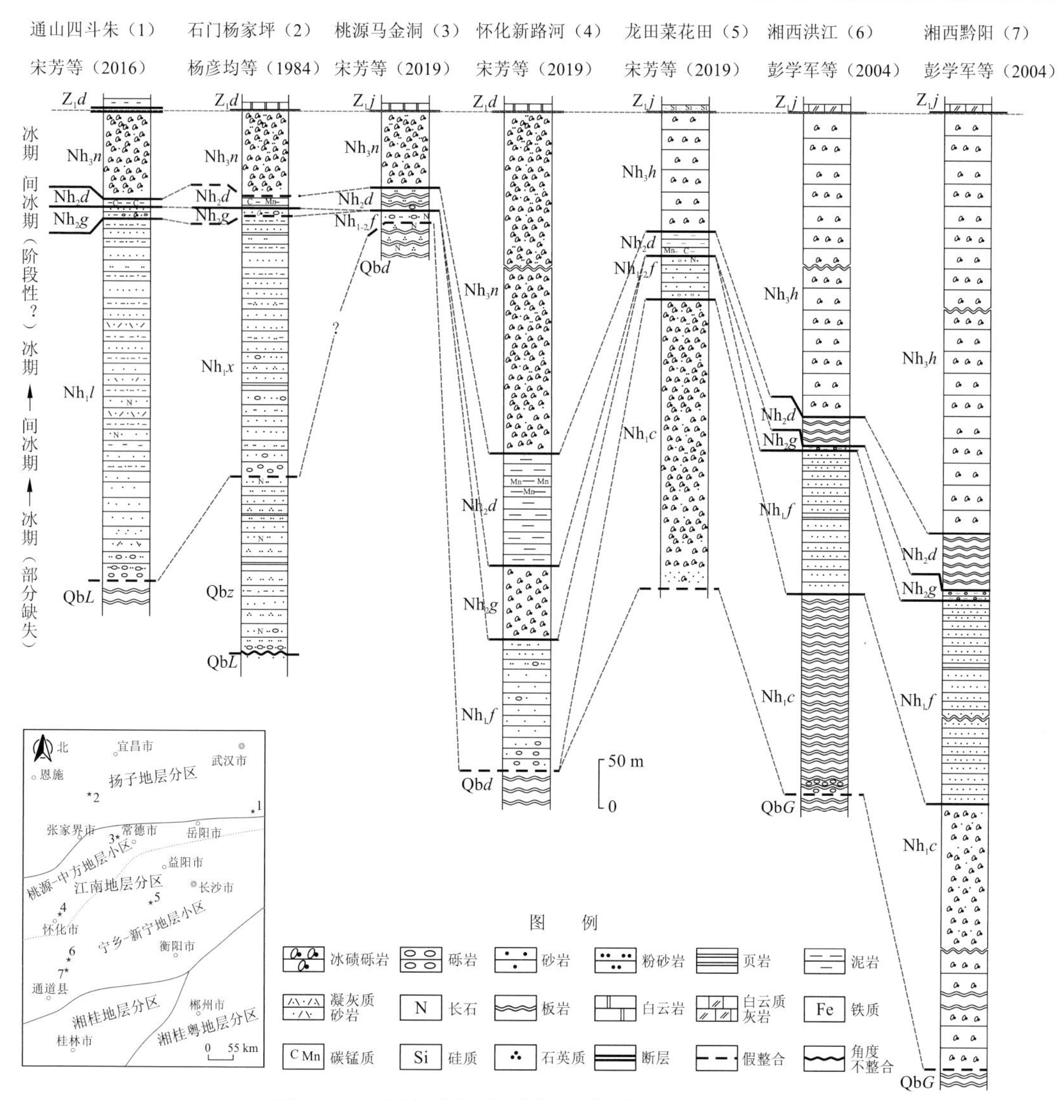

图 4.5　江南地层分区与邻区南华系岩石地层对比图

QbL 为冷家溪群；Qbd 为多益塘组；Qbz 为张家湾组；QbG 为高涧群；Nh_1l 为莲沱组；Nh_1x 为渫水河组；Nh_1c 为长安组；Nh_1f、$Nh_{1\text{-}2}f$ 为富禄组（$Nh_{1\text{-}2}f$ 指古城组相变为含砾砂岩层，与 Nh_1f 无法区分时称为 $Nh_{1\text{-}2}f$）；Nh_2g 为古城组；Nh_2d 为大塘坡组；Nh_3n 为南沱组；Nh_3h 为洪江组；Z_1d 为陡山沱组；Z_1j 为金家洞组

震旦系上部为老堡组，与金家洞组整合接触，岩性为厚层、中薄层状硅质岩[图 4.6（g）]，在北部偶夹碳酸盐岩；金家洞组与老堡组厚度由数米至数十米不等，属台缘斜坡、局限台盆相。

3. 同位素年龄

长安组及间接限定长安组同位素年龄较多。甘晓春等（1993）在长安组冰碛岩之下板溪群中取得锆石 TIMS U-Pb 年龄为（736±2）Ma。葛文春等（2001b）在广西龙胜地区长安组冰碛砾岩之下入侵三门街组但不穿过拱洞组岩体中取得锆石 SHRIMP U-Pb 年

图 4.6　江南地层分区南华系—震旦系地层特征

（a）～（b）贵州从江黎家坡组含砾粉砂质泥岩；（c）贵州铜仁九龙寨黎家坡组含砾粉砂质泥岩；（d）湖南怀化中方新路河南沱组含砾粉砂岩；（e）湖南祁东西冲富禄组底部含铁层位；（f）湖南宁乡龙田洪江组含砾粉砂质泥岩；（g）湖南祁东西冲震旦系老堡组硅质岩；（h）湖南双峰八角亭金家洞组碳质硅质板岩

龄为（761±8）Ma。Zhou 等（2007）在桂北湘西交界长安组冰碛砾岩之下青白口系三门街组流纹岩中取得锆石 SHRIMP U-Pb 年龄为（765±14）Ma。Zhang Q R 等（2008）在长安组冰碛岩之下板溪群凝灰质粉砂岩中取得锆石 SIMS U-Pb 年龄为（725±10）Ma。伍皓等（2015）在湘西托口地区南华系碎屑锆石 U-Pb 测年，认为该区长安组和古城组沉积时代分别晚于 732 Ma 和 705 Ma。孙海清等（2014）在湖南新化碧溪长安组下部沉凝灰岩夹层中取得 LA-ICP-MS 及 SHRIMP 锆石年龄分别为（751±5）Ma 及（764±10）Ma。宋芳等（2019）在宁乡菜花田剖面长安组底部冰碛砾岩中取得锆石 LA-ICP-MS 最小一组锆石谐和年龄为（752.5±4.2）Ma。高林志等（2015）报道了桂西地区青白口系拱洞组底部 SHRIMP 锆石 U-Pb 年龄为（799.8±5.5）Ma，以及湘西北长安组底部凝灰岩锆石年龄为（758.6±5.4）Ma。由此可见，对于长安组（特别是底界）同位素年龄仍然存在争议。

另外，对富禄组与大塘坡组的同位素年龄主要有：尹崇玉等（2015）获得贵州黎平龙水岔剖面富禄组下部凝灰岩锆石 SHRIMP U-Pb 年龄为（669±13）Ma；Zhou 等（2004）在贵州东部大塘坡组凝灰岩夹层中取得锆石 TIMS U-Pb 年龄为（662.9±4.3）Ma。Zhang 等（2008a）在湘西地区湘锰组（即大塘坡组）凝灰岩夹层中取得锆石 SHRIMP U-Pb 年龄为（654.5±3.8）Ma。尹崇玉等（2006）在贵州松桃地区大塘坡组底部凝灰岩中取得 SHRIMP II 锆石 U-Pb 年龄为（667.3±9.9）Ma。余文超等（2016）在松桃将军山剖面大塘坡组底部凝灰层中获得 LA-ICP-MS 锆石 U-Pb 年龄为（664.2±2.4）Ma。

震旦系同位素年龄较少。主要有：卓皆文等（2009）贵州铜仁老堡组顶部硅质岩凝灰岩夹层中获得 SHRIMP 锆石 U-Pb 年龄为（556±5）Ma。杨恩林等（2014）通过对黔东寒武系底部长石岩屑砂岩碎屑锆石 LA-ICP-MS U-Pb 测年，认为留茶坡组（对应老堡组）最后接受沉积时限为 536 Ma。

（三）湘桂地层分区

湘桂地层分区位于耒阳—东安—永福—金秀一线南东，贺州—鹰扬关—桂阳—茶陵一线北西，属于传统的扬子与华夏地层区的过渡区，南华系和震旦系沉积组合具有过渡的特点。

1. 南华系

南华系总体上不发育，在广西桂林永福地区见少量的顶部层位洪江组[图 4.7（a）]，岩性为含砾泥质粉砂岩、粉砂质泥岩，所含砾石分选差、磨圆一般，显示冰碛砾特征，部分层位砾石呈扁平状且有定向排列，砾石整体砾径不超过 3 cm，未见底，厚度大于 249.1 m；永福地区是本书认为南华纪晚期冰期特征最为明显的最南端的点位。

向南在广西金秀老山采育场，南华系称正园岭组，主要为灰色-灰绿色中厚层-块状含长石、岩屑石英杂砂岩夹薄-中层状泥岩、粉砂岩，其中杂砂岩内夹钙质团包体和透镜体及钙质粉砂岩层和条带（广西壮族自治区地质调查研究院，2004）。发育平行层理、水平层理、单向斜层理、交错层理等，见鲍马序列 AE、ABE、AC、ACE、ACDE、CDE 组合，厚度大于 1 334 m。该层位的地质时代尚需要进一步研究。

2. 震旦系

在广西永福县周边，震旦系下部以硅质泥岩、硅质岩、含砾白云质砂岩、白云岩为主，中上部为砂岩、泥岩，顶部以硅质岩夹砂岩、页岩为特征[图 4.7（b）、（c），剖面特征详见本章第六节]，广西壮族自治区地质调查研究院（2004）称之为“陡山沱组”，考虑到与层型剖面岩性组合存在明显差异（广西壮族自治区地质矿产局，1997），而更接近于以砂岩、板岩为主的培地组，本书暂称为“培地组”（不包含层型剖面培地组的顶部硅质岩段），岩性组合兼具湘桂粤地层分区和江南地层分区特征，属于扬子与华夏陆块间的过渡沉积类型，厚 377.5 m，与下伏南华系呈整合接触；上部老堡组为硅质岩[图 4.7（d）、（e），剖面特征详见本章第六节]，整体上单层厚度由下向上变薄，顶部薄层硅质岩碳质含量较高，部分层位见条纹构造，厚 25 m。

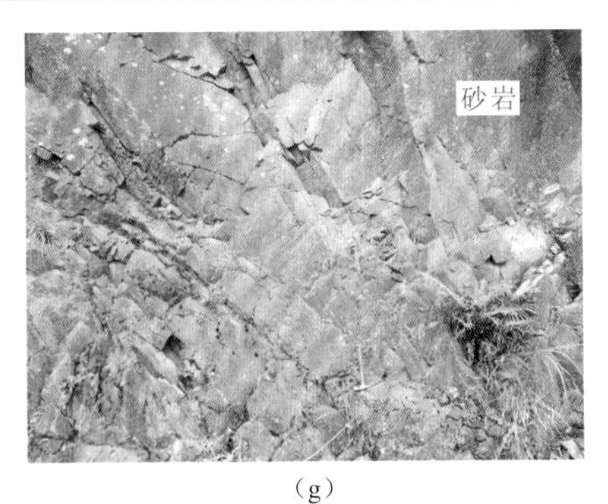

(g)

(h)

图 4.7　湘桂地层分区南华系—震旦系地层特征

(a) 桂林永福地区南华系洪江组含砾粉砂质泥岩；(b) 桂林永福地区震旦系培地组中部砂岩；(c) 桂林永福地区震旦系培地组顶部硅质岩、硅质泥岩层位；(d) 桂林永福地区震旦系老堡组硅质岩；(e) 桂林永福地区寒武系清溪组泥页岩与震旦系老堡组硅质岩界线；(f) 金秀县老山震旦系培地组底部硅质岩与碎屑岩互层；(g) 金秀县老山震旦系培地组中部砂岩；(h) 金秀县老山震旦系培地组顶部硅质岩

向南在金秀老山采育场，震旦系称培地组[图 4.7（f）～（h）]，下部岩性为灰色、蓝灰色-灰绿色薄-微薄层状粉砂质泥岩，夹少量中层状粉砂岩和中厚层状细粒杂砂岩及泥岩；中-上部岩性为灰色-灰绿色中层-块状细粒杂砂岩和细粒长石石英杂砂岩及少量块状不等粒岩屑长石石英杂砂岩，夹灰色-灰绿色-蓝绿色薄层状及中层状泥岩，偶夹微薄层状、薄层状及中层状粉砂岩、泥质粉砂岩；顶部包括两套灰白色-深灰色厚-中薄层状硅质岩，之间夹一套灰绿色中及薄层状粉砂泥岩、中层粉砂岩；以泥岩、粉砂泥岩较多（特别是下部），顶部出现硅质岩，与下伏南华系正园岭组呈整合接触，厚 696 m。

由于该区南华系分布局限且震旦系多为细碎屑夹硅质岩沉积，同位素年代学研究资料比较有限。董宝林和雷英凭（1997）报道过西大明山寒武系小内冲组底部泥岩的 U-Pb 等时线年龄为（585±64）Ma，据此限定桂东南培地组的时代归属。

（四）湘桂粤地层分区

湘桂粤地层分区位于郴州—贺州一线以东，属于传统认识中的华夏陆块北西缘。

1. 南华系

湘桂地区南华系自下而上为泗洲山组、正园岭组和天子地组（湖南省地质矿产局，1997；湖南省地质调查院，2017），湖南境内与下伏青白口系大江边组为整合接触，在广西境内则缺少泗洲山组，与下伏即鹰扬关混杂岩（原文称下龙组）呈角度不整合接触（徐志贤 等，2006）。

泗洲山组为灰紫色板岩、砂质板岩夹含砾板岩及少量白云岩[图 4.8（a）～（c）]，厚 551.5 m，砾石分布不均匀且成分复杂，落石构造发育，岩层中可见水平层理[图 4.8（d）]、滑塌变形层理等，显示为深海盆地与下斜坡地带，寒冷气候下冰筏与正常海洋混合沉积（湖南省地质调查院，2017）。

天子地组为紫红色、灰绿色粉砂质板岩、条带状板岩、绢云母板岩与中厚层状砂质粉砂岩、岩屑石英杂砂岩，底部夹条带状赤铁矿层和白云质灰岩透镜体，厚 587.2～973.01 m，

图 4.8　湘桂粤地层分区南华纪—震旦纪地层特征

（a）～（b）湖南省郴州市桂阳泗洲山组含砾粉砂岩；（c）桂阳泗洲山组粉砂质板岩中发育白云岩团块；（d）桂阳泗洲山组粉砂质板岩；（e）广东省乐昌市乐昌峡坝里组砂岩与板岩互层；（f）～（g）乐昌峡坝里组岩屑砂岩；（h）乐昌峡坝里组青灰色砂岩中变形层理

鲍马序列 ADE、BCDE、CDE 组合发育，岩层中常见粒序层理、平行层理、变形层理等，属陆缘斜坡浊积扇的中扇—扇舌外缘浊流沉积。与下伏泗洲山组整合接触。

正园岭组为厚层-块状浅变质长石岩屑杂砂岩夹薄层状粉砂岩、粉砂质板岩、条带状板岩，局部夹砂砾岩及含砾长石石英杂砂岩，厚 698.73 m，鲍马序列 AC、ACE、CDE、CE、DE、CE 组合发育，与下伏天子地组整合接触。在湖南江华县梅子沟-码市剖面，该组厚 496 m，底部为杂砾岩，向上为砂岩粉砂岩建造，属近源重力流（浊流）沉积。该组较为特征的含砾板岩，分布于郴州—资兴—汝城一带，厚 0.4～0.6 m，断续状产出，湖南省地质矿产局（1997）认为可能是寒冷气候下冰筏相产物，关于其成因尚需进一步深入研究。

该区南华系—震旦系同位素年代学资料较少。唐晓珊和黄建中（1994）曾报道泗洲山组 Rb-Sr 全岩等时线年龄为 813～794 Ma。伍皓等（2013）在湘东南泗洲山地区青白口系（原文为“南华系”）大江边组上部获得碎屑锆石中最年轻一组谐和年龄为（734±4）Ma，在震旦系埃歧岭组底部碎屑锆石中获得最年轻一组谐和年龄为（634±7）Ma。

与之相邻的粤北地区南华系零星分布于连平县周边及乐昌峡一带，地层划分较为复杂，广东省地质矿产局（1996）称活道组，1∶25 万韶关市幅、连平县幅区域地质调查报告（广东省地质调查院和广东省佛山地质局，2009）称南华系大绀山组，下部以泥质、粉砂质、碳质、硅质板岩及粉砂岩等为主，上部以石英砂岩及长石石英砂岩等为主夹流纹质凝灰岩，由于缺乏确切的生物化石等，其时代、层位对比还需要再确认。粤北乐昌地区的乐昌峡群，以韶关乐昌峡新秦剖面为典型代表[图 4.8（e）～（h）]，周国强和周振林（1983）划分为下亚群和上亚群，张良和陈培权（1992）划分为下部的新秦组和泗公坑组。在各省岩石地层清理时，广东省采纳了江西省的划分方案，下部称坝里组，上部称老虎塘组（广东省地质矿产局，1996）。坝里组命名剖面在江西省于都县小溪张扬坝里，在广东境内指整合于活道组灰岩（或火山凝灰岩）之上，老虎塘组硅质板岩之下的层位，以青灰色、灰绿色中厚层状变余长石石英砂岩为主，夹砂质板岩、板岩呈不等厚互层，厚 1 400～1 600 m，以往多认为属震旦系（广东省地质矿产局，1996；江西省地质矿产局，1997），上部的老虎塘组底界以硅质岩和硅质板岩为标志整合于坝里组之上。坝里组从湘桂地区同期层位的标志层——硅质岩层对比来看，牛志军等（2014）提出坝里组其应属南华纪晚期层位，本书采用此认识。

2. 震旦系

湘桂粤各省（自治区）震旦纪地层单位划分均不相同。湖南境内称埃岐岭组和丁腰河组（湖南省地质调查院，2017；湖南省地质矿产局，1997）。埃岐岭组为灰绿色中层状变质石英岩屑杂砂岩、条带状板岩、硅质岩构成的韵律组合，厚 655.8～846.9 m，具沟、槽模、火焰状构造，层面发育变形层理、沙纹层理和水平纹层构成的 CDE、DE 鲍马序列，为边缘海盆低密度浊流相与半深海硅质岩沉积的交替，与下伏正园岭组整合接触。丁腰河组以深灰色、灰黑色薄-中层状硅质岩、泥质硅质岩为主夹绢云母板岩、凝灰质板岩及硅质板岩，厚 1.7～15.6 m，属非补偿性滞流海盆地相。

广西境内称为培地组（广西壮族自治区地质矿产局，1997），底部为薄层状含泥硅质岩或硅质岩夹泥岩，具滑塌构造，中部为块状砂岩、杂砂岩及泥岩组成的韵律，发育小型斜层理、水平层理，为深海盆地环境，顶部发育硅质岩层，在贺州黄洞口，该组厚1 591.97 m，其中顶部硅质岩、硅质板岩厚19.35 m。区域上，培地组底部为杂色（灰白色、乳白色、灰红色、灰绿色）中-薄层状硅质岩、含黄铁矿绢云板岩；向上为灰黄色、灰绿色、灰黑色（风化后呈紫红色）中-薄层状石英绢云板岩、粉砂质板岩、绢云石英千枚岩夹中-厚层状细粒绿泥绢英岩化长石岩屑砂岩、岩屑长石砂岩；培地组砂岩发育平行层理、小型斜层理、正粒序、底冲刷、重荷模、滑塌构造、鲍马序列；部分地区该组砂岩底部具滑塌构造，指示震旦纪早期为斜坡相沉积环境，贺州月亮湾一带该组中下部发育一套薄层碳质板岩沉积，应为最大海泛面凝缩段沉积（王令占 等，2017）。培地组与下伏的正园岭组整合接触。该组为半深海浊流相、硅质岩相夹深海泥岩相。

广东境内称为乐昌峡群（广东省地质矿产局，1996），以韶关乐昌峡新秦剖面为代表[图4.8（e）～（h）]，原划分下部层位坝里组，如上所述，本书归属于南华纪晚期，上部层位老虎塘组，岩性顶、底界均以硅质岩为标志划分，主要岩性为白色、灰黑色中厚层-薄层状变质岩屑杂砂岩、变质长石石英砂岩、硅质板岩夹凝灰质板岩、含碳质绢云母千枚岩、粉砂质板岩等，厚535～1 125 m（广东省地质矿产局，1996），为深海-浅海类复理石沉积碎屑岩夹硅质岩建造，牛志军等（2014）认为与湘桂地区的老虚塘组与埃歧岭组层位相当，属震旦系。区域上震旦系硅质岩比较发育，其顶部的硅质岩在区域上延伸稳定，可作地层对比的标志层。

二、区域地层对比

湘桂地区位于扬子陆块及其东南缘部位，晚新元古代地层发育较为连续，显示出由北西至南东岩性组合渐变过渡，沉积水体渐深的特点，全球气候极端变化背景下发育的一套与罗迪尼亚超大陆裂解相关的裂陷槽地层沉积（王剑 等，2001），发育全球性或者区域性的对比事件标志层，地层对比简述如下。

（一）南华纪冰期事件的对比

新元古代晚期，全球范围内分布着一套以含砾细碎屑沉积为特征的冰碛砾岩，根据古地磁资料，该套沉积延伸至低纬度，指示当时全球气候极寒，被称为“雪球地球”事件（Trindade and Macouin，2007；Evans，2003），形成4次成规模的冰川事件：Kaigas冰期、Sturtian冰期、Marinoan冰期及Gaskiers冰期（尹崇玉 等，2015；赵彦彦和郑永飞，2011）。目前，华南发育的冰川沉积，只有南沱冰期与Marinoan 冰期在沉积学特征及沉积时限上可以很好地对比（赵彦彦和郑永飞，2011）。

南华系底部在扬子地层分区按照传统认识（高林志 等，2015，2011b；马国干 等，1984）为莲沱组，为一套具有河流相特征的陆源碎屑岩，以底部底砾岩及由粗至细的2～

3 个旋回发育为主要特征，赵小明等（2011）认为其地球化学特征反映了冰期前气候转冷；王自强等（2006）、冯连君等（2004，2003）在莲沱组及相当层位也发现了指示寒冷气候的地球化学依据，但由于该套地层上下均缺失大量沉积地层，以及在定年工作成果中出现不同认识（Lan et al.，2015；Cui et al.，2014；高维和张传恒，2009；Liu et al.，2008；Zhang et al.，2006），在中国地层表和国际地质年表，南华系底界年龄也存在着 780 Ma 和～720 Ma 的区别。这一问题较为复杂，目前尚未取得一致意见，作为一个存疑问题，本书不做进一步讨论。

江南地层分区地处扬子陆块东南缘，其中长安组是扬子陆块东南缘青白口系之上具有典型冰期特征的沉积体，岩性以含砾粉砂岩、粉砂质泥岩为主体，被认为是“雪球事件”在华南开始的标志（孙海清 等，2014；张启锐，2014），一般认为长安冰期与国际上 Sturtian 冰期对比（杜秋定 等，2013；陈文勇和杨瑞东，2012；赵彦彦和郑永飞，2011）。在江南地层分区北部，长安组多大面积缺失，仅在桃源马金洞周边零散分布且厚度很小，而在南部则广泛分布且具有较大的厚度；长安组以洪江—铜湾—溆浦一线为界显示出明显的岩性与厚度变化（1∶25 万怀化市幅区域地质调查报告，湖南省地质调查院，2013a），与王剑等（2006）及杨明桂等（2012b）研究的裂谷系发育地区一致。进入传统的华夏湘桂粤地层分区，南华系底部为泗洲山组，为厚度较大的斜坡相黏土岩、含砾黏土岩及碳酸盐岩（黄建中 等，1994），显示为寒冷气候下冰筏与正常海洋混合沉积（湖南省地质调查院，2017），当然关于其是否属于冰期成因还需要再研究。

湘桂地区富禄组—古城组与冰期的对比较为复杂。富禄组主体岩性为中厚层状粉砂岩、砂岩夹粉砂质板岩等，底部为一次区域性的成铁事件。在江南地层分区北部桃源-中方地层小区内，富禄组砂岩层中（特别是中上部层位）普遍含有砾石，在贵州松桃两界河（林树基 等，2013）、广西三江良口（唐专红 等，2017；张启锐和储雪蕾，2006）、湖南新路河等均可见及，林树基等（2010）研究认为富禄组是多次规模较小的冰期—间冰期沉积（其中包括含古城冰期、大塘坡间冰期在内的地层）。在更接近盆地内部的宁乡-新宁地层小区，富禄组沉积以细-中粒石英杂砂岩、长石石英杂砂岩构成主体夹条带状粉砂质板岩、绢云母板岩等为主，砾石基本未见分布，其中的冰期特征不是很明显。

古城组为含砾板岩构成的冰期事件得到普遍认可（尹崇玉 等，2015；彭学军 等，2004；王鸿祯，1986），在湘桂地区分布不稳定，在扬子地层区和江南地层区北部古城组较为特征，在裂陷槽内地层厚度大，以含砾板岩为主，向裂陷槽边部或外侧厚度变薄或缺失，少部分地区相变为富禄组顶部厚度不大的含砾石甚至不含砾石的砂岩层位，林树基等（2013）称之为富禄组两界河（或古城）冰段，而向东南部由于沉积水体较深，古城组相变为富禄组顶部层位。在传统的华夏湘桂粤地层分区，与之相对应的层位为天子地组浅变质砂岩夹板岩建造，其冰期或间冰期特征更不易识别。

冰期地层的野外识别主要依赖于其独特的沉积特征。目前认为 Sturtian 冰期可能是由若干期次组成（Macdonald et al.，2010；Fanning and Link，2004）。通过沉积时限和沉积特征两方面的对比，长安组、富禄组、古城组在湘桂地区应存在由多其次级冰期、间冰期形成的沉积，张启锐和储雪蕾（2006）提出江口冰期概念，与国际 Sturtian 冰期对比。由于其中间冰期过后的冰期具有区域性，沉积特征在各地区显示不同，更加精细的对比关系仍需进一步研究。

南华纪晚期气候再次转冷，中上扬子的广大区域为南沱组冰碛砾岩所覆盖（汪正江 等，2015）。南沱冰期与国际上Marinoan 冰期的对比已经得到一致意见（尹崇玉 等，2015；赵彦彦和郑永飞，2011；张启锐和储雪蕾，2006）。在扬子地层分区及江南地层分区桃源-中方地层小区，南沱组表现为以厚层状含砾粉砂岩、泥岩、板岩为特征的冰川底碛相沉积体，至江南地层分区南部宁乡-新宁地层小区及湘桂地层分区北部永福地区，相变为洪江组，主要为含砾段出现平行层理等沉积构造，显示出海相冰川的特征，湘桂地层分区南部金秀地区及湘桂粤地层分区，南华系顶部为正园岭组，在郴州桂阳大江边剖面（黄建中 等，1994）及江华码市梅子沟剖面（湖南省地质调查院，2004）均存在特征明显的杂砾岩层位，同时发育鲍马序列等，显示出斜坡相浊积岩特征，湖南省地质矿产局（1997）认为可能是寒冷气候下冰筏相产物，关于其冰期成因尚需进一步证实。粤北坝里组以鲍马序列发育的厚层砂岩、板岩建造为特征，表明深水盆地内部冰川影响减弱或者无。

（二）南华纪成铁和成锰事件的对比

南华纪的成铁事件位于富禄组底部，由薄层赤铁矿、磁铁矿与硅质、泥质、砂质板岩互层组成的陆缘裂谷盆地含铁建造（汤加富 等，1987），分布于桂北三江—龙胜、湖南洞口、新宁、祁东一带富禄组，直至江西萍乡、新余一带下坊组，形成于扬子陆块东南缘高能滨海环境，为新元古代富禄间冰期发生海侵形成的沉积序列（杨明桂 等，2012a，2012b；王剑 等，2001）。张启锐和储雪蕾（2006）指出铁矿层是 Sturtian 冰期地层对比的一个重要的全球性标志，也是“雪球地球”假说立论的依据之一（Hoffman et al.，1998；Kirschvink，1992），湖南洞口江口剖面上铁矿层含有砾石，仍具备冰期的沉积特征（张启锐和储雪蕾，2006）。

从目前含铁层位分布来看，在扬子地层分区铁矿层极少见，在江南地层分区北部的宁乡-新宁地层小区成铁事件区域分布稳定，而且多构成铁矿床，具有很好的对比性，而在南部宁乡-新宁地层小区富禄组底部砂岩局部含铁，在祁东一带，富禄组底部为含铁岩系，而向南至湘桂粤地层分区，湖南桂阳天子地组近基陆源浊积岩建造的底部层位为紫红色板岩夹厚 15～20 cm 条带状赤铁矿层，在粤桂交界地区的鹰扬关一带，天子地组以不含铁的砂岩建造为主。从区域分布上看，铁矿层呈带状展布，延伸方向与北侧陆块东南缘走向近一致，断续延伸达 1 000 余千米，明显受区域构造控制（汤加富 等，1987），向北西靠近扬子台地区、向南东至盆地内部含铁建造均不甚发育。

南华系成锰事件位于大塘坡组下部层位。大塘坡组是温暖气候下的间冰期沉积（李明龙 等，2019；尹崇玉 等，2015，2006），以含碳质、锰质细碎屑岩沉积为特征，在部分地区碳酸锰含量较高并形成锰矿，成矿区带沿断裂分布（杜远生 等，2015），明显受到裂陷槽分布的控制。以研究区以西的黔东北渝东地区为例，南华裂谷盆地西段各次级裂谷盆地控制了锰矿层的形成与展布（图 4.9），在盆地裂陷中心，大塘坡组厚度大，锰矿成矿作用强，形成的锰矿资源量巨大（周琦 等，2016；谢小峰 等，2015）。在扬子地层分区和江南地层分区内，与古城组冰碛砾岩层多相伴出现，在裂陷槽内地层厚度大，多含锰矿层，向裂陷槽边部或外侧厚度变薄或缺失，向南在江南地层分区南部多为含锰板岩、粉砂质板岩、含钙砂泥质板岩，很少形成锰矿层，而在华夏的湘桂粤地层分区，相当层位为天子地组中上部层位，为板岩、砂岩建造，未见含锰层位。

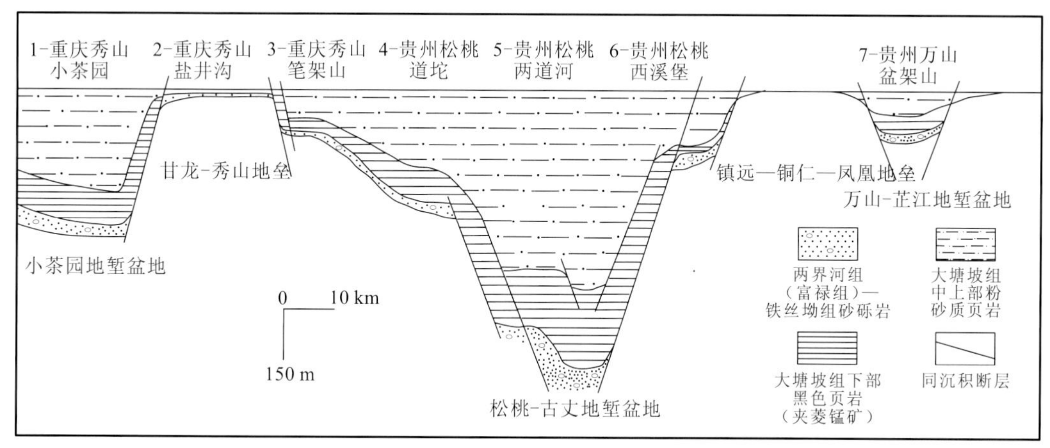

图 4.9　黔渝地区南华纪早中期南华裂谷盆地复原图（周琦 等，2016）

（三）震旦系硅质岩的区域对比

湘桂地区震旦系硅质岩分布广泛，在全区域均可见及。在扬子地层分区，震旦系下部陡山沱组以白云岩夹黑色页岩为主，其中多有硅质结核，其中产丰富的胚胎化石（刘鹏举 等，2010），向南东硅质岩层逐渐增加；江南地层分区为金家洞组页岩夹硅质岩建造；湘桂地层分区永福地区培地组底部为白云岩、板岩夹硅质岩建造，硅质岩呈夹层于板岩、白云岩间，向上以岩屑砂岩为主，为亲扬子型与亲华夏型沉积物源过渡位置；在南部湘桂粤地层分区埃歧岭组、培地组下部、老虎塘组下部，为具有深海浊积岩特征的厚层砂岩、板岩夹硅质薄层，硅质岩呈薄层状出现于砂岩建造中。

震旦系上部在扬子地层分区为灯影组/老堡组，为碳酸盐岩沉积逐步向硅质岩沉积过渡；在江南地层分区为老堡组，是极少陆源混入的厚层条带硅质岩；在湘桂地层分区，该组为老堡组/培地组顶部，其岩性为厚度开始减薄的硅质岩；在湘桂粤地层分区该组为丁腰河组/培地组顶部/老虎塘组顶部，为厚层硅质板岩夹硅质岩。

研究区震旦系硅质岩的产出很好地反映了该区沉积地层的过渡特征。硅质岩在北部成层性好、厚度大、物源混入极少，通常被认为是正常的海水沉积型硅质岩（谈昕 等，2018；张亚冠 等，2015；常华进 等，2010，2008；彭军和徐望国，2001），局部具有热水沉积的特征（杨恩林 等，2011）；而向盆地内部，这套硅质岩层变薄的同时显示了陆源物质的混入，地球化学分析显示其成因为热水型（李红中 等，2015；蔡明海和刘国庆，2000）。分布于研究区震旦系底部至中部的碎屑岩沉积，在南部主要表现为巨厚层状浊积岩砂体，这套砂体沉积向北西层位逐渐提升、厚度逐步减薄至尖灭，与硅质岩相对厚度此消彼长，表明来源于亲扬子型与亲华夏型的物源变化过程，这一过程中硅质岩能成层性产出于扬子陆块东南缘至传统的华夏区域，其成因、构造背景，甚至于在全区域是否具有等时性等问题都有待进一步详细研究。

通过湘桂地区晚新元古代沉积建造和重要事件层的对比，可知该时期地层沉积在横向上是连续变化的，存在明确的过渡区域，即为湘桂地层分区（表 4.1）。

表 4.1　湘桂地区南华系—震旦系的地层对比

地层系统		地层分区								建造			关键事件
		扬子地层分区	江南地层分区		湘桂地层分区		湘桂粤地层分区						
			桃源-中方地层小区	宁乡-新宁地层小区	永福	金秀	湘南	桂东	粤北				
新元古界	震旦系	灯影组/老堡组	老堡组	老堡组	老堡组	培地组	丁腰河组	培地组	老虎塘组	碳酸盐岩建造	硅质岩建造	硅板质岩砂岩建造夹	
		陡山沱组	金家洞组	金家洞组	培地组	培地组	埃歧岭组						635 Ma
	南华系	南沱组	南沱组	洪江组	洪江组	正园岭组	正园岭组		坝里组	含砾泥岩建造		砂岩建造板岩	成冰事件
													651 Ma
		大塘坡组	大塘坡组	大塘坡组			天子地组			含锰页岩建造		砂岩夹板岩建造	成锰事件
		古城组	古城组 富禄组	古城组 富禄组						冰碛砾岩建造 砂岩建造			成冰事件 成铁事件
													660 Ma
		莲沱组		长安组			泗洲山组			冰碛砾岩建造			成冰事件
													720 Ma
	青白口系	? 冷家溪群	板溪群/高涧群	板溪群/高涧群			大江边组			砂岩板岩建造			

三、典型剖面沉积特征

（一）湘鄂交界通山地区

扬子陆块内部南华系发育较为局限，地区性特色明显（汪正江 等，2015），其与东南缘盆地在地层对比方面仍然存在分歧。通山地区处于扬子地层区下扬子地层分区与江南地层分区交界处，南华系发育齐全，兼具扬子陆块区与东南缘盆地区的共同特征，为不同相区南华系对比建立了很好的桥梁（宋芳 等，2016b）。

通山地区南华系主要分布于通山县周边及幕阜山北麓。较为系统的地质调查始于湖北省区测队 1966 年开展的 1∶20 万通山县幅区域地质调查。1∶5 万区域地质调查工作中将该区南华系（原称下震旦统）划分为莲沱组和南沱组（湖北省区域地质矿产调查所，1999；湖北省地质局第四地质大队，1984）。湖北省地质矿产局（1990）将通山县石门塘水库剖面下震旦统重新划分为莲沱组、古城组、大塘坡组和南沱组，随后夏文杰等（1994）划分了该剖面沉积相类型，赵银胜（1995）详细研究了该剖面的微古植物化石组合。本书在通山县以北四斗朱水库旁测量南华系莲沱组—南沱组剖面，该剖面出露齐全、层序完整、界线清晰，露头特征如图 4.10 所示，剖面描述见宋芳等（2016b）。

通山地区莲沱组厚度 355.46m，为紫红色、青灰色厚-中层状砾岩、砂岩、细砂岩，中夹薄层粉砂岩、凝灰质粉砂岩、凝灰岩等。下部（第 1～4 层）厚 34.12m，为青灰色、肉红色厚层-块状石英细砾岩、变质中粗粒石英砂岩，夹紫红色绢白云母化细粒凝灰岩[图 4.10（a）、（b）]，基本层序自下而上为砾岩、（粗）砂岩，单个基本层序厚 3.7～6.5 m，可见有 10 个层序，垂向叠置表现为退积型，属河道相。向上（5～31 层）由以紫红色厚层状中-粗砂岩渐变过渡至紫红色、灰绿色厚层中-细砂岩，夹粉砂岩、千枚状变余层状沉凝灰岩、沉凝灰质千枚岩及熔结凝灰岩，基本层序为粗（中）砂岩至粉砂岩[图 4.10（c）]，单个层序厚 0.14～2.85 m。该段厚度 321.34 m，由下至上发育大型板状斜层理、平行层理、水平层理，为心滩向河口湾过渡的沉积单元[图 4.10（d）]。值得注意的是，研究区莲沱组多层为凝灰岩或含凝灰质，反映该组沉积期具有一定程度的火山活动，是很好的区域对比标志。

古城组厚 5.20～7.66 m，下部为青灰色轻变质泥质含砾不等粒花岗质砂岩，砾含量约 20%，砾径以 2～4 mm 为主，最大可达 3 cm，呈次棱角-次圆状；砾石未见明显定向，成分复杂，下部含砾量较少；砾石显示较为明显的冰成特征[图 4.10（e）]，但基质较粗为砂岩。上部为灰白色中层状条带粉砂岩[图 4.10（f）]，水平层理发育。含砾砂岩与细砂岩组成明显的“二元结构”，应属冰下河道相沉积。

大塘坡组厚 1.95～2.96 m，下部以黑色薄层状碳锰质泥岩为主，见砂岩团块、黏土等[图 4.10（g）]。上部为青灰色中层状泥岩，此层在石门塘剖面为灰色条带状含白云石泥岩，厚达 13.63 m（湖北省地质矿产局，1990），为气温回升的间冰期沉积。

南沱组厚 95.12 m，岩性为青灰色含砾、巨砾泥岩夹变质含砾沉凝灰岩，砾石分选差，砾径由数毫米至数十厘米不等，主要为次棱角-次圆状，成分较复杂，见硅质、石英质、砂质、花岗质等[图 4.10（h）]。南沱组底部未见刨蚀痕迹，且底部砾石较小、磨圆较好，显示流水参与沉积作用。

化学蚀变指数（chemical index of alteration，CIA）的概念由 Nesbitt 和 Young（1982）提出，起初是根据长石矿物在风化过程中 Al_2O_3 的摩尔分数判别物源区风化程度的一种地球化学方法，随着研究深入，该方法被应用于沉积地质体沉积时期的气候判别（Nesbitt and Young，1984）。而成分变异指数（index of compositional variability，ICV）则用于判别沉积地层是否经历过再沉积或者是在强烈风化条件下的沉积（Cullers and Podkovyrov，2002）。铝元素易于在温暖气候条件下迁移并富集，硅元素则相反，因而 SiO_2/Al_2O_3 可作为物源区未变化条件下气候变化的标定值之一，气候越是寒冷干旱，其值越高。

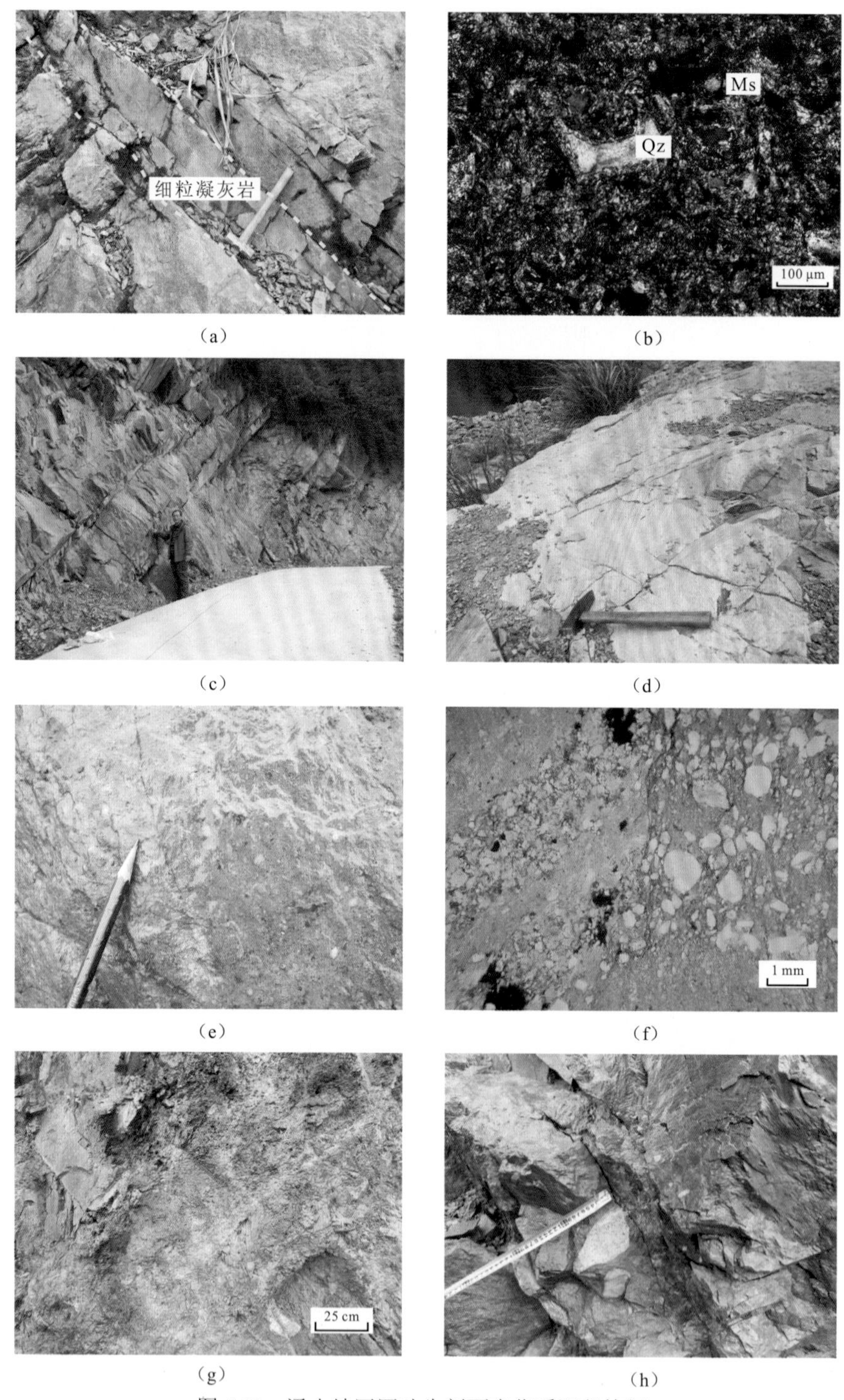

(a)　(b)　(c)　(d)　(e)　(f)　(g)　(h)

图 4.10　通山地区四斗朱剖面南华系沉积特征

(a) 莲沱组（第 2 层顶部）细粒凝灰岩；(b) 细粒凝灰岩 样品号：SD-2b 显微照片 200× 正交偏光；(c) 莲沱组（第 12 层）基本层序特征；(d) 莲沱组（第 12 层）平行层理；(e) 古城组下部（第 32 层）含砾不等粒花岗质砂岩；(f) 古城组条带粉砂岩（第 33 层）中塑性变形滑塌砾块，样品号 SD-33b，25× 单偏光；(g) 大塘坡组下部（第 34 层）碳质锰质条带状含黄铁矿泥岩；(h) 南沱组（第 38 层）冰碛砾岩

由图 4.11 可见，来自莲沱组的 5 个样品，ICV 值基本上小于 1，CIA 值为 50～70，SiO_2/Al_2O_3 普遍为 3～4，显示出莲沱组沉积期，通山地区气候较为温和；而大塘坡组样品 ICV 值低于 1，CIA 值大于 70，同时 SiO_2/Al_2O_3 低于来自莲沱组的大部分样品，表明大塘坡组沉积期通山地区气候转为炎热，沉积区风化加强；南沱组则十分明确地具有高

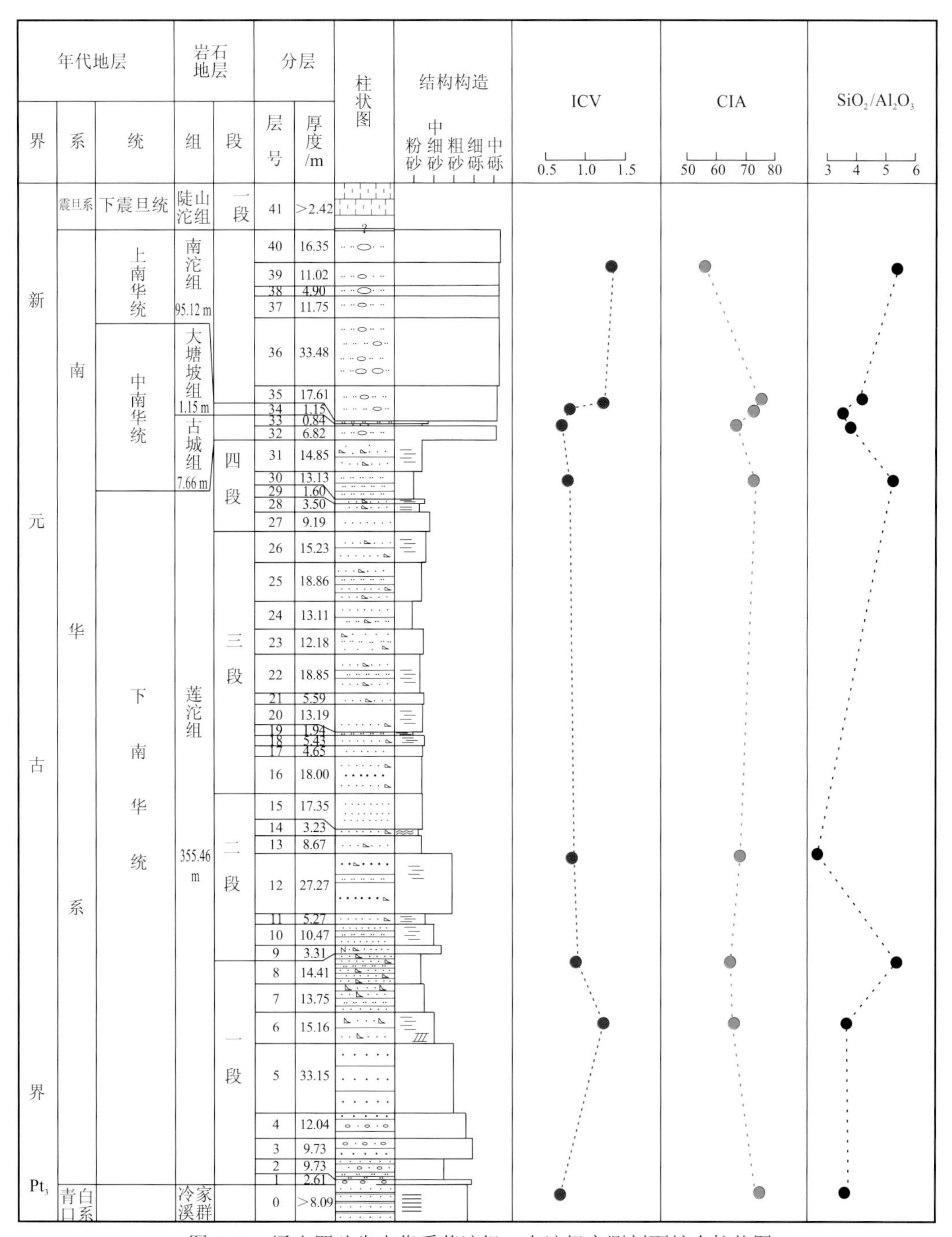

图 4.11　通山四斗朱南华系莲沱组—南沱组实测剖面综合柱状图

ICV、低 CIA 和高 SiO_2/Al_2O_3 的特点，表明通山地区在南沱组沉积期气候寒冷干燥，分化程度低的特征。

一般认为通山地区南华系与下伏地层接触关系在扬子陆块内部为角度不整合（邓乾忠 等，2015；Du et al.，2013；黄照先，1989；赵自强 等，1985），东南缘盆地区为假整合（彭学军 等，2004）。湘鄂交界通山地区位于扬子陆块与东南缘的交界地带，前人研究（赵银胜，1995；湖北省地质矿产局，1990）认为南华系与下伏地层为角度不整合接触，作者认为莲沱组与下伏层位为假整合，主要证据为上下岩层产状一致，底砾岩发育清楚[图 4.12（a）]，厚 0.1 m，砾石磨圆度较好，以石英质为主[图 4.12（b）]。1∶5 万通山幅和宝石河幅区域地质调查时在本书实测剖面北部的寨下洞（成家洞）确认两者呈角度不整合（湖北省区域地质矿产调查所，1999）。经实地考察，发现该剖面冷家溪群顶部板岩中发育两条小型断裂，对其岩层产状产生影响，在剖面上部露头显示出角度不整合（图 4.13），但中下部，尤其是下部近河流处，莲沱组砂岩与冷家溪群板岩岩层产状一致，显示出假整合接触特征，所谓的角度不整合可能是两者间断层影响所致。为确认这一接触界面，作者考察多条路线，发现多处假整合接触的点位（宋芳 等，2016b），故本书认为，湘鄂交界通山地区莲沱组与下伏层位为假整合接触，区域上记述的角度不整合界面尚需要进一步核实。

（a）四斗朱剖面莲沱组与冷家溪群接触关系（第1层与第0层）

（b）四斗朱剖面莲沱组底部砾岩特征

（c）四斗朱东古城组与莲沱组接触关系

（d）四斗朱东南沱组与大塘坡组接触关系

图 4.12　湖北省通山四斗朱地区南华系接触关系

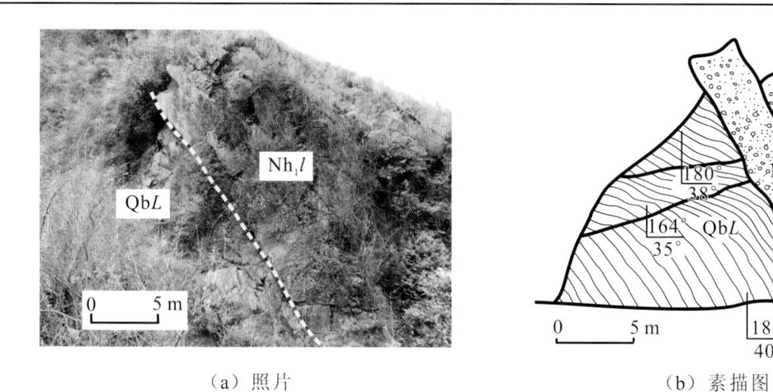

(a) 照片　　(b) 素描图

图 4.13　寨下洞莲沱组砂砾岩与冷家溪群板岩接触关系照片及素描图

古城组在扬子陆块内部及东南缘与下伏莲沱组为假整合（彭学军 等，2004；湖北省地质矿产局，1996）。湘鄂交界通山地区古城组与莲沱组的接触关系存在假整合（湖北省地质矿产局，1990）和整合（赵银胜，1995）两种认识。本书测制四斗朱剖面及辅助剖面显示，古城组下部含砾层位基质为细砂质，且与莲沱组的区别仅为细小冰碛砾石的有无；接触界面平直、岩层产状一致，未见明显剥蚀现象等沉积间断标志[图 4.12（c）]；根据上述特征，作者认为其与下伏莲沱组为连续沉积，整合接触。

南沱组在华南分布广泛，与大塘坡组在陆块内部及其周缘呈假整合接触（彭学军 等，2004；湖北省地质矿产局，1990）。在通山地区，前人有假整合（湖北省区域地质矿产调查所，1999）和整合（赵银胜，1995；湖北省地质矿产局，1990）两种意见。作者认为该地区南沱组与大塘坡组为整合接触，主要证据是大塘坡组与南沱组岩性渐变，大塘坡组顶部 0.8～1.1 m 为青灰色中层状泥岩[图 4.12（d）]；在石门塘剖面，泥岩、粉砂质页岩厚度达 13.63～26.0 m（赵银胜，1995；湖北省地质矿产局，1990）；南沱组与大塘坡组区别仅为含砾，且砾石含量自下而上逐渐增多，两者之间无明显的剥蚀现象；故湘鄂交界通山地区南沱组与大塘坡组应为整合接触。

湖北及相邻地区新元古代中晚期大地构造单元划分为扬子陆块鄂西拗陷盆地和鄂中隆起，北侧为扬子陆块北缘弧后裂谷盆地，南侧为扬子陆块东南缘湘桂断陷盆地、皖南断陷盆地及江南古陆。鄂中隆起北西—南东向分布，在南华纪面积逐渐缩小，至震旦纪发展为台地。江南古陆地势较低，震旦纪为台缘斜坡—台盆，沉积相受古地理环境控制明显（夏文杰 等，1994）（图 4.14）。通山地区位于鄂中隆起南东部，总体上处于扬子陆块内部向东南缘盆地的过渡地带，地层对比具过渡特征。

莲沱组只分布在扬子陆块内部及其边缘地带，其岩性特征总体为下部砾岩层，向上以紫红色、灰绿色凝灰岩、凝灰质细砂岩、凝灰质岩屑砂岩等为主，在扬子陆块内部及其边缘地区具有很好的可对比性，根据所处位置的不同古地理环境，具有不同特征：如在冲积扇发育的京山地区，砾岩层厚度大，砾石成分相对复杂；在河口湾发育的石门杨家坪地区，“漂水河组”下部砾石层较薄，砾石成分趋于单一，中下部以紫红色长石石英砂岩为主，向上石英质减少粒度变细，近顶部以灰绿色为主，发育斜层理、交错层理、板状层理、楔状层理、爬升层理及平行层理等；通山地区与其在岩性组合较为相似，但通山地区河道相更为发育，而杨家坪地区河口湾相沉积厚度较大，两地底部砾石层厚度

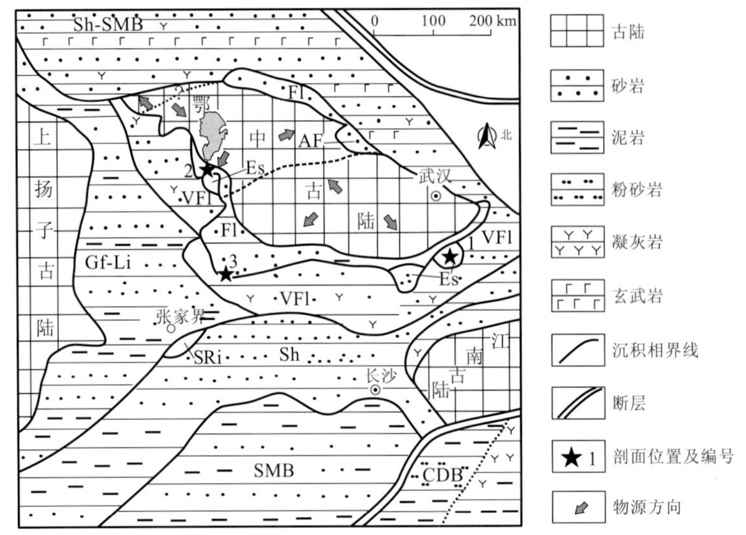

图 4.14　鄂中山地周边莲沱组沉积期岩相古地理略图（宋芳 等，2016b；夏文杰 等，1994）

Sh 为浅海陆棚相；VFl 为火山河流相；Gf 为海湾相；Li 为海岸相；SRi 为水下隆起；SMB 为棚缘盆地相；CDB 为陆缘深盆相；Es 为河口湾相

相差较大，杨家坪剖面为 6.36 m，而在四斗朱剖面厚达 34.11 m，同时，杨家坪剖面中上部槽状层理、爬升层理及波状层理等与波浪作用相关的层理发育，四斗朱剖面则不具备这种特征；故本书认为，通山四斗朱与石门杨家坪两剖面具有比较相似的沉积环境，但受鄂中古陆古地形控制，通山四斗朱剖面由于更靠近古陆且具有较陡的坡度（夏文杰 等，1994）更多地显示了山前冲积扇的沉积特征，石门杨家坪则主要为河口湾沉积；另外两地下伏地层有所不同，杨家坪地区下伏板溪群张家湾组（张启锐和储雪蕾，2006；杨彦均 等，1984），而通山地区为冷家溪群；在河流—砾质滨岸沉积的岳阳地区，上部主要岩性为浅灰白色中粒变质石英砂岩，与通山地区莲沱组下部层位较为相近。

湘鄂交界通山地区莲沱组岩性与扬子陆块内部特征相同，可以进行很好的对比；然而莲沱组与下伏层位呈假整合接触，这明显与扬子陆块内部的角度不整合不同，相反与东南缘盆地具有共性，如江口观音田表现为富禄组（本书仍按传统认识对比）与下伏板溪群呈假整合接触（湖南省地质矿产局，1997）。

古城组零星分布在扬子陆块内部及东南缘部分地区，普遍认为其为典型的冰川沉积层。扬子陆块内部，古城组在长阳古城（赵自强 等，1985）、神农架坪阡、石门杨家坪（杨彦均 等，1984）发育冰碛砾岩、黏土岩（板岩）、砂岩等。这一点与通山地区古城组下部可以很好地对比，但在通山地区岩性较为特征的是上部为砂岩层，其是否与冰期事件有关，尚需进一步研究，但这与贵州松桃富禄组两界河段上部 22、23 层（林树基 等，2013）极为相似，反映两地可能处于同一种沉积环境。

另外，更重要的是，通山地区古城组与莲沱组呈整合接触，这点与扬子陆块内部及周缘均不同（见本小节前文），但与东南缘深水盆地对比则表现出一致性，如湖南马金洞（湖南省地质调查院，2009a），向盆地内部具冰碛特征的古城组与下伏富禄组均为整合接触。古城组与莲沱组整合接触关系的确认，在扬子陆块的区域对比具有重要意义。汪正江等

(2015)在讨论江西休宁组与古城组的接触关系时，认为“没有发现休宁组与上覆冰期沉积之间具有明显接触关系（整合或假整合）的剖面”，这一点可以在通山地区做进一步工作有望得到解决，这为解决莲沱组和古城组时代归属问题提供了很好的研究素材。

大塘坡组岩性特征明显，是扬子陆块及周缘南华系对比的标志层之一。在古城、神农架及杨家坪地区，岩性以灰黑色、灰绿色含砾板岩及黑色碳质页岩为主；在古城地区上部见含砾砂岩（湖北省地质矿产局，1996）；这也是通山地区大塘坡组下部层位的典型岩性，可以很好地对比，但通山地区大塘坡组较为特征的也是上部层位灰色泥（板）岩，这套泥板岩是扬子陆块内部所没有的，但在扬子陆地南缘的石门杨家坪（杨彦均 等，1984）、马金洞、贵州松桃寨郎沟（张启锐 等，2012）均有见及，进入盆地内部大塘坡组仅见上部的板岩层。通山地区大塘坡组兼具扬子陆块内部与东南缘盆地的共同特征，张启锐等（2012）认为大塘坡组岩性是根据沉积相和古地理环境的不同而发生变化。

南沱组在华南地区分布稳定，以砾石较大的冰碛层为特征，但其在扬子陆块内部及其边缘均与下伏层位为假整合接触。通山地区南沱组与下伏大塘坡组岩性渐变，以是否出现含砾层位划分两者界线，这与东南缘盆地特征较为一致，如湖南新邵县龙口溪、湖南涟源市荣花溪等地（湖南省地质调查院，2013b）。通山地区南沱组也兼具扬子陆块内部与东南缘盆地的共同特征。

综上所述，鄂东南通山地区南华系处于扬子陆块内部与东南缘盆地的过渡地带，为不同相区南华系对比提供了良好的借鉴。通过进一步工作，有望确定莲沱组、古城组等关键层位的对比等。

（二）湖南宁乡地区

宁乡地区处于江南地层分区北部，扬子陆块雪峰构造带与湘桂结合带的交界处，南华系、震旦系显示过渡特征。本书测制的龙田剖面，下伏地层为青白口系板溪群多益塘组粉砂质板岩；2013 年湖南省地质调查院在本区开展 1∶25 万区域地质调查工作时，认为区域上板溪群与南华系地层为平行不整合接触；此次剖面测制过程中，在界线上掩盖较多，未能确定接触关系，故沿用前人的认识。剖面图及野外露头特征如图 4.15 和图 4.16 所示，描述见宋芳等（2019）。

该剖面长安组厚 236.53 m，总体为灰绿色块状含砾粉砂岩、砂岩、杂砂岩等；砾石含量不均匀，在 5%～30%变化，砾石普遍分选不好、磨圆一般；砾石成分以石英质为主，可见板岩、砂岩、花岗岩等；岩层整体未显示层理，部分层位为典型的冰碛砾岩[图 4.16（a）、（b）]。

富禄组厚 32.83 m，为灰绿色厚层-块状岩屑砂岩、（长石）石英砂岩等，部分层位平行层理较为发育；总体向上粒度变细，石英含量增多，整体石英质含量较高且层间见一冲刷面；成分成熟度高、水动力条件较强；顶部 1.5 m 偶见 2～5 mm 砾石，砾石成分单一为石英质，磨圆较好为次圆状，可能为冰期层位，因其厚度薄，且以砂岩为主，仍归属为富禄组顶部；与下伏长安组接触面不平直，岩性变化不大，以石英砾（2 mm）消失分界，无明显风化面、底砾岩及跳相，为整合接触。

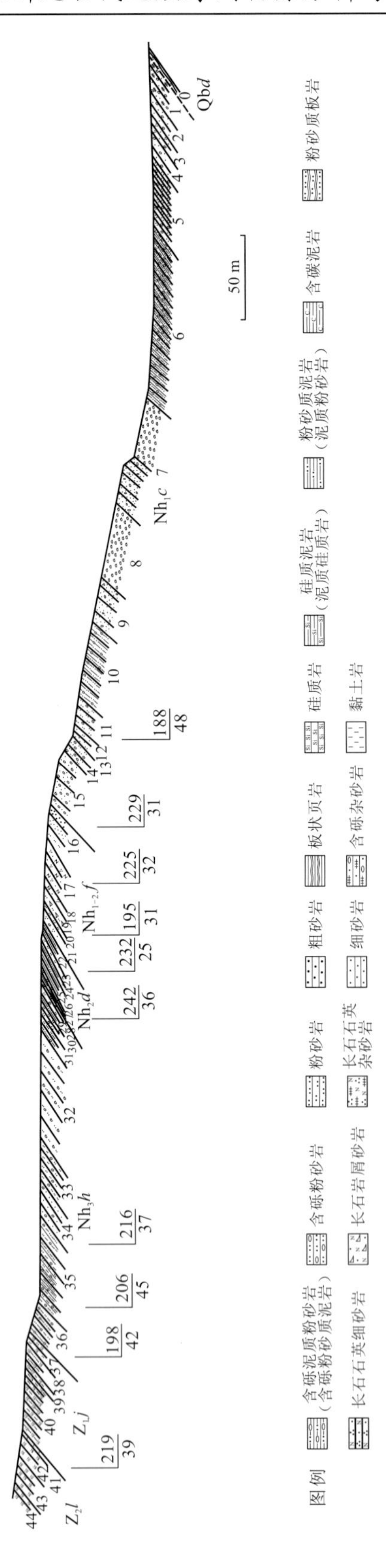

图 4.15　宁乡龙田南华系长安组—震旦系金家洞组实测剖面图

Qb*d*为多益塘组，Nh_1c为长安组，$Nh_{1-2}f$为富禄组，Nh_2d为大塘坡组，Nh_3h为洪江组，Z_1j为金家洞组，Z_2l为老堡组

（a）（b）（c）（d）（e）（f）（g）（h）

图 4.16　湖南宁乡市龙田菜花田剖面南华系—震旦系沉积特征

（a）～（b）长安组含砾粉砂质泥岩；（c）～（d）大塘坡组碳质锰质粉砂岩；（e）洪江组与大塘坡组界线；（f）洪江组含砾粉砂质泥岩；（g）留茶坡组与金家洞组界线；（h）留茶坡组硅质岩

大塘坡组厚 1.44 m，底部为粉砂质泥岩夹 5～30 cm 不等的锰土层，其中穿插顺层的石英脉数条，岩层易风化，植被覆盖严重；向上该组为灰绿色-灰黑色中-厚层粉砂岩、粉砂质泥岩（板岩）[图 4.16（c）、（d）]。与下伏富禄组整合接触。

洪江组厚 141.26 m，为灰绿色中层-块状含砾粉砂岩、粉砂质板岩等，底部显示较明显层理，发育坠石构造；向上层理不清晰，砾石分布不均一；顶部有薄层含砾板岩出现。接触面不平直，显示冰川刮铲，与下伏大塘坡组为整合接触[图 4.16（e）、（f）]。

金家洞组厚 31.36 m，为灰色硅质板岩、硅质粉砂岩、泥质硅质岩等；部分层位风化为白色泥质；褶皱较为发育；岩性变化较大，与下伏洪江组呈整合接触。

老堡组厚 45.58 m，为灰黑色、灰白色硅质岩，纹层极其发育，与金家洞组整合接触[图 4.16（g）、（h）]。

湘中地区在南华纪处于扬子台地区向盆地区的过渡地带，南华系出露完整。长安组广泛分布于湘黔桂等地，是扬子东南缘的一套冰碛砾岩，是华南首先出现的冰成沉积体，该剖面长安组厚度、含砾特征等与洪江组相比，均显示了冰川活动更强烈的特性。在扬子地台内部的峡东地区、通山地区（宋芳 等，2016b）及研究区北西的桃源马金洞剖面均没有长安组或者没有稳定的长安组出露，菜花田剖面应为长安组出现的北界。

富禄组在湘桂地区普遍分布，是长安组冰期沉积之后的一套粗碎屑沉积，由于冰期发展的阶段性和区域性，部分地区含砾石，该剖面未见典型的古城组，但富禄组顶部砂岩层含有砾石层，其应为冰期沉积物，属古城组相变层位。林树基等（2010）对湘黔桂交界区富禄组进行了详细研究，也表明富禄组并不是一个纯粹的间冰期沉积。大塘坡组均认为属冰期后温暖气候条件下的沉积。南沱冰期是冰川活动最剧烈的时期，结合剖面上洪江组层理较为发育的情况，本剖面洪江组应为大陆冰川相向浅海冰筏相沉积的过渡地区，是南沱组的相变层位。

本剖面金家洞组相比扬子地层分区的陡山沱组，缺少碳酸盐岩沉积，相变为硅质页岩、硅质粉砂岩及泥质硅质岩等，也是扬子地层分区向江南地层分区过渡的标志。

（三）桂林永福地区

永福地区位于湘桂地层分区和湘桂粤地层分区的交界处，南华系和震旦系均显示了过渡特征。本区南华系在永福大园沟等地分布有洪江组冰碛砾岩，向南至金秀则无明确的冰碛砾岩层，永福地区也是本书认为明确的南沱冰期砾岩沉积分布最南的一个点。同时，该地区震旦系整体岩性兼具湘桂粤地层分区培地组砂岩及扬子地层分区、江南地层分区的碳酸盐岩及硅质岩的沉积特征。本次实测桂林永福剖面，描述如下。

上覆地层：寒武纪清溪组（ϵ_1q）

36. 深黑色薄层状碳质硅质页岩　　厚 >0.4 m

——————整　合——————

老堡组（Z_2l）　　厚 25.4 m

35. 深黑色薄层状含碳质硅质岩，偶夹黄灰色硅质岩、硅质粉砂岩；　　3.5 m
34. 灰黑色薄层状硅质岩；　　5.5 m
33. 下部为灰白色中层状硅质岩，向上变为薄层，颜色变深有褐红色、深灰色；　　2.2 m
32. 灰白色厚层状硅质岩，有不明显条带，向上变为薄层，中部脉体较多，部分为方解石；　　14.2 m

————整　合————

培地组（Z_1p）　厚 377.5 m

31. 灰白色中层状硅质岩，向上为青灰色中层状石英砂岩夹碳质页岩、泥岩；顶部为深红色厚层状硅质岩；中部泥岩共 6 层，砂岩：泥岩≈3：1；顶部硅质岩下部层位见灰白相间条带；　6.5 m

30. 青灰色风化后为灰绿色、灰褐色厚层状岩屑砂岩、石英砂岩夹青灰色薄层状泥岩，泥岩共 4 层，厚度为 30～40 cm，砂岩：泥岩≈4：1；　21.8 m

29. 灰色薄层状硅质岩，顶部约 20 cm 为泥岩夹 6 cm 硅质岩；　3.0 m

28. 土黄色厚层状岩屑砂岩，夹黄铁矿团块，向上为青灰色薄-中层状细砂岩夹深灰黑色泥岩；　44.2 m

27. 灰白色、灰色块状硅质岩夹重晶石（?）脉体，上部有中层状粉砂质泥岩及岩屑砂岩夹 43～50 cm 硅质岩；　4.1 m

26. 灰褐色厚层状岩屑石英砂岩夹薄层状泥岩；　176.5 m

25. 浅灰色中-厚层状岩屑砂岩、粉砂岩，向上整体变细，风化后为土黄色，风化面部分为褐色，白云母含量变少；顶部约 2 m 为薄层状泥岩，颜色偏绿；　24.9 m

24. 灰绿色厚层状长石石英砂岩，白云母较多，风化后为土黄色；　10.8 m

23. 灰色中-厚层状长石石英砂岩，白云母较多，中夹薄层状青灰色泥岩数层；　3.5 m

22. 浅灰色中-厚层状硅质岩夹青灰色、灰色中层状石英岩屑砂岩，砂岩中白云母较多，偶见硅质团块，硅质岩风化面多为褐红色，硅质岩：砂岩≈4：1；　4.1 m

21. 灰黑色碳质硅质粉砂岩、硅质岩，与上覆层位及下伏层位均为断层接触，断距小；　4.7 m

20. 褐黄色、灰白色薄层状泥岩、粉砂质泥岩，与上覆层为断层接触；　3.6 m

19. 青灰色风化后为土黄色粉砂岩、粉砂质泥岩，下部为薄层、向上增厚至中层；底部有硅质团块；顶部 80 cm 为白云质粉砂岩；　9.0 m

18. 土黄色、黄褐色薄层状泥岩、粉砂质泥岩；　22.0 m

17. 灰色极薄层状粉砂岩与灰绿色薄层状粉砂岩互层，风化后有土黄色、红褐色，向上露头变差；中部夹白云岩；　32.0 m

16. 乳白色、青灰色薄层状硅质岩夹黄铁矿晶体，向上陆缘碎屑增多，可见颗粒；　2.2 m

15. 灰白色风化后为土黄色含砾白云质粉砂岩，砾石不均匀，成分复杂；　2.0 m

14. 墨绿色-青灰色薄层状硅质泥岩，部分层位风化后为紫红色、深褐色；　2.5 m

————整　合————

洪江组（Nh_3h）　厚＞249.1 m

13. 灰色含砾粉砂质泥岩，底部及顶部成层明显；　19.9 m

12. 浅灰色含砾泥质粉砂岩，砾石砾径多超过 5 mm；　26.3 m

11. 黄灰色块状含砾粉砂岩，砾石含量较少，部分层位基质石英含量高；　33.6 m

10. 青灰色块状含砾石英粉砂岩，砾石分布不均匀，向顶部砾石变少；　49.1 m

9.灰色含砾泥质粉砂岩，底部约 5 cm 处发育褐色条带；距底部约 10 cm 处见风化后为褐色的锰土（?）团块，有坠石构造；　5.2 m

8. 青灰色含砾粉砂岩，砾径达 3 cm，以石英质为主且分布不均匀；　33.0 m

7. 灰色块状含砾粉砂质泥岩，多见砾石风化后为褐色点状，砾径约 3 mm，部分层位砾石可见定向排列；　28.7 m

6. 黄灰色含砾泥质粉砂岩，砾径由下向上变小；　16.9 m

5. 灰绿色含砾粉砂岩，砾石以石英质为主，分选差、磨圆一般，砾径由下至上变小；　14.2 m

4. 青灰色块状含砾粉砂岩，砾石分选差，扁平状砾石可见定向分布，偶见泥砾；　4.3 m

3. 黄灰色块状含砾粉砂质泥岩，砾径多超过 1 cm，含量约 13%，部分层位砾石有定向排列趋势；　5.6 m

2. 青灰色块状含砾泥质粉砂岩，砾径变大、含量高，无明显定向排列；　3.3 m

1. 青灰色块状含砾粉砂岩，砾石以石英质为主，多见青灰色、灰白色，砾径 0.3～2 cm 不等，无定向排列，含量约 10%；未见底。　>9.0 m

关于本剖面的地层划分方案及沿革见本章第一节第四部分。该剖面下部出露地层为南华系洪江组，出露厚度 249.1 m，总体岩性为灰色块状含砾粉砂岩、含砾泥质粉砂岩、粉砂质泥岩，所含砾石分选差、磨圆一般，显示冰碛砾特征，部分层位砾石呈扁平状且有定向排列，砾石砾径大不超过 3 cm，为海相冰川沉积[图 4.17（a）]。

震旦系下部为培地组，厚 377.5 m，底部 6.7 m（剖面 14～16 层）为青灰色、灰白色薄层状硅质岩、硅质泥岩夹含砾白云质粉砂岩，下部（剖面 17～20 层）为灰色薄层状粉砂岩、粉砂质泥岩、泥岩夹少量白云质粉砂岩、白云岩，厚 66.6 m。中上部（剖面 21～26 层）为灰色中-厚层状岩屑（石英）砂岩、长石石英砂岩夹泥岩、硅质岩、硅质粉砂岩，厚 224.5 m；上部（剖面 27～31 层）为灰色、灰白色薄层状-厚层状硅质岩夹青灰色中厚层状岩屑砂岩、石英砂岩、碳质页岩、泥岩等，厚 79.6 m [图 4.17（b）、（c）]。

震旦系上部老堡组厚 25.4 m，岩性为硅质岩，整体上单层厚度由下部以厚层为主向上渐变薄至薄层，颜色由灰白色渐变为深黑色，顶部薄层硅质岩碳质含量较高，部分层位见条纹，地貌特征明显[图 4.17（d）]。

该剖面最大的特点是代表扬子区典型特征的冰碛岩、硅质岩与代表华夏区典型特征的砂岩同时出现。南华系洪江组冰碛岩特征明显，震旦系岩性变化特征由下而上为硅（泥）质岩、浊积岩砂体、硅质岩，与华夏陆块广泛分布的培地组中下部（除顶部硅质岩）特征相同，同时顶部硅质岩几乎没有陆源混入、层厚较大且条带发育，具备扬子陆块震旦系顶部硅质岩特征；综合上述，该区在新元古代晚期应处于扬子—华夏两大地质单元沉积过渡、转换地带，两个非常重要的转换界面——南华系与震旦系界线、震旦系下统/上统，从冰碛砾岩向浊积岩的过渡、再由深水相化学沉积向陆源碎屑岩过渡的特征（图 4.18），这种沉积过渡界面与物源转换可能有相关性。这种过渡特征在湘桂地区空间分布较为明显，由图 4.18 右图可以看出，南华纪晚期在永福一线直至金秀一带，其西为扬子型冰碛岩，而东则为正园岭组华夏型浊积砂岩。而在震旦纪早期，培地组华夏型浊积岩砂体向北西至永福一线，在震旦纪晚期，扬子型硅质岩沉积向东南延伸较远，地层厚度也存在向东南渐薄的特点。这种亲扬子型与亲华夏型沉积特征的空间层布变化反映出了盆地构造演化特征。

图 4.17　广西永福地区南华系—震旦系沉积特征（野外照片拍摄于永福剖面）

（a）～（b）洪江组冰碛砾岩；（c）培地组板岩粉砂岩互层；（d）培地组上部砂岩中鲍马序列；（e）～（f）老堡组厚层状硅质岩；（g）洪江组冰碛砾岩显微特征；（h）培地组下部砂岩显微特征

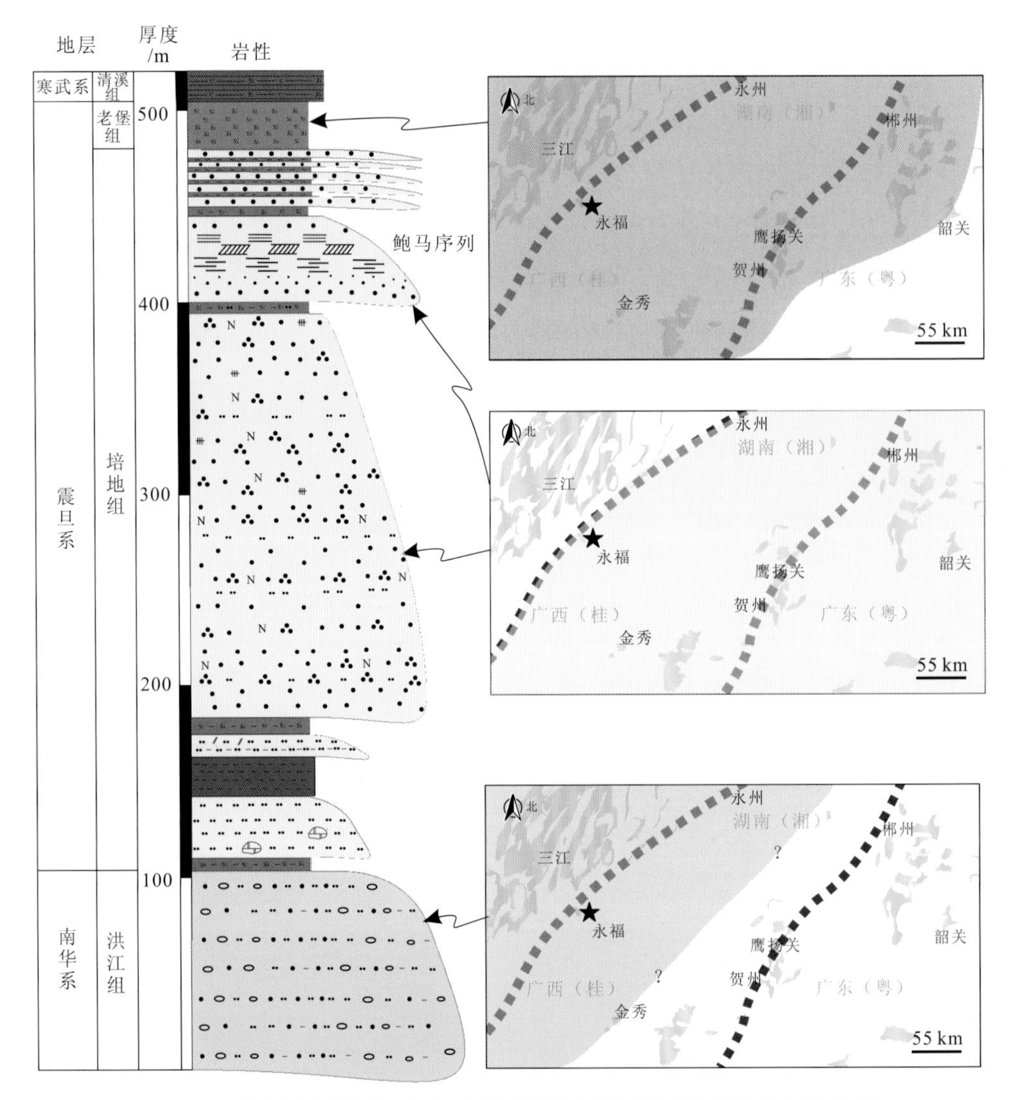

图 4.18　桂林永福剖面沉积序列及扬子型/华夏型典型沉积物空间分布图

图左为永福剖面沉积序列，图右为各种类型沉积体的区域分布，蓝色为南华系顶部冰碛砾岩分布区域，黄色为震旦系下部砂岩分布区域，灰色为震旦系顶部硅质岩分布区域

第二节　沉积地球化学特征

沉积岩的化学组成对古气候、物源区性质和沉积盆地构造背景的约束已经有大量研究证实（顾雪祥 等，2003a，b；McLennan et al.，1995，1990；Gu，1994；Bhatia and Crook，1986；Roser and Korsch，1986；Taylor and McLennan，1985；Nesbitt and Young，1984，1982；Bhatia，1983），本书在野外地质特征基础上，采集南华系砂岩、硅质岩样品进行了主量元素、微量元素及稀土元素的地球化学分析，结合研究区内 1∶25 万区域地质调

查已有成果，探讨研究区南华纪—震旦纪构造背景。

一、地球化学数据特征

共采集来自扬子东南缘的南华系砂岩地球化学样品 8 件；震旦系砂岩地球化学样品 17 件，其中扬子东南缘永福剖面 8 件，湘桂粤地层分区新秦剖面 9 件；砂岩地球化学样品的主量、微量及稀土元素的测试分析结果见表 4.2；研究区涉及 1∶25 万怀化市幅等 10 幅区域地质调查报告，以及由中国地质调查局武汉地质调查中心（2015）完成的 1∶5 万南乡幅、上程幅、福堂圩幅、小三江幅区域地质矿产调查报告。

（一）扬子东南缘地球化学数据特征

1. 主量元素特征

宁乡菜花田剖面南华系砂岩 SiO_2 含量中等，为 64.74%～82.58%，Al / Si 值为 0.12～0.28，平均值为 0.21；K / Na 值变化大，为 1.21～65.20，平均值高达 42.11；CaO 含量较低，为 0.06～0.77；永福剖面 SiO_2 含量为 71.54%～99.26%，CaO 平均值为 0.09，Al / Si 值为 0.08～0.26，K/Na 变化很大，为 4.9～60.77，且多数在 50 以上；以上结果与区内扬子东南缘 1∶25 万区域地质调查报告取得的地球化学数据特征一致。

2. 微量元素及稀土元素特征

龙田菜花田剖面采集的南华系砂岩中，大离子亲石元素 Rb、Sr、Ba 含量变化较大，Ba 与 Rb、Sr 含量呈明显负相关；Ba 的平均含量远高于 PAAS 及上陆壳，Sr 的含量则明显低于显生宙不同构造环境下杂砂岩平均值；Rb 平均含量较为接近大陆岛弧及被动大陆边缘；高场强元素 Zr、Hf、Th 含量变化大，Zr 平均值接近活动大陆边缘，Hf 平均值介于大洋岛弧和 PAAS 之间；Th 平均值接近于大陆岛弧；Sc、V、Co、Cr、Ni 等铁镁族元素则在变化趋势上较为一致。微量元素特征与区内 1∶25 万区域地质调查取得数据特征一致。

永福剖面 Rb、Sr、Ba 变化较为一致，Rb 平均值介于 PAAS 和上陆壳平均值之间，Sr 平均值较低而 Ba 平均值较高；铁镁族元素含量较低。

南华系龙田菜花田剖面样品 La、Ce、Nd 及 ΣREE 均接近于大陆岛弧平均值；震旦系永福剖面稀土元素整体较为接近大陆岛弧水平。

（二）湘桂粤地层分区地球化学数据特征

1. 主量元素特征

新秦剖面震旦系砂岩样品 SiO_2 含量为 56.68%～78.75%，CaO 含量平均值为 1.20%，Al / Si 为 0.12～0.36，K / Na 为 0.91～4.31，且多数低于 3.0。

据 1∶5 万南乡幅、上程幅、福堂圩幅、小三江幅区域地质矿产调查报告（中国地质调查局武汉地质调查中心，2015）南华系剖面天子地组杂砂岩（原岩，下同），正园岭

表 4.2 砂岩地球化学测试数据表

元素	编号	15NH-22-2h	15NH-22-3h	15NH-23-1h	15NH-26-1h	15NH-26-2h	15NH-29-1h	15NH-30-1h	15LXQ-2h	15LXQ-3h	15LXQ-4h	15LXQ-5h	15LXQ-6h	15LXQ-7h	15LXQ-8h	15LXQ-9h	15LXQ-10h
	层位	Z_1d							ZL								
主量元素/%	SiO_2	87.26	80.56	71.13	68.81	73.30	98.76	74.81	74.95	56.66	74.01	74.93	64.61	70.31	53.84	56.81	75.74
	Al_2O_3	6.59	7.40	14.27	17.87	12.20	0.29	12.95	9.43	20.22	9.51	10.80	15.75	11.25	22.09	20.15	8.87
	Fe_2O_3	0.27	2.87	1.01	1.09	2.04	0.06	1.68	1.12	0.57	0.46	0.55	1.66	0.59	1.45	1.38	0.46
	FeO	0.80	1.62	2.80	0.58	2.08	0.10	0.33	2.75	5.68	3.45	3.20	4.40	3.70	5.40	5.35	2.95
	CaO	0.05	0.15	0.06	0.09	0.17	0.03	0.03	1.94	0.38	1.79	0.74	0.37	2.11	0.49	0.25	2.24
	MgO	0.81	0.83	2.03	1.16	1.94	0.08	0.88	1.94	3.72	2.16	2.05	2.89	2.23	3.49	3.68	1.72
	K_2O	2.01	2.19	3.42	5.52	4.09	0.10	5.87	1.73	5.37	1.91	2.51	4.19	2.00	5.40	5.39	1.75
	Na_2O	0.04	0.04	0.70	0.10	0.21	0.00	0.11	1.57	1.25	1.70	1.56	1.40	2.20	1.71	1.32	1.65
	TiO_2	0.30	0.41	0.68	0.85	0.64	0.03	0.61	0.63	0.85	0.60	0.73	0.74	0.68	0.94	0.90	0.60
	P_2O_5	0.05	0.10	0.10	0.12	0.15	0.03	0.06	0.13	0.16	0.13	0.14	0.17	0.16	0.16	0.16	0.13
	MnO	0.01	0.07	0.03	0.01	0.03	0.00	0.01	0.05	0.02	0.07	0.03	0.03	0.07	0.02	0.03	0.07
	H_2O^+	1.48	1.46	3.36	3.17	2.76	0.29	2.00	1.86	4.49	1.92	2.36	3.36	1.82	4.41	4.20	1.91
	CO_2	0.06	1.25	0.04	0.04	0.04	0.06	0.06	1.72	0.42	2.09	0.17	0.06	2.71	0.35	0.15	1.75
	LOST	1.47	3.45	3.18	3.33	2.59	0.34	2.56	3.29	4.07	3.68	2.23	3.04	4.13	4.19	3.78	3.34
微量元素/(μg/g)	Sc	10.29	6.49	15.42	19.32	11.62	0.83	9.19	7.80	22.90	8.77	10.45	16.87	10.67	25.34	22.63	8.00
	Li	28.92	50.13	40.75	35.70	27.61	2.13	51.51	18.04	44.51	19.82	21.15	32.15	28.39	62.99	51.82	20.43
	Co	11.22	23.48	6.21	6.80	9.99	1.65	5.25	10.65	20.68	10.93	12.33	19.19	11.05	31.41	17.47	8.79
	Cu	59.96	118.90	31.21	45.83	33.57	12.96	20.69	16.55	52.32	19.90	24.15	25.03	17.79	66.57	41.85	17.43
	Zn	18.09	52.57	68.57	38.94	52.78	3.04	18.44	60.86	79.16	46.89	57.79	99.24	60.43	122.80	110.20	54.23
	Ga	13.56	10.75	24.68	25.70	17.89	1.92	18.47	13.16	30.36	13.17	15.79	22.99	15.32	36.69	31.98	12.30

续表

元素	编号	15NH-22-2h	15NH-22-3h	15NH-23-1h	15NH-26-1h	15NH-26-2h	15NH-29-1h	15NH-30-1h	15LXQ-2h	15LXQ-3h	15LXQ-4h	15LXQ-5h	15LXQ-6h	15LXQ-7h	15LXQ-8h	15LXQ-9h	15LXQ-10h
	层位	Z_1d							ZL								
微量元素/(μg/g)	Ge	1.39	2.00	1.99	1.76	1.67	1.40	1.67	1.47	1.95	1.63	1.71	1.94	1.57	2.11	2.14	1.38
	Rb	103.20	96.58	166.60	242.20	171.80	5.06	143.40	78.70	232.20	88.11	110.40	203.90	96.55	224.60	177.90	81.86
	Zr	69.60	150.70	168.50	207.21	199.29	11.29	163.45	226.41	199.58	198.30	256.51	171.77	217.31	170.58	185.82	220.18
	Nb	5.04	5.85	11.47	14.10	9.03	0.68	10.78	7.10	14.53	7.19	9.32	11.44	7.24	19.26	15.12	6.48
	Mo	1.60	8.81	0.70	0.34	0.66	0.32	0.30	0.22	0.14	0.17	0.21	0.19	0.17	1.39	0.14	0.16
	Cd	0.02	0.12	0.07	0.04	0.03	0.02	0.02	0.10	0.01	0.03	0.02	0.02	0.06	0.08	0.04	0.09
	In	0.04	0.05	0.10	0.12	0.06	0.01	0.08	0.06	0.11	0.05	0.06	0.10	0.07	0.15	0.13	0.05
	Cs	4.65	6.12	7.66	14.91	8.86	0.30	8.51	3.51	12.28	4.95	5.46	11.65	4.53	12.60	15.93	6.00
	Hf	1.89	3.87	4.04	4.82	4.64	0.60	3.70	5.59	4.30	5.07	6.28	3.96	5.68	3.61	3.96	5.59
	Ta	0.54	0.91	1.30	1.90	1.07	0.07	1.33	0.73	1.68	0.72	0.97	1.41	0.76	2.75	2.18	0.52
	W	1.59	1.99	2.43	3.30	1.90	0.35	2.03	1.23	3.29	1.71	2.79	2.91	1.43	4.51	3.30	1.25
	Tl	0.62	0.65	0.85	1.31	0.85	0.07	0.81	0.44	1.38	0.48	0.62	1.07	0.54	1.44	1.36	0.45
	Pb	5.12	23.96	69.79	10.33	9.01	2.99	14.57	9.41	17.19	16.91	7.01	3.15	3.38	7.76	20.91	14.06
	Th	7.41	8.91	14.25	18.01	13.13	0.46	10.15	14.35	15.20	11.27	14.52	12.64	14.91	22.40	15.89	12.15
	U	1.81	2.37	2.76	4.11	2.36	0.35	1.36	2.42	4.77	2.38	3.05	2.51	3.03	5.72	3.21	2.30
	Ba	1 517.15	1 428.99	1 483.14	2 750.12	2 199.48	4 94.29	1 387.00	344.00	713.94	338.96	580.83	1275.31	320.30	714.71	726.75	302.39
	Cr	47.84	43.61	95.20	117.25	77.36	5.03	59.86	63.62	127.77	65.38	70.53	101.38	72.35	149.54	141.33	61.79
	Ni	28.24	44.29	45.13	23.01	31.71	2.56	17.39	25.46	59.07	25.68	31.76	48.72	29.52	62.25	61.30	22.21
	Sr	15.97	75.67	28.35	39.61	24.63	45.07	40.08	78.12	27.56	63.54	43.76	30.34	79.51	38.29	30.86	115.35
	V	57.88	44.12	96.15	139.30	82.39	3.76	82.33	66.10	156.50	65.91	81.24	115.50	73.63	201.30	161.70	60.94

续表

元素	编号	15NH-22-2h	15NH-22-3h	15NH-23-1h	15NH-26-1h	15NH-26-2h	15NH-29-1h	15NH-30-1h	15LXQ-2h	15LXQ-3h	15LXQ-4h	15LXQ-5h	15LXQ-6h	15LXQ-7h	15LXQ-8h	15LXQ-9h	15LXQ-10h
	层位	Z_1d							ZL								
微量元素/(μg/g)	As	42.69	591.23	74.88	22.87	9.07	8.54	16.38	17.27	32.93	9.84	2.35	0.41	6.11	16.70	4.54	4.66
	Sb	1.16	20.26	2.64	1.16	0.64	2.39	0.71	0.60	1.29	0.97	0.51	0.63	0.54	4.46	0.78	0.61
	Bi	0.45	0.61	0.94	0.63	0.35	0.02	0.22	0.17	0.62	0.21	0.14	0.15	0.16	1.57	0.51	0.19
	Sn	2.04	1.91	3.18	4.19	3.11	0.81	2.78	2.73	5.22	2.63	3.16	4.02	3.30	5.84	5.34	2.80
稀土元素/(μg/g)	La	13.87	29.47	30.71	31.85	27.82	2.44	24.07	27.40	48.48	27.80	35.62	28.95	34.09	62.42	46.73	30.00
	Ce	28.56	64.09	72.94	71.85	62.38	6.93	50.18	53.96	100.66	55.39	69.36	64.99	68.25	129.05	96.12	59.59
	Pr	3.47	7.75	9.18	9.60	7.71	0.71	5.94	6.42	11.47	6.60	8.22	8.11	8.11	14.65	11.10	7.05
	Nd	13.54	30.73	37.73	40.25	30.31	3.12	22.52	24.53	43.34	26.03	30.93	31.94	31.30	54.66	41.74	26.74
	Sm	2.84	6.41	8.54	9.06	6.10	0.74	4.30	4.71	8.00	5.22	5.96	6.36	6.46	9.26	7.59	5.21
	Eu	0.69	1.32	1.65	1.95	1.13	0.38	0.96	0.94	1.64	1.02	1.19	1.18	1.20	1.80	1.50	1.02
	Gd	2.99	5.90	8.26	9.12	5.51	0.80	3.73	4.34	7.20	4.58	5.39	5.76	5.73	7.76	6.54	4.67
	Tb	0.57	0.97	1.44	1.69	0.95	0.14	0.67	0.70	1.18	0.75	0.88	0.99	0.98	1.28	1.11	0.80
	Dy	3.35	5.16	7.46	9.34	5.22	0.89	3.87	3.81	6.54	4.02	4.79	5.34	5.26	7.27	6.09	4.20
	Ho	0.74	1.04	1.47	1.95	1.09	0.20	0.84	0.79	1.37	0.84	1.00	1.11	1.12	1.56	1.32	0.87
	Er	2.11	2.70	3.94	5.37	2.96	0.57	2.40	2.21	3.91	2.37	2.83	3.17	2.92	4.47	3.80	2.43
	Tm	0.32	0.38	0.57	0.77	0.44	0.08	0.36	0.31	0.58	0.35	0.41	0.46	0.43	0.66	0.57	0.36
	Yb	2.12	2.13	3.43	4.46	2.58	0.53	2.08	1.91	3.54	2.10	2.42	2.75	2.46	3.80	3.26	2.05
	Lu	0.36	0.33	0.54	0.74	0.42	0.09	0.33	0.32	0.57	0.34	0.39	0.45	0.40	0.62	0.54	0.34
	Y	15.21	26.25	34.70	47.75	27.10	3.58	21.12	19.69	34.80	20.76	24.61	27.75	27.43	38.54	33.05	21.72
	ΣREE	90.74	184.64	222.56	245.76	181.74	21.20	143.36	152.04	273.28	158.18	193.98	189.30	196.13	337.80	261.07	167.06

续表

元素	编号	15ch-7-1h	15ch-17-2h	15ch-20-1h	15ch-23-1h	15ch-25-1h	15ch-25-2h	15ch-26-1h	15ch-27-1h
	层位	Nh_1c	Nh_1f		Nh_2d				
主量元素/%	SiO_2	67.38	80.05	71.89	74.39	67.18	72.88	71.74	64.39
	Al_2O_3	15.54	9.78	15.02	12.49	16.61	15.99	13.57	15.52
	Fe_2O_3	1.16	0.66	2.11	1.47	2.70	0.36	1.74	1.08
	FeO	3.63	1.47	0.57	2.20	1.58	0.58	2.73	5.85
	CaO	0.74	0.18	0.10	0.05	0.04	0.01	0.09	0.35
	MgO	1.70	1.79	1.67	2.13	2.23	1.14	2.10	3.24
	K_2O	2.88	2.50	4.33	3.15	4.70	5.08	3.61	3.77
	Na_2O	2.37	0.07	0.10	0.06	0.07	0.10	0.06	0.10
	TiO_2	0.67	0.33	0.77	0.57	0.68	0.74	0.59	0.65
	P_2O_5	0.10	0.06	0.08	0.07	0.07	0.05	0.07	0.08
	MnO	0.09	0.06	0.08	0.05	0.04	0.01	0.05	0.10
	H_2O^+	2.86	2.64	3.03	2.98	3.63	2.65	3.31	4.26
	CO_2	0.31	0.06	0.04	0.04	0.10	0.04	0.04	0.17
	LOST	3.10	2.75	3.03	2.85	3.58	2.64	3.05	3.90
微量元素/(μg/g)	Sc	13.21	3.77	13.73	12.80	15.28	20.58	13.99	13.76
	Li	32.40	19.59	20.43	21.96	19.82	11.38	21.07	31.69
	Co	12.45	2.25	11.40	5.50	7.12	0.99	16.67	13.15
	Cu	25.02	5.56	20.08	32.07	68.74	7.27	28.13	61.88
	Zn	89.77	34.66	61.06	53.69	79.17	21.36	72.08	72.23
	Ga	21.06	10.99	23.69	18.87	26.30	23.77	19.52	22.47

续表

元素	编号	15ch-7-1h	15ch-17-2h	15ch-20-1h	15ch-23-1h	15ch-25-1h	15ch-25-2h	15ch-26-1h	15ch-27-1h
	层位	Nh_1c	Nh_1f		Nh_2d				
微量元素/(μg/g)	Ge	1.78	1.23	1.73	2.11	2.35	2.22	2.24	2.50
	Rb	103.20	58.85	103.00	97.49	128.70	140.50	105.10	96.27
	Zr	231.76	155.33	244.43	164.04	246.61	219.48	204.04	214.53
	Nb	9.87	4.81	15.45	12.76	30.40	17.45	14.52	16.78
	Mo	0.20	0.35	0.41	0.87	0.33	0.62	0.48	0.19
	Cd	0.04	0.03	0.19	0.07	0.12	0.01	0.04	0.03
	In	0.08	0.02	0.08	0.09	0.11	0.11	0.09	0.11
	Cs	3.96	2.25	3.78	4.33	6.18	5.84	5.29	7.15
	Hf	5.68	3.96	5.76	4.13	5.76	5.07	4.99	4.99
	Ta	1.03	0.44	1.46	1.10	2.15	1.54	1.24	1.87
	W	1.34	3.64	4.49	3.52	2.77	2.83	2.54	2.88
	Tl	0.49	0.28	0.56	0.48	0.65	0.69	0.50	0.53
	Pb	24.68	5.46	42.20	10.48	16.53	151.70	16.08	6.59
	Th	8.77	3.98	9.91	11.71	13.61	13.56	10.54	10.62
	U	1.45	0.66	3.22	1.95	2.67	3.34	2.38	1.41
	Ba	1037.34	500.27	847.59	1547.93	2375.57	2741.61	2005.64	1871.31
	Cr	32.60	17.14	56.72	52.98	59.21	54.30	54.15	74.40
	Ni	17.35	4.85	20.92	28.46	41.60	5.29	38.67	38.34
	Sr	116.24	13.23	23.38	31.87	21.88	16.78	14.14	19.17
	V	81.34	33.36	94.60	70.07	80.08	139.00	74.32	86.26

续表

元素	编号	15ch-7-1h	15ch-17-2h	15ch-20-1h	15ch-23-1h	15ch-25-1h	15ch-25-2h	15ch-26-1h	15ch-27-1h
	层位	Nh_1c	Nh_1f		Nh_2d				
微量元素/(μg/g)	As	0.94	2.22	35.97	2.32	20.85	0.58	23.45	0.71
	Sb	0.22	0.23	2.63	1.27	0.39	0.59	1.05	0.33
	Bi	0.19	0.04	0.24	0.27	0.68	0.01	0.71	0.21
	Sn	2.14	1.20	2.55	3.08	4.87	3.51	2.94	2.85
稀土元素/(μg/g)	La	32.22	15.87	46.55	36.69	46.79	39.23	33.20	31.80
	Ce	64.84	27.04	73.85	72.84	90.25	81.35	69.96	66.88
	Pr	8.03	3.32	10.51	9.00	12.34	11.33	8.62	8.12
	Nd	31.71	12.35	39.25	34.53	48.07	45.82	32.53	30.39
	Sm	6.28	2.11	6.86	6.70	9.00	9.31	6.06	5.63
	Eu	1.42	0.65	1.41	1.44	1.92	1.59	1.12	1.10
	Gd	5.52	1.80	5.16	6.16	7.06	7.99	5.38	5.33
	Tb	0.94	0.28	0.86	1.05	1.06	1.39	1.00	0.93
	Dy	5.21	1.70	4.90	5.67	5.44	7.66	5.53	5.10
	Ho	1.07	0.38	1.11	1.13	1.16	1.60	1.20	1.04
	Er	3.04	1.19	3.40	3.22	3.65	4.50	3.38	2.92
	Tm	0.44	0.18	0.54	0.49	0.60	0.69	0.50	0.44
	Yb	2.66	1.16	3.35	2.96	3.98	4.40	3.07	2.61
	Lu	0.43	0.20	0.55	0.49	0.70	0.76	0.51	0.43
	Y	26.72	9.54	26.30	27.95	27.11	38.74	28.50	26.00
	ΣREE	190.53	77.77	224.62	210.33	259.13	256.35	200.54	188.72

组杂砂岩、板岩，震旦系培地组杂砂岩、板岩测试数据表明，样品均具有中等 SiO_2 组成，南华系天子组砂岩 SiO_2 为 68.47%～83.29%，平均值为 75.18%，正园岭组 SiO_2 含量为 67.13%～80.30%，平均值为 74.97%，南华系平均值为 75.08%；震旦系培地组砂岩 SiO_2 含量为 73.07%～80.09%，平均值为 75.98%；同样，Al_2O_3 的含量也极为相似，南华系平均值为 11.52%，震旦系为 10.86%。CaO 含量低，仅 3 个样品含量大于 1%，平均含量为 0.34%。Al_2O_3 / SiO_2 值为 0.10～0.20，平均值为 0.15。K_2O/Na_2O 变化较大（受控于 Na_2O 含量），为 0.73～46.33，南华系和震旦系砂岩的平均值分别为 10.89 和 1.35。区内有少量 1∶25 万区域地质调查工作取得的南华系地球化学数据也有相似的数据成果。

2. 微量元素及稀土元素特征

新秦剖面样品显示 Rb 与 Sr、Ba 变化有负相关性，Rb 平均值接近 PAAS，Sr 平均值接近于被动大陆边缘，而 Ba 平均值接近活动大陆边缘和上陆壳平均值；Zr、Hf、Th 等元素在两个剖面上特征明显不同，新秦剖面 Sc、V、Co、Cr 元素较高。新秦剖面稀土元素显示出活动大陆边缘的特征。

据 1∶5 万南乡幅、上程幅、福堂圩幅、小三江幅区域地质矿产调查报告（中国地质调查局武汉地质调查中心，2015）测试样品微量元素分布可见，南华系—震旦系杂砂岩大离子亲石元素 Rb、Ba、Sr 含量具有一定变化，但平均含量十分接近。其中 Rb、Ba 含量总体与上地壳（Rudnick and Gao，2003）相当，而 Sr 的含量则远低于上地壳。砂岩中的 Sc、V、Co、Cr 元素和 Zr、Hf、Th、U 等高场强元素的含量，以及 Zr / Hf、Zr / Th、La / Y、La / Th、La / Sc、Sc / Cr 等比值尽管显示一定变化，但南化系与震旦系总体接近，与上地壳（Rudnick and Gao，2003）成分总体差别较明显。稀土元素含量总体较高，其中震旦系的平均含量较低。南华系—震旦系所有砂岩样品轻稀土富集，与大陆上地壳相似。具轻度的铈负异常、显著的铕负异常，与球粒陨石标准化配分型式较一致，均呈现以轻稀土富集、重稀土平坦及中度 Eu 负异常为特征，与大陆上地壳极为相似。

3. 地球化学特征对比

总体上，南华系地球化学数据在扬子东南缘及湘桂粤地层分区未显示明显差别，但在震旦系则显示一定差异。永福剖面 SiO_2 含量（71.54%～99.26%）高于新秦剖面（56.68%～78.75%），CaO 含量则明显较低（永福剖面 CaO 平均值为 0.09%，新秦剖面平均值为 1.20%）；Al / Si 值在新秦剖面变化为 0.12～0.36，高于永福剖面的 0.08～0.26；K / Na 值在两个剖面差异明显，永福剖面变化很大，最低值为 4.90，最高值为 60.77，且多数在 50 以上；新秦剖面为 0.91～4.31，且多数低于 3.0；TFe_2O_3 + Mg 含量，新秦剖面明显高于永福剖面。湘桂粤地层分区开展的 1∶25 万区域地质调查资料中南华系地球化学数据显示，SiO_2 含量为 62.84%～81.41%，CaO 含量平均为 0.78%，但是样品之间差异较大，高者可达 3.92%；Al / Si 值为 0.12～0.29，介于永福剖面和新秦剖面之间；K / Na 值变化范围大于永福及新秦两个剖面，为 0.75～45.10，但大部分小于 10。永福剖面 Rb、

Sr、Ba 变化较为一致，Rb 平均值介于 PAAS 和上陆壳平均值之间，Sr 平均值较低而 Ba 平均值较高；新秦剖面样品显示 Rb 与 Sr、Ba 变化有负相关性，Rb 平均值接近 PAAS，Sr 平均值接近于被动大陆边缘，而 Ba 平均值接近活动大陆边缘和上陆壳平均值；Zr、Hf、Th 等元素在两个剖面上特征明显不同，新秦剖面铁镁族元素含量高于永福剖面。但是，位于湘桂粤地层分区的 1∶25 万南华系地球化学未显示出与新秦剖面一致的地球化学数据特征，而与同时期的永福剖面特征类似。

二、构造背景分析

根据 Roser and Korsch（1986）和 Maynard 等（1982）提出的砂岩和泥岩沉积盆地构造环境 K_2O/Na_2O-SiO_2 图解和 K_2O / Na_2O-SiO_2 /Al_2O_3 图解（图 4.19），研究区南华系砂岩样品与 1∶25 万区域地质调查资料规律一致，均主要在被动大陆边缘区域内，根据 Reading（1982）的定义，被动大陆边缘包含稳定大陆边缘的板内盆地和克拉通内部盆地，沉积物富含石英，来自稳定的大陆地区并沉积于远离活动板块边缘的区域，相当于陆壳上的盆地和与洋底扩张、夭折裂谷及大西洋型大陆边缘有关的盆地等。

在 Kumon 和 Kiminami（1994）提出的 Al_2O_3 / SiO_2-（FeO+MgO）/（SiO_2+K_2O+Na_2O）判别图（图 4.19）中，研究区南华系样品主要位于成熟岩浆弧及进化岛弧，分别相当于 Bhatia（1983）和 Bhatia 和 Crook（1986）提出的活动大陆边缘和大陆岛弧环境。

由于沉积岩中的稀土元素 La、Zr、Co、Th、Sc 等迁移能力弱且在海水中停留时间短，可以很快地转移到碎屑沉积物中，因此可以很好地反映沉积盆地的构造环境及母岩的性质；在相关三角图解中，研究区样品比较集中地位于大陆岛弧区域。稀土元素经球粒陨石标准化后，轻稀土富集、重稀土平坦，具有比较明显的 Eu 负异常，其标准化曲线与 PAAS 及上陆壳标准化曲线较相似。

南华系砂岩样品，不论是来自扬子东南缘还是来自湘桂粤地层分区，其投点位置均较为分散，且较多地落入被动大陆边缘或者大陆岛弧区域。震旦系来自湘桂地层分区永福剖面及湘桂粤地层分区新秦剖面的样品虽然在化学成分上显示了一定的差异，但是，在各类沉积构造环境判别图上，两者投点均比较分散，且在图中构造环境大部分落入同一区域（图 4.19），结合现有的 1∶25 万区域地质调查中的地球化学数据及区域沉积特征（本章第一节），本书仍然认为两地沉积构造背景一致。

根据柏道远等（2007）的相关研究，大陆岛弧及活动大陆边缘的沉积化学特征应显著区别于被动大陆边缘沉积体，而被动大陆边缘沉积体则可能保留大陆岛弧及活动大陆边缘沉积体的化学信息。而根据 Bhatia 和 Crook（1986）的研究，陆内裂谷盆地的砂岩地球化学特征与被动大陆边缘一致，因此，由研究区各类沉积构造环境图解综合分析，结合地质特征，南华系—震旦系砂岩地球化学指标显示了在该时段内研究区的大地构造环境为大陆裂谷盆地。

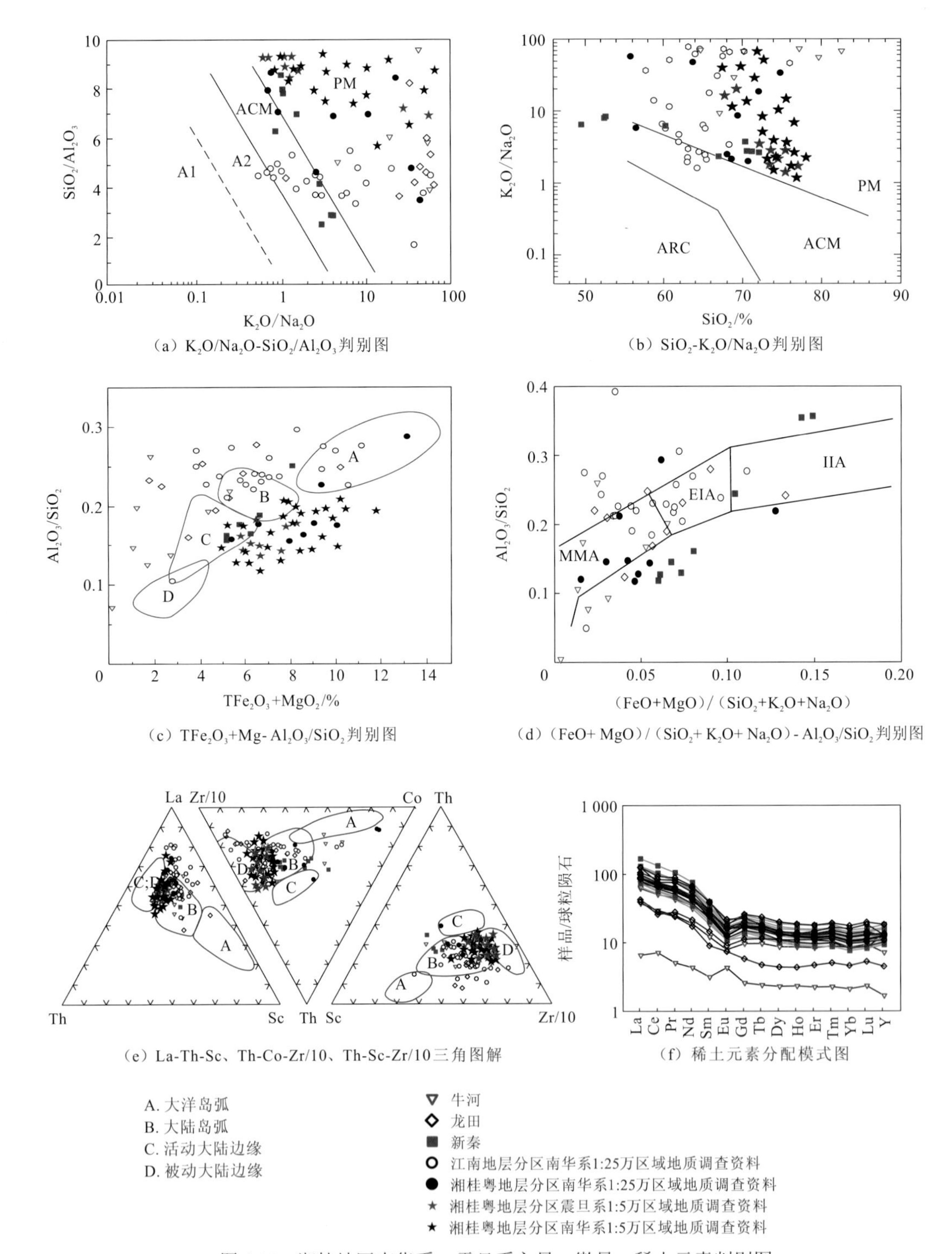

图 4.19　湘桂地区南华系—震旦系主量、微量、稀土元素判别图

第三节　碎屑锆石特征及物源

一、扬子陆块（鄂中山地周缘）莲沱组碎屑锆石及物源特征

本书在扬子陆块其周缘莲沱组及其相当层位采集较多碎屑锆石样品，研究利用LA-ICP-MS进行锆石U-Pb同位素年龄分析，并结合研究区已发表的莲沱组碎屑锆石年龄及岩相古地理等相关研究成果，对莲沱组沉积期中扬子地区不同地理位置沉积物源特征进行分析并探讨其对古地理格局的约束。

通山四斗朱剖面、长阳佑溪-滴水岩剖面及石门杨家坪剖面均位于扬子地层分区。样品SD-1及SD-2分别采自四斗朱剖面第1层和第2层，岩性分别为青灰色变质含砾中粗粒石英砂岩及紫红色绢白云母化细粒凝灰质砂岩[图4.8（a）和图4.10（a）]。样品LYX-1采自佑溪-滴水岩剖面底部，岩性为紫红色含砾石英粗砂岩[图4.20(a)、(b)]。样品LYJ-3-1采自石门杨家坪剖面渫水河组底部，岩性为紫红色含砾石英粗砂岩[图4.20（c）、（d）]。

（a）湖北长阳县佑溪-滴水岩剖面莲沱组底部砾岩层

（b）湖北长阳县佑溪剖面含砾粗砂岩

（c）湖南石门县杨家坪剖面渫水河组与张家湾组平行不整合接触界面

（d）湖南石门县杨家坪剖面渫水河组底部砾岩层

图4.20　中扬子地区南华纪早期沉积特征

佘振兵（2007）对鄂东南通山县附近莲沱组与“板溪群”界线附近莲沱组中粗粒砂岩中的碎屑锆石进行了年代学研究；谢士稳等（2009）、Wang（2013a）及Cui等（2014）在峡东莲沱组多个剖面开展了碎屑锆石年代学及相关工作；张雄等（2016）对大洪山地区莲沱组进行了碎屑锆石年代学研究。

（一）锆石 U-Pb 同位素年代学

1. 锆石形态及 CL 图像特征

碎屑锆石样品均来自莲沱组（或相应层位）砂岩、凝灰质砂岩等；锆石大小普遍在 50～100 μm；颜色主要为浅褐色、浅黄色或透明；大部分锆石颗粒磨圆较好，为球状、椭球状，表明经过搬运作用；较少部分锆石较自形为短柱或长柱状；大部分锆石显示明暗相间的环带，显示为岩浆成因；另有少部分环带不清晰、分带较弱（图 4.21）。

2. 锆石 U-Pb 年龄

对采集的 4 个样品分别进行锆石 U-Pb 测年，选择谐和度不低于 90%的锆石同位素年龄制作年龄谱，测试结果见宋芳等（2016a）。

样品 SD-1 中取得 47 个谐和度大于 90%的单颗锆石年龄，年龄谱如图 4.22 所示。锆石年龄显示，样品中 33 颗锆石为古元古代，1 颗为中元古代，6 颗锆石为太古宙。主峰值年龄分别为 860 Ma 及 2 419 Ma；次峰值年龄为 1 955 Ma 及 2 723 Ma。

样品 SD-2 中取得 100 个谐和度大于 90%的单颗锆石年龄，年龄谱如图 4.22 所示。73 颗锆石的 Th / U 值大于 0.4。锆石年龄为 2 680～706 Ma，其中 16 颗属于新元古代，60 颗属于古元古代，24 颗属于太古宙。主峰值年龄分别为 858 Ma 及 2 502 Ma，次峰值年龄为 2 017 Ma。

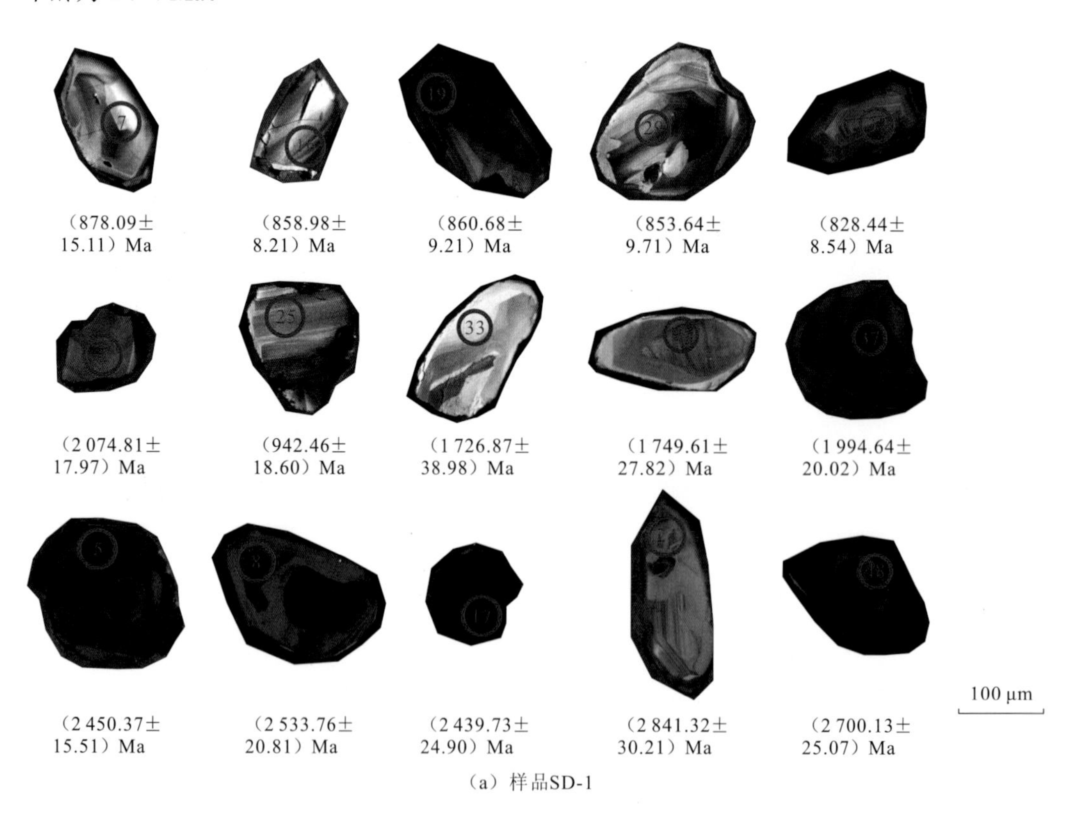

（a）样品SD-1

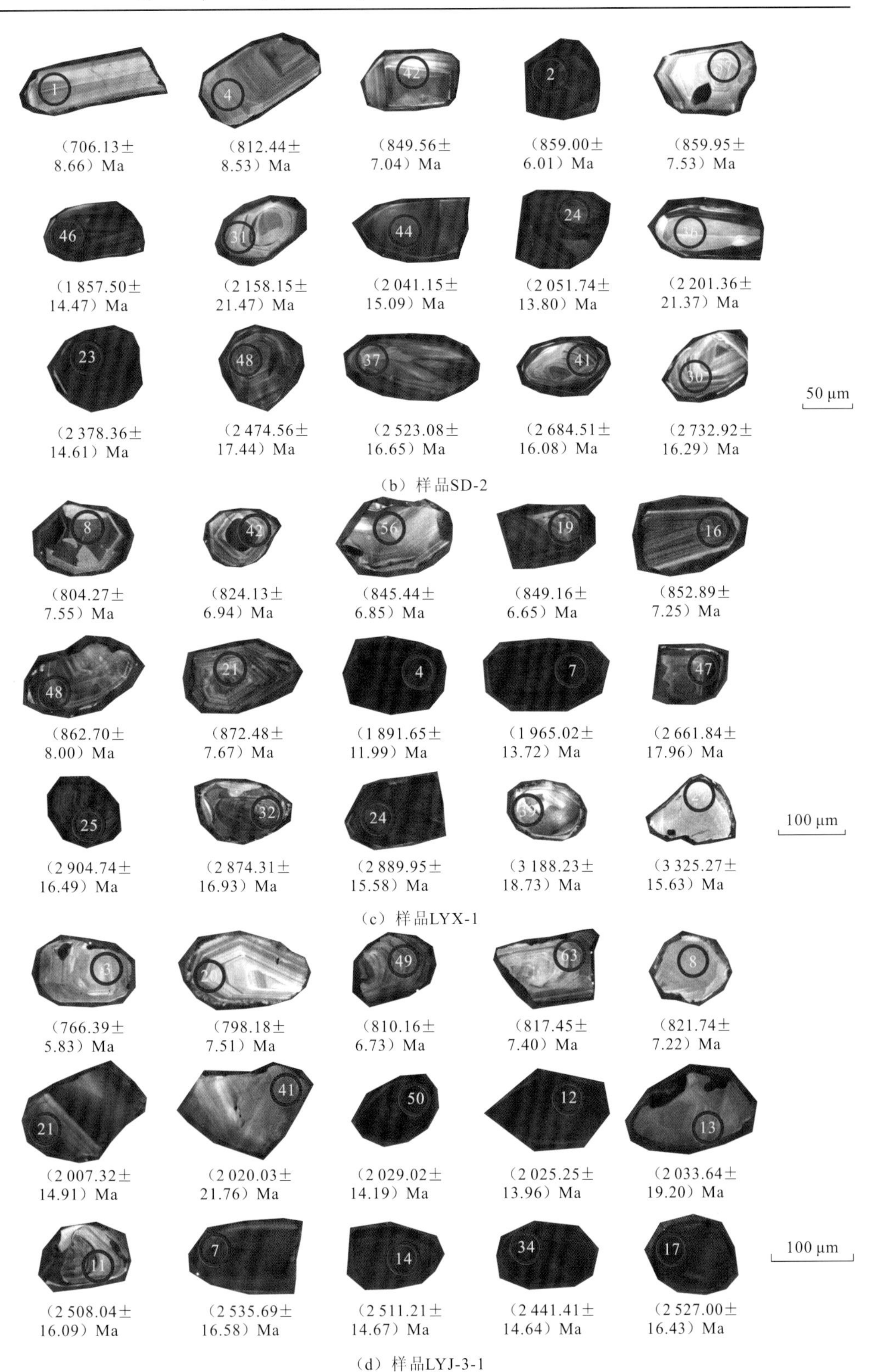

图 4.21　碎屑锆石样品代表性锆石 CL 图像（编号与表 4.2 一致）

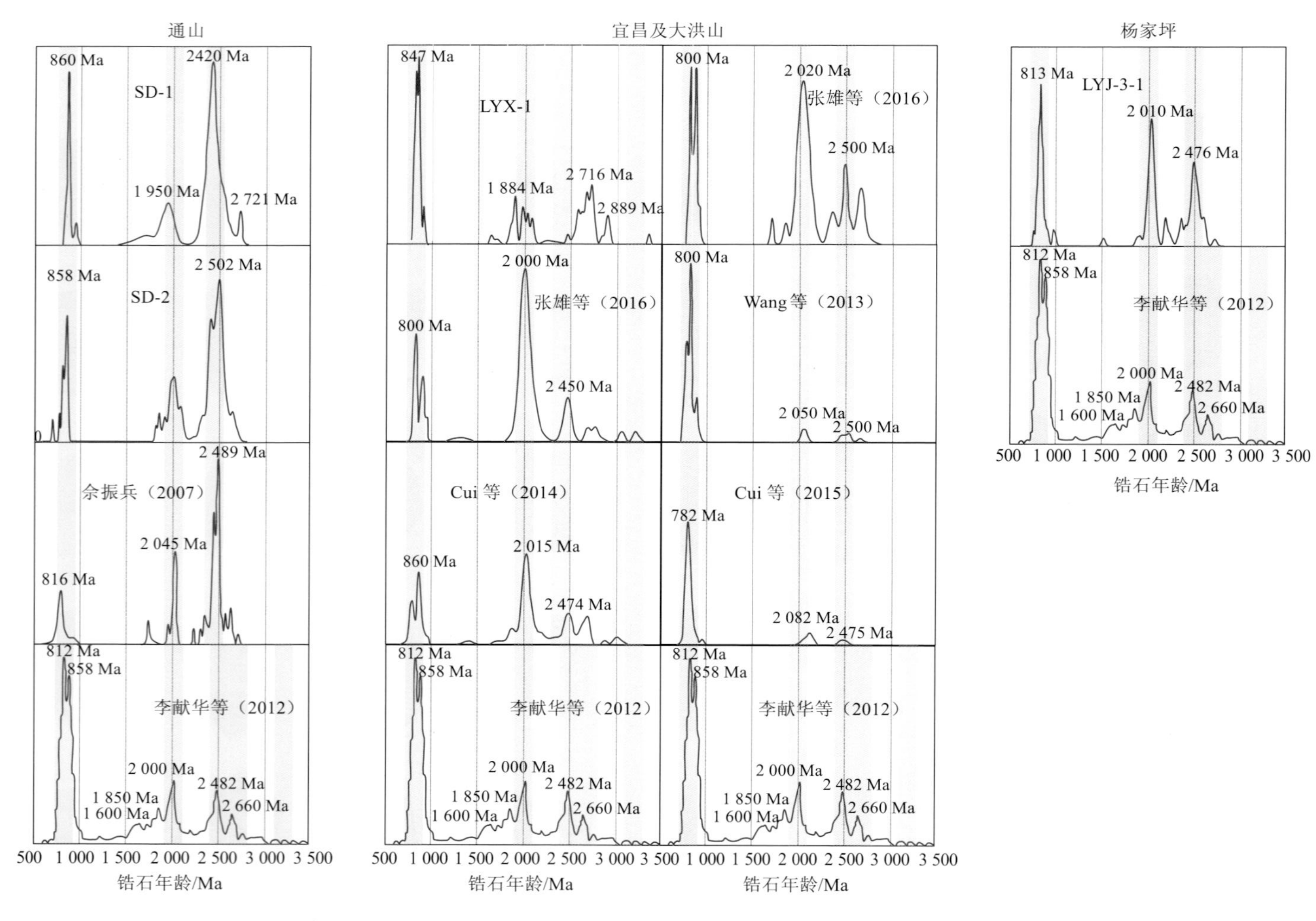

图 4.22　中扬子地区莲沱组及扬子陆块东部前寒武纪碎屑锆石年龄谱（张雄 等，2016；Cui et al.，2014；Wang et al.，2013a；李献华 等，2012；余振兵，2007）

样品 LYX-1 中取得 83 个谐和度大于 90%的单颗锆石年龄，年龄谱如图 4.22 所示。71 颗锆石的 Th / U 值大于 0.4。锆石年龄为 3 330～785 Ma，其中 32 颗属于新元古代，22 颗属于古元古代，29 颗属于太古宙，大于 2.8 Ga 的锆石有 7 颗。主峰值年龄为 847 Ma 及 2 716 Ma，次峰值年龄为 1 884 Ma 及 2 889 Ma。

样品 LYJ-3-1 中取得 100 个谐和度大于 90%的单颗锆石年龄，年龄谱如图 4.22 所示。81 颗锆石的 Th / U 值大于 0.4。锆石年龄为 2 700～742 Ma，其中 30 颗为新元古代，1 颗为中元古代，57 颗为古元古代，12 颗为太古宙。年龄峰值为 813 Ma、2 010 Ma 及 2 476 Ma。

（二）莲沱组物源特征及对古地理格局的约束

1. 莲沱组物源特征

中扬子地区位于扬子陆块内部，基底构造以鄂中地块为主（夏文杰 等，1994），崆岭杂岩是目前确定的最古老地质体（焦文放 等，2009；郑永飞和徐少兵，2007）。本书选择鄂中古陆周缘 3 个具代表性的剖面，取得 4 个样品的碎屑锆石年龄谱，对比前人在该地区开展的相关研究（图 4.22）发现，鄂中古陆周缘的鄂东南、大洪山、宜昌及湖南北部地区莲沱组及相应层位的碎屑锆石年龄谱十分相似，存在～810 Ma、～860 Ma、～2 000 Ma 及～2 500 Ma 的年龄峰值（图 4.22），与扬子陆块东部前寒武纪碎屑锆石年龄谱峰值吻合（李献华 等，2012），是典型的亲扬子型沉积。

同时，在长阳佑溪、随州大洪山（张雄 等，2016）及宜昌莲沱（Cui et al.，2015）三个剖面的碎屑锆石年龄谱中，存在＞3 000 Ma 的一个峰值，根据目前的研究，此峰值锆石来源于崆岭杂岩（魏君奇和王建雄，2012；焦文放 等，2009；马大铨 等，1997）；而在通山及杨家坪等地，碎屑锆石年龄谱中不存在这个峰值，且两地显示了较为一致的物源（图 4.22）。

新元古代～820 Ma 的岩浆作用在华南地区有广泛的记录，表明华南地区在新元古代地壳的生长和再造，是华南区别于华北地区的重要特征（Zheng et al.，2007；郑永飞和张少兵，2007；王孝磊 等，2006），可能与罗迪尼亚超大陆的裂解相关。本书获得了～810 Ma、～860 Ma 碎屑锆石年龄峰值，证实南华纪早期，研究区物源来自扬子陆块且物源区受罗迪尼亚超大陆演化影响。

古元古代～2 000 Ma 的锆石年龄纪录在崆岭、京山、莲沱等地分布，记录了崆岭杂岩在古元古代经历的构造热事件及扬子陆块北部的地壳再造事件（Zheng et al.，2007）。

～2 500 Ma 的锆石年龄主要来自宜昌崆岭的奥长花岗片麻岩及混合岩（凌文黎 等，1998），以及钟祥胡集出露的杨坡群和侵入其中的钾质花岗岩（汪正江 等，2013a）。～2 500 Ma 的年龄峰值是扬子陆块的年龄特征（李献华 等，2012；王鹏鸣 等，2012；佘振兵，2007；吴元保 等，2002），所以，尽管目前对扬子陆块太古宙岩浆事件的报道较少，该时期应存在一期岩浆活动，是华南陆壳生长的重要时期。＞3 000 Ma 锆石峰值在黄陵周边及随州大洪山的存在对研究区古地理格局有一定的约束作用。

中扬子地区莲沱组的物源特征是华南地区在太古宙、古元古代及新元古代与超大陆增生及裂解相关的地壳幕式增生再造的反映。

2. 对古地理格局的约束

莲沱组沉积期，中扬子地区主要为北西—南东向展布的鄂中古陆。古陆北侧为扬子陆块北缘弧后裂谷盆地，南侧为扬子陆块东南缘湘桂断陷盆地、皖南断陷盆地及江南古陆（夏文杰 等，1994）。由于北侧的城口—广济断裂后期活动，鄂中古陆北侧的海岸相带十分狭窄，与南侧宽阔的海岸相带、浅海陆棚相带形成鲜明对比。

研究区西侧为上扬子古陆，东南方向为江南古陆；上扬子古陆因为上扬子海的阻隔，无法为中扬子地区莲沱组提供物源；江南古陆地势较低且与研究区之间隔下扬子海，也不是中扬子地区莲沱组的物源区；故研究区最主要的物源区为鄂中古陆，其物源特征反映了鄂中古陆的古地理格局。

鄂中古陆是在崆岭杂岩、黄陵花岗岩等古陆核组成的结晶基底，以及打鼓石群、冷家溪群等中-新元古代褶皱基底基础上发展的古陆。南华纪早期沉积为研究区第一个稳定的沉积盖层。根据鄂中古陆周缘莲沱组或相应层位沉积相特征，其地势北高南低、北陡南缓。在研究区多条剖面中，莲沱组均含有较多的火山物质，如大洪山地区和石门地区莲沱组的凝灰岩夹层（杜秋定 等，2013；夏文杰 等，1994）。1∶25 万宜昌市幅区域地质调查报告（湖北省地质调查院，2007）测制宜昌佑溪剖面中发现的“流纹质玻屑凝灰岩”、通山四斗朱剖面下部的细粒凝灰岩及熔结凝灰岩和大量的凝灰质，表明莲沱组沉积期火山活动较为明显。

本书对比鄂中古陆周缘多个剖面碎屑锆石年龄谱，发现除典型的亲扬子型～810 Ma、～860 Ma、～2 000 Ma 及～2 500 Ma 的年龄峰值外，长阳佑溪、三峡三斗坪及随州 3 个剖面出现了＞3 000 Ma 的年龄峰值，接近于崆岭杂岩的年龄，而其他剖面未见此峰值。同时，通山莲沱组与石门渫水河组有较为相似的碎屑锆石年龄谱，结合长阳地区莲沱组中发育交错层理且经测量显示古流向为南北向的研究成果，显示出沉积物源由北向南搬运，以及本书在通山地区岩石薄片中石英、长石等碎屑矿物的棱角状和次棱角状的近距离搬运特征，可推测鄂中古陆南东部及北西部为海拔较高的剥蚀区，在随州—宜昌一线以南的中部地区可能存在一个地势较低的区域（图 4.14），导致崆岭杂岩物源显示较为局限。

鄂中古陆剥蚀区的存在，为研究区扬子地层分区莲沱组及相应层位沉积为陆相—海陆交互相沉积提供了进一步证据，也可为扬子东南缘自北西—北至南东—南由陆向海盆沉积渐次过渡提供研究基础。

二、扬子东南缘南华系—震旦系碎屑锆石特征

本书在位于江南地层分区的湖南宁乡市龙田镇菜花田剖面及位于湘桂地层分区的

广西金秀县老山采育场剖面，分别采集来自南华系长安组样品1件（样品号：LLT-5）、震旦系培地组样品2件（样品号：15LJX-3，15LJX-19），岩性分别为含砾砂岩、岩屑杂砂岩及岩屑中砂岩。

（一）锆石U-Pb同位素年代学

锆石大小普遍在50～100μm；颜色主要为浅粉色、浅黄色或透明；大部分锆石颗粒磨圆中等-较好，表明经过搬运作用；大部分锆石环带较为明显，显示为岩浆成因；少部分环带不清晰、分带较弱，阴极发光显示亮度较大或较小。

对3个样品分别进行锆石U-Pb测年，选择谐和度不低于90%的锆石同位素年龄制作年龄谱，测试结果见表4.3。

样品LLT-5中取得61个谐和度大于90%的单颗锆石年龄，年龄谱如图4.23所示。锆石Th / U值普遍较高，除2个测点外，其余均超过0.4。锆石年龄为2 573.7～754.0 Ma，其中45颗锆石属于新元古代，14颗锆石为古元古代，2颗锆石为太古宙。主峰值年龄为801 Ma；次峰值年龄为2 036 Ma。

样品15LJX-19中取得64个谐和度大于90%的单颗锆石年龄，年龄谱如图4.23所示。绝大部分测点的Th / U值接近或者超过0.4。锆石年龄为3 043.5～590.3 Ma，其中10颗锆石属于新元古代，50颗锆石属于中元古代，2颗锆石为古元古代，2颗锆石为太古宙。主峰值年龄为1 018 Ma；次峰值年龄为1 042 Ma、1 075 Ma及1 116 Ma。

样品15LJX-3中取得64个谐和度大于90%的单颗锆石年龄，年龄谱如图4.23所示。除个别测点，Th / U值均接近或者超过0.4。锆石年龄为2 461.1～642.4 Ma，其中20颗锆石属于新元古代，36颗锆石属于中元古代，8颗锆石为古元古代。主峰值年龄为1 029 Ma；次峰值年龄647 Ma、912 Ma及1 764 Ma。

（二）物源特征

锆石U-Pb测年结果显示，江南地层分区样品LLT-5与湘桂地层分区样品15LJX-3及15LJX-19锆石年龄谱有明显不同。LLT-5峰值年龄为801 Ma和2 036 Ma，接近于扬子陆块的特征峰值812 Ma和2 000 Ma（李献华 等，2012），且以801 Ma年龄为优势峰值，与扬子陆块新元古代大规模岩浆活动相对应，加之其锆石峰值年龄缺少华夏块体特征的～1 000 Ma（格林威尔期）的显示，且与鄂中古陆周缘莲沱组及相应层位锆石峰值相似，较为明确地说明，龙田菜花田剖面南华系长安组物源来自扬子陆块（图4.23）。

15LJX-3及15LJX-19两个样品锆石峰值的优势年龄分别为1 029 Ma和1 018 Ma，与华夏块体1 100～900 Ma的新生地壳增长时期相符，同时，两样品均存在～810 Ma的次峰值年龄；显示湘桂地层分区震旦系物源以华夏块体为主，兼具扬子陆块的物源特征（图4.23）。

表 4.3　扬子陆块东南缘碎屑锆石 U-Pb 定年结果

测点号	$^{207}Pb/^{206}Pb$ 值	$^{207}Pb/^{206}Pb$ 误差	$^{207}Pb/^{235}U$ 值	$^{207}Pb/^{235}U$ 误差	$^{206}Pb/^{238}U$ 值	$^{206}Pb/^{238}U$ 误差	$^{207}Pb/^{206}Pb$ 年龄/Ma	$^{207}Pb/^{206}Pb$ 误差/Ma	$^{207}Pb/^{235}U$ 年龄/Ma	$^{207}Pb/^{235}U$ 误差/Ma	$^{206}Pb/^{238}U$ 年龄/Ma	$^{206}Pb/^{238}U$ 误差/Ma	Th /U	谐和度 /%
15LJX-3-01	0.072 9	0.001 3	1.916 2	0.034 1	0.189 8	0.001 4	1 012.96	39.81	1 086.73	11.88	1 120.48	7.42	0.6	96
15LJX-3-02	0.073 9	0.001 1	1.767 3	0.026 3	0.172 4	0.001 0	1 039.82	61.58	1 033.52	9.67	1 025.21	5.25	0.1	99
15LJX-3-03	0.061 7	0.001 4	0.895 3	0.020 4	0.104 8	0.000 8	661.13	48.15	649.19	10.93	642.35	4.52	0.3	98
15LJX-3-04	0.069 0	0.001 0	1.298 7	0.019 8	0.135 6	0.000 7	898.15	30.71	845.13	8.74	819.88	4.06	0.1	96
15LJX-3-05	0.125 5	0.001 9	6.593 6	0.102 9	0.378 4	0.002 4	2 036.11	26.70	2 058.50	13.76	2 068.67	11.31	0.5	99
15LJX-3-06	0.070 0	0.001 2	1.448 0	0.027 3	0.148 8	0.001 5	927.78	33.33	909.06	11.34	894.32	8.65	0.3	98
15LJX-3-07	0.073 7	0.001 6	1.976 6	0.042 7	0.193 1	0.001 6	1 035.19	42.59	1 107.57	14.57	1 137.93	8.77	0.6	97
15LJX-3-08	0.069 0	0.002 0	1.420 7	0.040 8	0.148 6	0.001 4	898.15	58.18	897.64	17.13	893.08	7.87	0.3	99
15LJX-3-09	0.075 5	0.001 4	1.913 0	0.035 6	0.182 3	0.001 2	1 083.34	32.41	1 085.61	12.42	1 079.69	6.79	0.5	99
15LJX-3-10	0.068 0	0.001 6	1.429 2	0.034 9	0.151 6	0.001 3	877.78	50.00	901.20	14.58	909.80	7.48	0.3	99
15LJX-3-11	0.071 5	0.001 6	1.556 6	0.035 6	0.157 7	0.001 6	972.23	47.07	953.13	14.14	944.13	8.85	0.5	99
15LJX-3-12	0.073 5	0.001 3	1.865 7	0.032 7	0.182 9	0.001 2	1 027.78	34.42	1 069.01	11.60	1 083.04	6.77	0.4	98
15LJX-3-13	0.072 7	0.001 5	1.951 6	0.042 4	0.194 1	0.001 8	1 005.56	43.68	1 098.99	14.58	1 143.75	9.63	0.6	96
15LJX-3-14	0.107 2	0.001 9	4.759 0	0.086 2	0.321 0	0.002 5	1 753.70	32.26	1 777.70	15.20	1 794.72	12.23	0.5	99
15LJX-3-15	0.072 3	0.001 4	2.005 8	0.038 3	0.200 8	0.001 6	994.45	38.90	1 117.46	12.93	1 179.49	8.64	1.2	94
15LJX-3-16	0.106 9	0.001 8	4.586 8	0.076 9	0.309 9	0.002 0	1 747.22	30.56	1 746.88	13.98	1 740.12	9.89	1.0	99
15LJX-3-17	0.085 1	0.001 7	3.032 4	0.064 0	0.257 5	0.002 4	1 316.67	37.50	1 415.80	16.11	1 477.06	12.08	0.6	95
15LJX-3-18	0.068 9	0.001 1	1.455 8	0.023 2	0.152 6	0.000 9	895.99	31.48	912.29	9.61	915.59	5.19	0.4	99

续表

测点号	$^{207}Pb/^{206}Pb$ 值	$^{207}Pb/^{206}Pb$ 误差	$^{207}Pb/^{235}U$ 值	$^{207}Pb/^{235}U$ 误差	$^{206}Pb/^{238}U$ 值	$^{206}Pb/^{238}U$ 误差	$^{207}Pb/^{206}Pb$ 年龄/Ma	$^{207}Pb/^{206}Pb$ 误差/Ma	$^{207}Pb/^{235}U$ 年龄/Ma	$^{207}Pb/^{235}U$ 误差/Ma	$^{206}Pb/^{238}U$ 年龄/Ma	$^{206}Pb/^{238}U$ 误差/Ma	Th/U	谐和度/%
15LJX-3-19	0.085 6	0.002 2	2.341 3	0.063 2	0.197 1	0.001 3	1 331.48	54.63	1 224.92	19.20	1 159.64	6.83	0.6	94
15LJX-3-20	0.074 0	0.001 4	1.856 7	0.039 0	0.181 6	0.001 9	1 042.60	34.26	1 065.80	13.85	1 075.72	10.25	0.7	99
15LJX-3-21	0.061 1	0.001 0	0.891 0	0.014 8	0.105 4	0.000 7	642.61	33.33	646.90	7.93	645.72	4.30	0.4	99
15LJX-3-22	0.076 0	0.001 2	1.859 7	0.030 1	0.176 8	0.001 2	1 094.45	29.63	1 066.86	10.68	1 049.42	6.69	0.6	98
15LJX-3-23	0.070 3	0.001 3	1.567 5	0.028 5	0.161 1	0.001 0	938.89	37.04	957.42	11.27	962.75	5.71	0.4	99
15LJX-3-24	0.074 4	0.001 5	1.873 9	0.039 6	0.181 7	0.001 4	1 053.71	39.66	1 071.92	13.98	1 076.15	7.42	0.3	99
15LJX-3-25	0.076 3	0.001 5	2.042 8	0.039 9	0.193 6	0.001 4	1 101.85	37.81	1 129.89	13.32	1 140.62	7.38	0.2	99
15LJX-3-26	0.078 1	0.001 6	2.169 8	0.045 2	0.201 2	0.001 7	1 150.01	40.74	1 171.43	14.47	1 181.68	9.03	0.6	99
15LJX-3-27	0.078 3	0.001 4	1.985 1	0.035 6	0.183 2	0.001 2	1 155.25	35.19	1 110.46	12.10	1 084.33	6.33	0.7	97
15LJX-3-28	0.086 1	0.001 4	2.725 1	0.046 2	0.228 9	0.001 6	1 339.19	32.56	1 335.33	12.59	1 328.87	8.16	0.7	99
15LJX-3-29	0.160 4	0.002 3	11.060 5	0.164 0	0.498 1	0.003 0	2 461.11	24.38	2 528.24	13.81	2 605.57	12.91	0.4	96
15LJX-3-30	0.063 3	0.001 1	0.994 9	0.018 3	0.113 5	0.000 7	716.68	37.04	701.21	9.32	692.80	4.34	0.2	98
15LJX-3-31	0.076 3	0.001 4	1.839 6	0.035 2	0.174 2	0.001 2	1 103.39	37.81	1 059.72	12.59	1 034.95	6.38	0.6	97
15LJX-3-32	0.069 4	0.001 3	1.452 3	0.027 6	0.150 9	0.000 9	910.80	38.89	910.83	11.43	906.23	5.30	0.4	99
15LJX-3-33	0.075 9	0.001 5	1.932 4	0.039 5	0.183 5	0.001 2	1 094.45	39.35	1 092.36	13.69	1 086.27	6.60	0.4	99
15LJX-3-34	0.075 7	0.002 1	1.883 3	0.052 6	0.180 5	0.001 9	1 087.04	55.56	1 075.22	18.54	1 069.77	10.20	1.0	99
15LJX-3-35	0.072 1	0.001 2	1.689 1	0.028 8	0.169 2	0.001 0	988.58	39.82	1 004.43	10.87	1 007.72	5.76	2.5	99
15LJX-3-36	0.073 4	0.001 2	1.759 2	0.029 2	0.172 8	0.001 1	1 025.61	31.48	1 030.55	10.74	1 027.46	5.95	0.3	99

续表

测点号	$^{207}Pb/^{206}Pb$ 值	$^{207}Pb/^{206}Pb$ 误差	$^{207}Pb/^{235}U$ 值	$^{207}Pb/^{235}U$ 误差	$^{206}Pb/^{238}U$ 值	$^{206}Pb/^{238}U$ 误差	$^{207}Pb/^{206}Pb$ 年龄/Ma	$^{207}Pb/^{206}Pb$ 误差/Ma	$^{207}Pb/^{235}U$ 年龄/Ma	$^{207}Pb/^{235}U$ 误差/Ma	$^{206}Pb/^{238}U$ 年龄/Ma	$^{206}Pb/^{238}U$ 误差/Ma	Th /U	谐和度 /%
15LJX-3-37	0.075 5	0.001 6	1.971 7	0.044 2	0.188 6	0.001 5	1 080.56	43.98	1 105.88	15.11	1 113.95	7.96	0.7	99
15LJX-3-38	0.070 6	0.001 4	1.671 2	0.035 7	0.170 8	0.001 3	946.29	42.60	997.62	13.57	1 016.41	7.37	0.4	98
15LJX-3-39	0.118 5	0.002 4	5.764 4	0.119 8	0.351 7	0.003 1	1 944.45	35.95	1 941.08	17.98	1 942.63	15.00	1.3	99
15LJX-3-40	0.069 7	0.001 4	1.374 4	0.028 4	0.142 4	0.001 5	920.37	40.74	878.04	12.14	858.43	8.54	1.1	97
15LJX-3-41	0.073 1	0.002 1	1.697 0	0.047 2	0.168 1	0.001 6	1 018.21	56.33	1 007.40	17.78	1 001.53	8.69	0.7	99
15LJX-3-42	0.072 3	0.001 5	1.747 3	0.037 8	0.174 1	0.001 4	994.45	41.52	1 026.17	13.98	1 034.67	7.46	0.4	99
15LJX-3-43	0.107 6	0.001 8	5.012 4	0.088 0	0.335 8	0.002 8	1 758.95	29.63	1 821.41	14.87	1 866.51	13.51	0.1	97
15LJX-3-44	0.108 3	0.001 8	4.936 8	0.081 9	0.329 2	0.002 6	1 772.23	34.26	1 808.57	14.01	1 834.29	12.43	0.9	98
15LJX-3-45	0.073 6	0.001 4	1.692 6	0.033 5	0.165 8	0.001 2	1 031.49	39.20	1 005.75	12.63	988.71	6.64	1.3	98
15LJX-3-46	0.076 5	0.001 3	2.076 9	0.036 3	0.195 6	0.001 4	1 109.26	33.34	1 141.22	11.97	1 151.38	7.39	0.5	99
15LJX-3-47	0.078 7	0.001 6	2.171 4	0.045 2	0.199 1	0.001 7	1 164.82	40.74	1 171.94	14.47	1 170.56	9.04	0.3	99
15LJX-3-48	0.067 9	0.001 9	1.637 8	0.046 8	0.174 1	0.001 8	866.35	59.26	984.88	18.02	1 034.76	9.97	0.6	95
15LJX-3-49	0.063 9	0.001 6	1.031 5	0.026 8	0.116 1	0.001 2	738.90	51.85	719.68	13.38	707.84	6.84	0.1	98
15LJX-3-50	0.074 3	0.001 5	1.853 7	0.039 6	0.179 5	0.001 4	1 050.01	45.37	1 064.73	14.11	1 064.04	7.68	0.5	99
15LJX-3-51	0.069 2	0.001 3	1.577 1	0.031 1	0.164 3	0.001 2	905.56	39.66	961.22	12.26	980.40	6.42	0.4	98
15LJX-3-52	0.095 8	0.001 7	3.891 5	0.072 2	0.292 6	0.002 4	1 546.30	27.62	1 611.91	14.99	1 654.49	12.16	0.7	97
15LJX-3-53	0.070 5	0.001 2	1.630 6	0.027 9	0.166 5	0.001 1	944.13	39.82	982.07	10.78	992.77	6.21	0.3	98
15LJX-3-54	0.078 9	0.001 4	2.457 3	0.046 7	0.224 3	0.001 7	1 172.23	31.02	1 259.56	13.71	1 304.60	9.08	0.4	96

续表

测点号	$^{207}Pb/^{206}Pb$ 值	$^{207}Pb/^{206}Pb$ 误差	$^{207}Pb/^{235}U$ 值	$^{207}Pb/^{235}U$ 误差	$^{206}Pb/^{238}U$ 值	$^{206}Pb/^{238}U$ 误差	$^{207}Pb/^{206}Pb$ 年龄/Ma	$^{207}Pb/^{206}Pb$ 误差/Ma	$^{207}Pb/^{235}U$ 年龄/Ma	$^{207}Pb/^{235}U$ 误差/Ma	$^{206}Pb/^{238}U$ 年龄/Ma	$^{206}Pb/^{238}U$ 误差/Ma	Th /U	谐和度 /%
15LJX-3-55	0.071 2	0.001 6	1.597 3	0.035 6	0.162 1	0.001 2	961.11	45.22	969.17	13.91	968.57	6.83	0.3	99
15LJX-3-56	0.072 1	0.001 6	1.691 6	0.037 4	0.169 1	0.001 2	990.74	45.53	1 005.38	14.11	1 007.26	6.77	0.9	99
15LJX-3-57	0.139 2	0.002 9	7.870 4	0.167 9	0.407 2	0.003 2	2 217.59	36.12	2 216.30	19.22	2 202.26	14.86	0.8	99
15LJX-3-58	0.079 7	0.002 7	1.893 8	0.061 8	0.173 1	0.001 9	1 190.74	66.97	1 078.90	21.67	1 029.06	10.20	0.5	95
15LJX-3-59	0.071 0	0.001 9	1.522 5	0.041 1	0.155 2	0.001 5	966.67	54.48	939.47	16.54	930.16	8.36	0.4	99
15LJX-3-60	0.072 8	0.002 2	1.842 4	0.055 3	0.183 8	0.001 6	1 007.10	94.91	1 060.73	19.76	1 087.75	8.60	0.5	97
15LJX-3-61	0.069 6	0.001 5	1.513 2	0.032 8	0.156 9	0.001 3	918.21	43.68	935.72	13.24	939.49	7.23	0.5	99
15LJX-3-62	0.077 4	0.001 7	2.035 9	0.044 6	0.190 2	0.001 5	1 131.49	44.44	1 127.58	14.91	1 122.54	8.04	0.8	99
15LJX-3-63	0.086 9	0.001 4	2.825 0	0.048 1	0.234 6	0.001 6	1 366.67	31.48	1 362.21	12.77	1 358.49	8.10	0.3	99
15LJX-3-64	0.076 2	0.001 4	1.971 3	0.036 7	0.186 9	0.001 3	1 099.08	41.20	1 105.74	12.54	1 104.55	6.82	1.6	99
15LJX-19-01	0.075 1	0.003 4	2.144 1	0.105 9	0.206 6	0.002 0	1 072.23	86.11	1 163.16	34.23	1 210.81	10.59	1.0	95
15LJX-19-02	0.069 2	0.002 5	1.616 7	0.062 7	0.169 3	0.001 2	905.56	78.71	976.72	24.32	1 008.35	6.70	0.5	96
15LJX-19-03	0.083 8	0.002 7	2.660 4	0.090 9	0.230 0	0.001 6	1 288.58	62.19	1 317.53	25.22	1 334.45	8.31	0.9	98
15LJX-19-04	0.071 4	0.002 0	1.780 1	0.053 0	0.180 4	0.001 3	970.06	51.70	1 038.22	19.36	1 069.20	7.03	0.2	97
15LJX-19-05	0.095 4	0.002 3	3.844 6	0.100 5	0.291 4	0.002 1	1 535.50	45.99	1 602.14	21.06	1 648.45	10.39	0.6	97
15LJX-19-06	0.078 9	0.002 1	1.891 2	0.058 0	0.171 6	0.001 7	1 170.06	58.33	1 078.00	20.36	1 021.12	9.23	0.4	94
15LJX-19-07	0.070 7	0.001 7	1.675 4	0.042 2	0.171 4	0.001 5	947.22	50.00	999.23	16.00	1 019.56	8.17	1.7	97
15LJX-19-08	0.077 5	0.002 6	1.883 4	0.062 1	0.176 6	0.001 8	1 144.45	100.46	1 075.27	21.87	1 048.16	9.81	0.6	97

续表

测点号	$^{207}Pb/^{206}Pb$ 值	$^{207}Pb/^{206}Pb$ 误差	$^{207}Pb/^{235}U$ 值	$^{207}Pb/^{235}U$ 误差	$^{206}Pb/^{238}U$ 值	$^{206}Pb/^{238}U$ 误差	$^{207}Pb/^{206}Pb$ 年龄/Ma	$^{207}Pb/^{206}Pb$ 误差/Ma	$^{207}Pb/^{235}U$ 年龄/Ma	$^{207}Pb/^{235}U$ 误差/Ma	$^{206}Pb/^{238}U$ 年龄/Ma	$^{206}Pb/^{238}U$ 误差/Ma	Th/U	谐和度/%
15LJX-19-09	0.079 2	0.002 2	1.942 6	0.055 7	0.177 1	0.001 6	1 176.86	55.56	1 095.89	19.22	1 051.38	8.78	0.5	95
15LJX-19-10	0.072 4	0.001 3	1.824 2	0.033 5	0.181 8	0.001 3	998.15	37.04	1 054.19	12.04	1 077.05	6.88	0.4	97
15LJX-19-11	0.074 3	0.001 7	1.959 0	0.045 3	0.190 2	0.001 6	1 050.01	44.44	1 101.54	15.56	1 122.21	8.46	0.3	98
15LJX-19-12	0.068 7	0.002 2	1.528 8	0.050 6	0.161 1	0.001 5	900.00	72.38	942.02	20.30	962.78	8.48	1.3	97
15LJX-19-13	0.071 2	0.001 8	1.767 8	0.047 7	0.178 8	0.001 5	962.65	52.31	1 033.71	17.52	1 060.29	8.46	0.9	97
15LJX-19-14	0.073 1	0.001 4	1.988 6	0.039 5	0.196 7	0.001 7	1 016.67	38.89	1 111.65	13.42	1 157.46	9.21	0.2	95
15LJX-19-15	0.072 3	0.002 1	1.869 4	0.051 1	0.188 1	0.001 7	994.45	25.00	1 070.30	18.09	1 111.30	8.99	0.4	96
15LJX-19-16	0.066 8	0.001 3	1.582 1	0.031 1	0.171 0	0.001 3	831.48	39.66	963.19	12.24	1 017.37	7.17	0.5	94
15LJX-19-17	0.068 9	0.001 5	1.600 4	0.035 1	0.167 9	0.001 3	895.99	46.30	970.37	13.69	1 000.68	6.90	0.4	96
15LJX-19-18	0.072 4	0.002 0	2.009 0	0.055 2	0.200 6	0.001 9	995.99	55.56	1 118.56	18.64	1 178.66	10.16	0.7	94
15LJX-19-19	0.073 6	0.001 3	2.120 3	0.037 9	0.208 0	0.001 5	1 031.49	35.19	1 155.43	12.33	1 218.31	7.94	0.7	94
15LJX-19-20	0.070 6	0.001 5	1.857 9	0.039 7	0.190 4	0.001 3	946.29	44.44	1 066.24	14.12	1 123.31	7.28	0.6	94
15LJX-19-21	0.072 3	0.001 5	1.882 9	0.036 9	0.188 6	0.001 4	994.45	40.75	1 075.07	12.99	1 113.85	7.77	1.0	96
15LJX-19-22	0.071 0	0.001 7	1.944 6	0.046 0	0.198 4	0.001 7	966.67	48.15	1 096.59	15.86	1 166.61	9.34	0.7	93
15LJX-19-23	0.071 9	0.001 3	1.880 2	0.034 3	0.188 6	0.001 2	983.34	35.96	1 074.13	12.10	1 113.61	6.65	0.1	96
15LJX-19-24	0.228 8	0.004 1	20.624 0	0.379 0	0.649 8	0.004 8	3 043.52	27.63	3 121.09	17.80	3 227.44	18.86	0.8	96
15LJX-19-25	0.074 9	0.003 2	1.874 0	0.075 6	0.183 3	0.002 2	1 064.82	84.88	1 071.94	26.71	1 085.22	12.05	0.3	98
15LJX-19-26	0.063 8	0.001 1	0.851 2	0.015 9	0.095 9	0.000 8	744.45	36.26	625.29	8.72	590.34	4.48	0.3	94

续表

测点号	$^{207}Pb/^{206}Pb$ 值	$^{207}Pb/^{206}Pb$ 误差	$^{207}Pb/^{235}U$ 值	$^{207}Pb/^{235}U$ 误差	$^{206}Pb/^{238}U$ 值	$^{206}Pb/^{238}U$ 误差	$^{207}Pb/^{206}Pb$ 年龄/Ma	$^{207}Pb/^{206}Pb$ 误差/Ma	$^{207}Pb/^{235}U$ 年龄/Ma	$^{207}Pb/^{235}U$ 误差/Ma	$^{206}Pb/^{238}U$ 年龄/Ma	$^{206}Pb/^{238}U$ 误差/Ma	Th /U	谐和度 /%
15LJX-19-27	0.060 4	0.001 3	0.932 6	0.020 1	0.111 7	0.000 8	616.69	48.14	669.01	10.55	682.67	4.37	1.1	97
15LJX-19-28	0.089 0	0.001 3	3.191 8	0.053 0	0.258 1	0.002 1	1 405.56	27.78	1 455.18	12.84	1 480.17	10.91	0.3	98
15LJX-19-29	0.068 8	0.001 8	1.513 5	0.039 0	0.158 8	0.001 3	894.45	52.93	935.87	15.77	949.93	7.34	0.5	98
15LJX-19-30	0.075 9	0.001 5	2.014 1	0.040 6	0.191 9	0.001 5	1 092.28	40.43	1 120.28	13.69	1 131.63	7.90	0.4	98
15LJX-19-31	0.071 2	0.001 3	1.706 3	0.034 2	0.172 6	0.001 7	964.81	41.67	1 010.91	12.82	1 026.60	9.31	0.3	98
15LJX-19-32	0.067 4	0.001 9	1.244 8	0.035 7	0.133 5	0.001 2	851.54	59.26	821.08	16.17	807.86	6.68	0.3	98
15LJX-19-33	0.070 4	0.002 4	1.677 2	0.059 3	0.172 3	0.001 7	938.89	64.66	999.93	22.48	1 024.60	9.60	1.3	97
15LJX-19-34	0.071 8	0.003 0	1.537 3	0.060 2	0.157 3	0.001 7	983.34	85.19	945.44	24.08	941.59	9.50	0.7	99
15LJX-19-35	0.078 0	0.001 2	2.296 8	0.035 8	0.212 2	0.001 3	1 147.23	30.10	1 211.31	11.01	1 240.39	6.92	0.5	97
15LJX-19-36	0.069 9	0.001 2	1.597 1	0.026 7	0.164 7	0.001 1	924.07	29.17	969.08	10.44	982.87	5.95	0.6	98
15LJX-19-37	0.066 9	0.001 3	1.560 4	0.030 2	0.168 3	0.001 4	835.18	38.89	954.63	11.99	1 002.90	7.91	1.7	95
15LJX-19-38	0.074 3	0.001 4	1.999 4	0.037 3	0.193 8	0.001 3	1 050.01	37.81	1 115.31	12.63	1 142.18	7.13	1.2	97
15LJX-19-39	0.069 6	0.001 6	1.694 9	0.039 1	0.175 5	0.001 5	916.67	43.52	1 006.61	14.74	1 042.23	8.42	0.5	96
15LJX-19-40	0.074 3	0.001 5	2.033 0	0.041 8	0.196 9	0.001 5	1 050.01	47.22	1 126.61	14.00	1 158.57	8.05	0.5	97
15LJX-19-41	0.081 8	0.001 8	2.666 0	0.060 9	0.234 2	0.001 9	1 242.59	43.37	1 319.08	16.86	1 356.49	9.94	0.7	97
15LJX-19-42	0.067 8	0.001 6	1.716 5	0.040 6	0.182 6	0.001 5	861.11	48.15	1 014.71	15.18	1 080.99	8.11	0.5	93
15LJX-19-43	0.075 5	0.001 6	2.090 0	0.047 1	0.199 4	0.001 6	1 083.34	42.59	1 145.53	15.47	1 172.25	8.85	0.4	97
15LJX-19-44	0.074 5	0.001 5	1.964 5	0.037 7	0.190 8	0.001 3	1 054.64	40.74	1 103.44	12.92	1 125.76	7.28	0.5	97
15LJX-19-45	0.069 5	0.001 2	1.570 7	0.028 1	0.163 1	0.001 1	922.22	37.04	958.70	11.10	974.20	6.01	0.5	98

续表

测点号	$^{207}Pb/^{206}Pb$ 值	$^{207}Pb/^{206}Pb$ 误差	$^{207}Pb/^{235}U$ 值	$^{207}Pb/^{235}U$ 误差	$^{206}Pb/^{238}U$ 值	$^{206}Pb/^{238}U$ 误差	$^{207}Pb/^{206}Pb$ 年龄/Ma	$^{207}Pb/^{206}Pb$ 误差/Ma	$^{207}Pb/^{235}U$ 年龄/Ma	$^{207}Pb/^{235}U$ 误差/Ma	$^{206}Pb/^{238}U$ 年龄/Ma	$^{206}Pb/^{238}U$ 误差/Ma	Th /U	谐和度 /%
15LJX-19-46	0.069 8	0.001 8	1.636 5	0.043 0	0.170 1	0.001 8	921.91	49.08	984.38	16.54	1 012.93	9.76	0.5	97
15LJX-19-47	0.080 5	0.002 1	2.062 0	0.054 6	0.185 2	0.001 4	1 210.19	47.22	1 136.28	18.11	1 095.20	7.77	0.3	96
15LJX-19-48	0.108 6	0.002 2	5.235 2	0.108 2	0.348 5	0.002 9	1 776.86	37.04	1 858.37	17.62	1 927.59	13.89	1.4	96
15LJX-19-49	0.078 8	0.002 6	2.245 0	0.073 2	0.207 8	0.002 2	1 166.36	64.82	1 195.22	22.90	1 217.01	11.97	0.6	98
15LJX-19-50	0.075 8	0.001 5	1.978 8	0.040 4	0.188 7	0.001 4	1 100.00	40.74	1 108.33	13.78	1 114.36	7.80	1.4	99
15LJX-19-51	0.077 7	0.001 8	2.066 9	0.048 1	0.192 6	0.001 8	1 138.90	44.45	1 137.89	15.91	1 135.37	9.69	0.6	99
15LJX-19-52	0.077 9	0.001 4	2.191 0	0.041 3	0.203 0	0.001 5	1 146.30	35.65	1 178.19	13.14	1 191.62	7.97	0.3	98
15LJX-19-53	0.082 9	0.002 3	2.713 3	0.077 8	0.236 7	0.002 3	1 277.78	53.70	1 332.11	21.27	1 369.50	11.85	0.8	97
15LJX-19-54	0.078 9	0.001 5	2.132 7	0.041 1	0.195 3	0.001 4	1 170.06	38.89	1 159.45	13.34	1 150.06	7.40	0.5	99
15LJX-19-55	0.069 8	0.001 3	1.554 6	0.028 5	0.160 6	0.001 1	924.07	37.04	952.33	11.31	960.02	6.03	0.4	99
15LJX-19-56	0.072 4	0.001 6	1.824 3	0.041 1	0.182 1	0.001 6	998.15	44.45	1 054.24	14.79	1 078.38	8.79	0.6	97
15LJX-19-57	0.072 6	0.001 5	1.763 6	0.036 1	0.175 1	0.001 3	1 005.56	46.45	1 032.17	13.27	1 040.03	6.86	0.6	99
15LJX-19-58	0.072 0	0.001 4	1.659 2	0.031 9	0.166 2	0.001 1	987.04	43.52	993.09	12.18	991.39	6.28	1.0	99
15LJX-19-59	0.072 7	0.001 5	1.692 4	0.034 5	0.167 9	0.001 1	1 005.56	45.38	1 005.66	13.01	1 000.58	6.01	0.4	99
15LJX-19-60	0.167 3	0.002 8	10.979 8	0.199 5	0.473 5	0.004 1	2 531.48	28.70	2 521.42	16.91	2 499.01	17.79	0.5	99
15LJX-19-61	0.073 8	0.001 6	1.788 8	0.039 0	0.175 2	0.001 4	1 035.19	43.98	1 041.39	14.21	1 040.62	7.92	0.7	99
15LJX-19-62	0.077 7	0.001 4	2.113 5	0.039 5	0.196 2	0.001 2	1 138.90	37.04	1 153.21	12.88	1 155.02	6.43	0.4	99
15LJX-19-63	0.155 5	0.002 7	8.513 6	0.170 2	0.394 3	0.004 0	2 407.10	29.93	2 287.38	18.17	2 142.79	18.48	0.2	93
15LJX-19-64	0.077 5	0.001 9	2.005 4	0.046 6	0.187 2	0.001 4	1 144.45	48.15	1 117.35	15.75	1 106.37	7.71	0.5	99

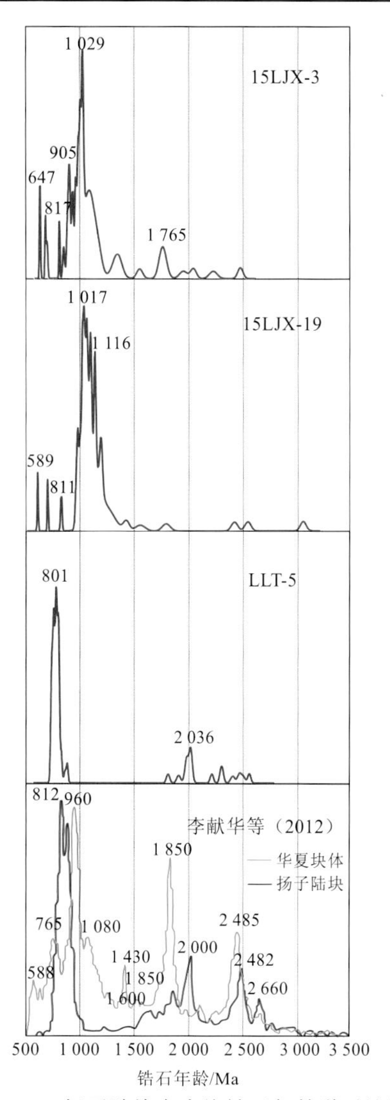

图 4.23　扬子陆块东南缘锆石年龄谱对比图

王鹏鸣等（2013）在位于江南地层分区南部的苗儿山地区南华系（原文称震旦系）采集碎屑锆石样品，发现其锆石颗粒较小，中等磨圆度，部分锆石晶面不清晰，锆石年龄为 2 508～705 Ma，主要峰值年龄为 770 Ma、～2 000 Ma 和～2 500 Ma，以大量的 840～700 Ma 年龄和少量的 2 000 Ma 碎屑锆石，没有格林威尔期年龄锆石为特征（图 4.24），这与扬子陆块强烈的 860～780 Ma 新元古代岩浆活动及 2 000 Ma 左右的构造热事件特征相符，具有明显的扬子陆块亲缘性，其物源来自北西方向。

总体来看，在扬子陆块东南缘，南华纪时期沉积盆地的碎屑物源来自北西方向。震旦纪北部的江南地层分区物源为北西向的扬子陆块，但南部的湘桂地层分区金秀一带此时期物源变化，以南东方向为主，来自华夏陆块的浊积岩砂体进入湘桂盆地内部，结合地层沉积特征，虽然物源发生变化，但湘桂地区南华系至震旦系始终保持为统一的且连续沉积盆地。

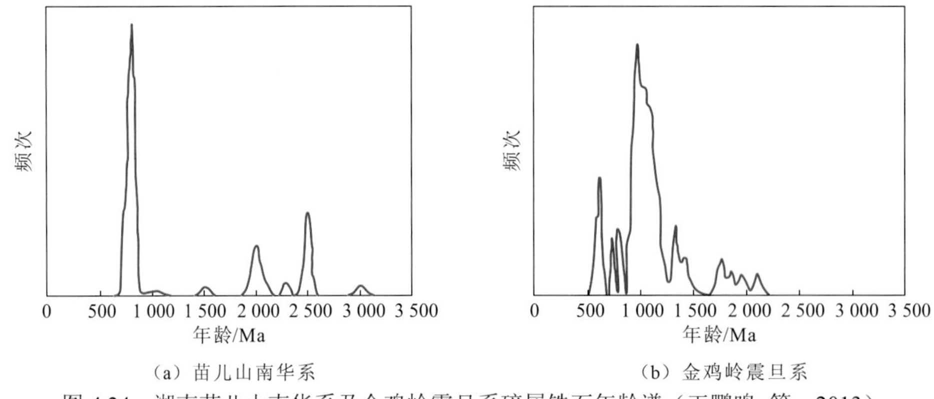

（a）苗儿山南华系　　（b）金鸡岭震旦系

图 4.24　湖南苗儿山南华系及金鸡岭震旦系碎屑锆石年龄谱（王鹏鸣 等，2013）

三、湘桂粤地层分区南华系碎屑锆石特征

湘桂粤地层分区即为传统的华夏地层区。伍皓等（2013）对湘东南桂阳泗洲山地区震旦系埃歧岭组底部进行了碎屑锆石 U-Pb 年代学研究，在其样品 SES-2 中 91 粒锆石进行测定并获得了 92 组有效年龄，锆石年龄为 2 490～570 Ma，较为集中的年龄峰值有 699～570 Ma（9.8%）、774～715 Ma（7.6%）、1 272～882 Ma（67.4%）、1 681～1 300 Ma（7.6%）及 2 490～1 899 Ma（7.6%）五个区间（图 4.25）；通过与位于南岭-云开地块的乐昌峡群及寻乌群的形成时代及碎屑锆石特征对比，认为该区震旦系物源为华夏陆块的南岭-云开地块南部，且沉积区距离物源区更远；该结论支持本书在湘桂地层分区开展的碎屑锆石研究相关结论（见本节第二部分）。1∶5 万南乡幅、上程幅、福堂圩幅、小三江幅区域地质矿产调查报告（中国地质调查局武汉地质调查中心，2015）研究震旦系培地组底部碎屑锆石年龄分布特征与华夏陆块锆石年龄分布特征相似，含有大量的格林威尔期（1.0 Ga）的特征年龄，而与扬子陆块的特征区别明显。王鹏鸣等（2013）在位于本地层分区的湖南金鸡岭进行的研究表明该地区震旦系样品碎屑锆石年龄为 2 954～591 Ma，碎屑物组成以含大量的格林威尔期年龄的碎屑锆石为特征（图 4.24），表现出与华夏陆块明显的亲缘性，物源来自南东方向。上述研究结论与本书一致，均证明湘桂粤地层分区震旦系物源不是来自北西方向，而是来源于南东方向，因而不支持湘桂地区与南东方向的粤北地区间存在大洋的阻隔。

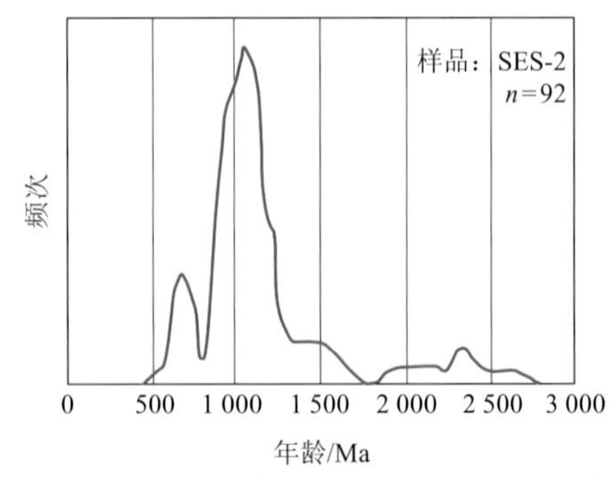

图 4.25　震旦系埃歧岭组碎屑锆石年龄谱（伍皓 等，2013）

四、初步结论

湘桂地区南华系与震旦系研究是确定是否存在华南洋的关键层段。本书通过地层学、沉积学与碎屑锆石的研究，在研究区南华系至震旦系地层对比、盆地演化方面取得了如下认识。

扬子与华夏陆块前寒武系碎屑锆石特征存在明显不同（李献华 等，2012），主要表现为扬子陆块存在一个明显的～800 Ma 的峰值年龄及～2 000 Ma、～2 500 Ma 的次峰值年龄，代表了扬子陆块几期构造热事件；而华夏陆块几个明显的峰值年龄为 960 Ma、1 850 Ma 和 2 485 Ma，与已知的华夏陆块岩浆活动时间吻合。

从研究区南华系至震旦系碎屑锆石特征来看，扬子地层分区鄂中山地周缘南华系碎屑锆石研究证明，砂体物源为明显的扬子型，且部分剖面从岩石特征反映为近源，应为以鄂中山地物源为主的沉积物；该古陆剥蚀区在南华纪可以为其南东方向的大部分地区提供物源。对扬子东南缘开展的碎屑锆石年龄谱研究证明，扬子地层分区、江南地层分区的物源仍为扬子陆块，总体的碎屑锆石特征为具有～800 Ma的锆石主峰值年龄及～2 000 Ma 的次峰值年龄；而位于过渡区的金秀、桂林等地的震旦系下部砂岩物源则具有亲华夏特征；同时湘桂地层分区及湘桂粤地层分区震旦系样品的碎屑锆石显示物源也来自南东方向的华夏陆块，碎屑锆石总体表现为丰富的～1 000 Ma 的年龄峰值。两种不同性质的物源区砂体在湘桂地层区内（特别是上述过渡区）有所交叉，结合区内南华系—震旦系沉积相在横向及纵向上的连续分布（本章第一节），物源方向进一步证明了湘桂地区在南华纪至震旦纪时期不存在明显的大洋阻隔，应该是作为统一的整体进行演化的。

第四节　岩相古地理及盆地演化

南华纪是全球气候巨变的时期，研究区经历数次冰期—间冰期。区内发生大规模冰川性海退，使古地理格局和沉积性质发生巨变。南华纪岩相古地理格局总体为北西高、南东低，且受凤凰—大庸、洪江—溆浦、城步—新化、双牌—衡阳等北北东向深大断裂伸展活动控制，发育陆内裂谷而形成“堑—垒”构造格局（湖南省地质调查院，2017）。至震旦纪，由于全球气候变暖，发生了一次大规模的快速海侵，海底地形则继承了南华纪北西高、南东低的特征，发育内源沉积，区内陆内裂谷进一步拉张，但仍为统一演化的海盆，并未发展至大洋。

一、南华纪

（一）长安组和富禄组沉积期

长安组为一次大的冰期沉积，研究区北部为古陆剥蚀区，只在局部有零星的底砾存在且后期被流水作用改造而不再具备辨识条件；南部则因陆内裂谷盆地的拉张发育了以巨厚的长安组为特征的冰川沉积物；下南华统沉积自北西往南东依次为剥蚀区、冰海三角洲、浅海和深海盆地等 4 个沉积区（湖南省地质调查院，2017）（图 4.26）。冰海三角洲相区沉积厚度巨大，如湖南南部通道、贵州从江甲路一带，长安组厚度可达 1 931.4 m。下部发育数百米的浅灰色厚层块状含砾长石石英杂砂岩，夹灰绿色无层理含砾砂质板岩及少许纹层状绢云母板岩，上部为单调的块状含砾砂质板岩；浅海冰海沉积岩性以单调的含砾砂质板岩为主，不显层理；深海深灰色-黑色板岩、砂质板岩夹含砾板岩、砂岩及少量白云岩；湘桂粤地层分区的桂阳周边，在湖南省地质矿产局（1997）及 1∶25 万衡阳市幅区域地质调查报告（湖南省地质调查院，2005）等资料记述，分布有泗洲山组，岩性为灰紫色板岩、砂质板岩夹含砾板岩及少量白云岩，砾石分布不均匀且成分复杂，落石构造发育，岩层中可见水平层理、滑塌变形层理等，应为开阔海盆—深海的冰川沉积，然而其是否明确属于冰期沉积尚需进一步研究。

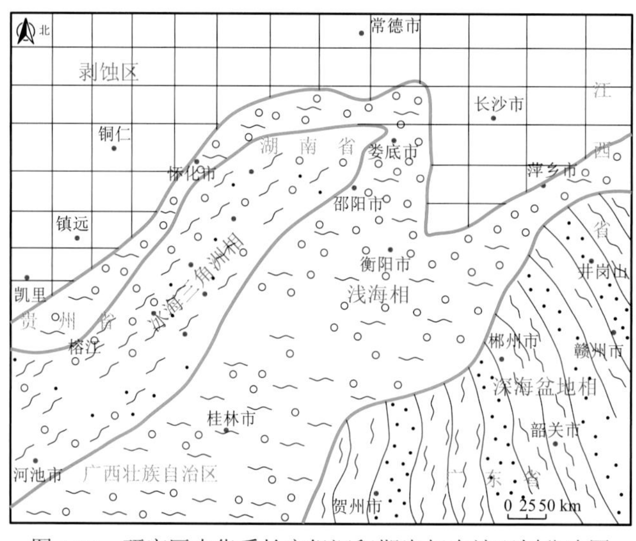

图 4.26　研究区南华系长安组沉积期岩相古地理划分略图

［据湖南省地质调查院（2017）修改］

富禄组为间冰期间夹冰期沉积，据林树基等（2010）研究，在湘桂交界地区其间穿插数次气候转冷的短期过程，进一步划分为数个冰段和间冰段；在研究区南东—东部地区，根据野外露头岩性显示，富禄组沉积期受气候变化影响较小。总体上富禄组沉积期古地理格局相较长安组沉积期略有改变，主要表现为间冰期海侵造成的剥蚀区缩小，自北西向南东依次划分为古陆剥蚀区、陆相—海陆交互相、陆棚相、盆地相：以缺少富禄组或莲沱组沉积为特征的古陆剥蚀区；以厚度较大的砂砾岩向上变细为粉砂岩的陆相—海陆交互相区；以厚度较大的长石石英砂岩夹少许含砾砂质板岩及水平条带状粉砂质板岩、板岩间夹内源沉积，且底部常为赤铁矿层（江口式铁矿）的陆棚区，此时期仍具有较为明显的裂陷槽沉积，表现为厚度的横向变化较大（湖南省地质调查院，2017）；岩性为灰色-深灰色绢云母板岩夹透镜状白云岩，底部也以磁铁矿、赤铁矿层和低密度浊积岩为主，往上逐渐变为浊积岩的盆地相区。在广西金秀以东地区，该时期主体岩性天子地组条带状板岩、绢云板岩与中厚层状砂质粉砂岩、岩屑杂砂岩大厚度互层，其中分布有紫红色岩层和条带状赤铁矿层，并且存在鲍马序列（黄建中 等，1994），属盆地相浊积岩。

（二）古城组及大塘坡组沉积期

古城组至大塘坡组沉积期，研究区再次经历了冰期—间冰期的气候转换过程。与之前的长安冰期及之后的南沱冰期相比，古城冰期是一次规模较小的冰川活动，研究区内明确的古城冰期沉积物只在北西部零散分布，从其分布及岩性特征推断为大陆冰川沉积，其向东南进入较深水盆地区后，多相变为富禄组顶部砂岩而不易识别。

大塘坡组沉积期气候转暖，研究区经历了来自南东方向的海侵，根据岩性特征可分为5个沉积环境区：①发育黑色纹层状碳质板岩夹含锰白云岩或灰岩的平原湖泊，常相变为三角洲或河流相砂质沉积；②沉积物以紫红色、灰绿色砂质板岩、板岩为主，无或很少夹黑色页岩及含锰灰岩透镜体为代表的潮坪环境；③沉积物为深灰色-黑色碳质条带状板岩夹较厚的菱锰矿及含锰白云岩，厚度较大，粉砂质条带较发育，时夹砂岩小透镜体的潮下潟湖；④沉积物以灰绿色粉砂质条带状板岩为主，间夹硅质条带状及钙质条带状板岩的陆棚环境；⑤沉积物厚度较小的深灰色板岩、硅质板岩夹白云岩及硅质岩薄层的深海盆地。此时期南华纪早期出现的裂陷槽沉积背景仍然存在，而且锰矿床均形成于地堑式的断陷盆地内（周琦 等，2016；杜远生 等，2015）。广西金秀及以东地区天子地组中上部以岩屑杂砂岩为主夹板岩，顶部为粉砂质板岩，显示了水体变浅然后再次加深的过程，与古城组、大塘坡组变化趋势一致，该地区属于深水盆地内部沉积环境。

（三）南沱组沉积期

南沱冰期为一次大规模的全球性冰川活动，冰川性海退较明显，研究区内陆地相对扩大，发育大陆冰川沉积，相带分区较为明显。研究区北西部为大陆冰川沉积区，主要由灰黑色块状砾砂质泥岩组成，夹含砾不等粒砂岩及板岩透镜体。沉积厚度较薄，数十至三百余米。向南东发育以洪江组层理发育的含砾粉砂岩、含砾板岩为代表的冰海沉积相区；在研究区南东部，正园岭组下部以长石石英杂砂岩为主，上部为石英杂砂岩夹粉砂质板岩发育鲍马序列的岩石组合，显示次深海浊积扇特征。

二、震旦纪

（一）陡山沱组沉积期

陡山沱组沉积期，全球气候变暖，雪球地球的严寒结束，区内快速大面积海侵，随着海水加深、陆源碎屑减少，区内由南华纪以陆源碎屑沉积为主转变为以内源沉积为主（夏文杰 等，1994）。总体来看，湘桂地区陡山沱组沉积期由北部的以白云岩为主，向南随着水深加大硅质增加；在接近传统的华夏陆块区域，则以砂岩及板岩、硅质岩沉积为主。

湘桂地区北西在陡山沱组沉积期为碳酸盐岩台地，随海侵的发展由早期的局限台地至中期的潮下浅水陆棚直至晚期的开阔台地，岩性为中层状粉晶白云岩、含砾砂屑白云岩、亮晶白云质砂屑磷酸岩盐及泥晶白云岩为主（图 4.27）；部分地区形成黑色页岩、粉砂质页岩与灰绿色砂岩互层并夹少量碳酸盐岩透镜体，为台地斜坡沉积。研究区中部该时期为陆棚相沉积区，沉积了以金家洞组为代表的黑色碳质板岩、黑色碳质页岩、灰色硅质板岩（湖南省地质调查院，2017）。在娄底—邵阳—兴安一线北西存在一个以硅质岩沉积占优势的区域，水深明显加深，为陆棚盆地相。在广西桂林永福一线，震旦纪早期沉积兼具硅质岩（—碳酸盐岩）及碎屑岩双重特征，为深海盆地相。研究区南东部此时为深海盆地相区，沉积湖南埃歧岭组、广东老虎塘组及广西培地组（湖南省地质矿产局，1996；广东省地质矿产局，1988；广西壮族自治区地质矿产局，1985）下部的灰绿色长石石英杂砂岩、泥质粉砂岩、粉砂质板岩夹硅质岩层，厚度明显增大。

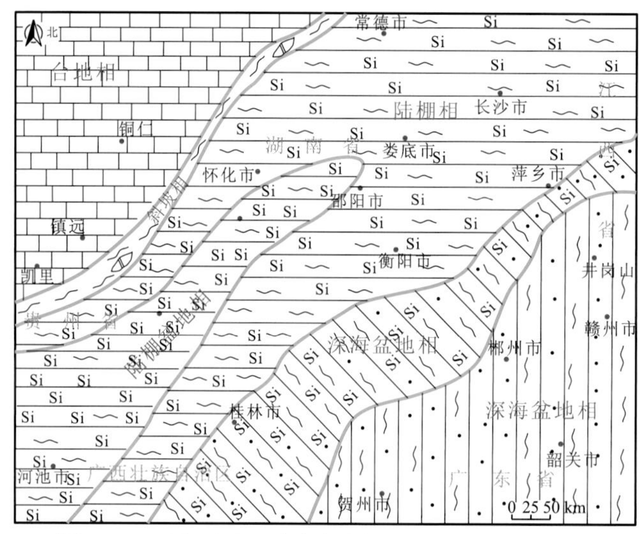

图 4.27　研究区震旦系陡山沱组沉积期岩相古地理图
（湖南省地质调查院，2017）

（二）老堡组沉积期

老堡组沉积期盆地扩张、海水加深，岩相古地理总体格局并未发生大的改变。在北西为台地相区，向东南发育了老堡组硅质岩沉积；至中部的台缘盆地相区，老堡组仍以硅质岩沉积为主要特征（湖南省地质调查院，2017）；而在深水盆地相区，湖南丁腰河组、广东老虎塘组顶部及广西培地组顶部层位（湖南省地质矿产局，1996；广东省地质矿产局，1988；广西壮族自治区地质矿产局，1985）上部均以硅质岩、硅质板岩夹少量薄层杂砂岩为特征，显示了海水加深的同时有来源南东方向的陆源碎屑物质的混入。

湘桂地区位于传统认识上扬子陆块与华夏陆块交接的部位，总体上研究区从北西至南东水体逐渐变深。本书通过对研究区各地层分区岩性、岩相（图 4.28）进行的对比发现，南华系—震旦系研究区由北西向南东岩性岩相渐变，在横向和纵向上均有交替出现的过渡部位，如通山四斗朱剖面南华系在沉积序列上与台地相区一致，同时在接触关系

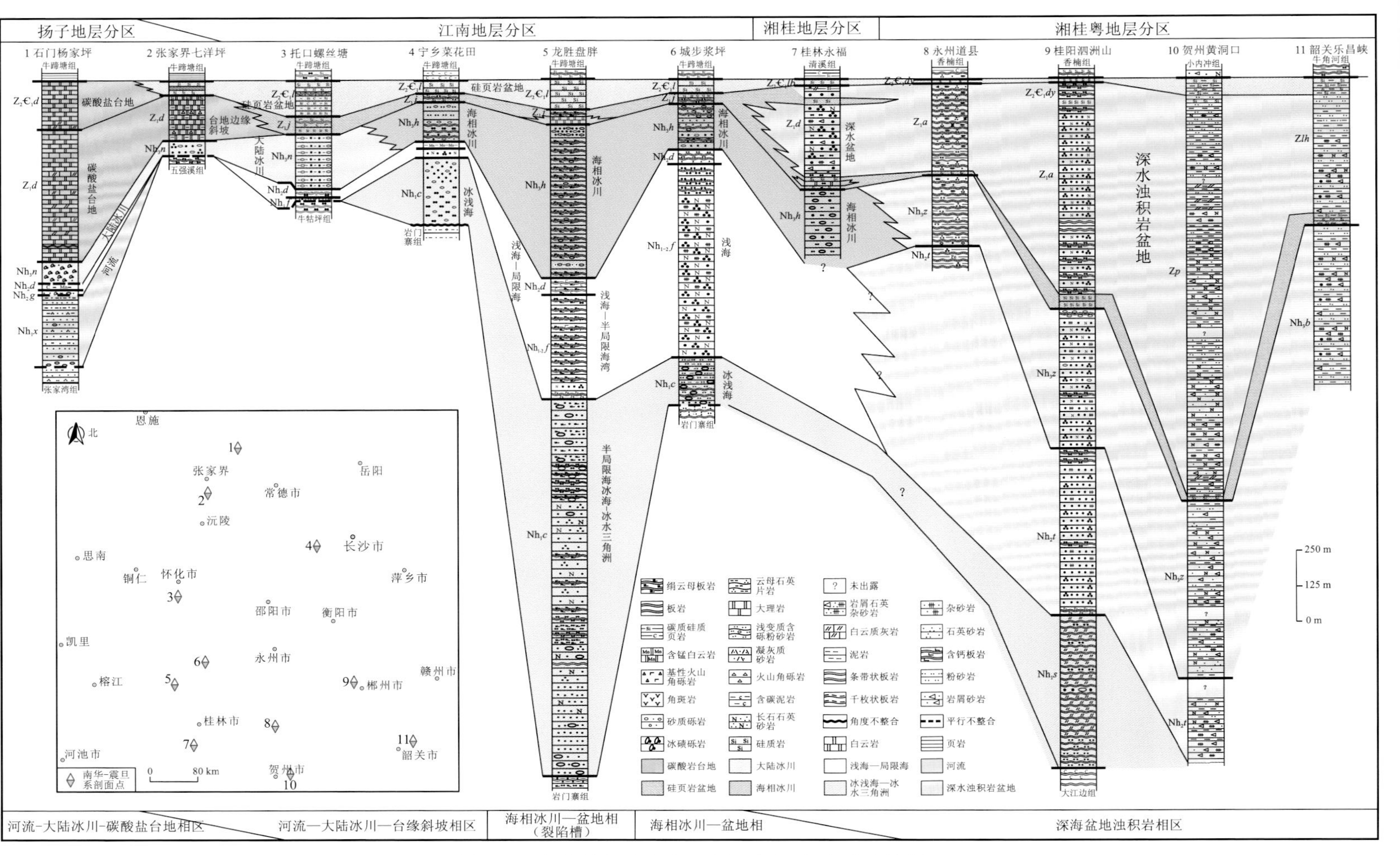

图 4.28　湘桂地区南华纪—震旦纪沉积序列对比图

上与盆地相区一致；桂林永福剖面培地组底部和顶部出现与台地相区一致的化学沉积层位，而中部出现厚度较大的碎屑岩层位；同时，震旦系顶部的硅质岩层，在研究区广泛分布，可以很好地进行对比；南华纪—震旦纪沉积特征符合王剑等（2009，2001）提出的华南裂谷盆地剖面序列中上部的“裂谷体”及“裂谷盖”的模式。

另外，南华系至震旦系南东至北西有一套侧向尖灭的浊积岩砂体沉积，其厚度从南东向北西有变薄的趋势，且通过碎屑锆石研究发现其物源为南东方向，这套砂体在南华纪早期分布在湖南桂阳一带，震旦纪早期至少已经到达桂林一带，即传统认识中扬子陆块一侧，而桂林一带南华系物源则来自北西方向，这与南华纪时期研究区北西方向存在剥蚀古陆的地质实际相符。从沉积特征及物源综合判断，南华纪—震旦纪湘桂地区应该不存在明显的洋盆阻隔。

湘桂地区南华纪地球化学样品沉积环境判别投图大部分落入被动大陆边缘区，根据Bhatia 和 Crook（1986）的研究，大陆裂谷盆地砂岩地球化学特征与其对应；结合上述碎屑锆石物源沉积相的横向和纵向的连续展布综合判断，研究区在南华纪至震旦纪为统一演化的陆内裂谷盆地。

第五章　新元古代地质构造演化

第一节　青白口纪构造演化

关于新元古代早期是否存在华南洋的问题，大部分学者认为在青白口纪早期（冷家溪群沉积期及其之前）存在洋盆，只是华南洋的位置及其与扬子陆块的关系存在争论；青白口纪晚期（板溪群沉积期）则存在有无洋盆之争，详见前言和第二章。本书依据项目获得的一些进展，认为湘桂地区在青白口纪存在南北两个双向俯冲带，中间是华南洋，南边在广东境内可能还存在一个洋盆，这种格局一直延续至青白口纪晚期。

从前人的模式来看，多数学者一般采用新元古代早期单向俯冲模式（潘桂棠 等，2016；郭令智 等，1996；王鸿祯 等，1986），其次是双向俯冲模式（Xia et al.，2018；Zhao，2015；刘宝珺 等，1993）。其中，双向俯冲模式为刘宝珺等（1993）最早提出，该模式研究表明在新元古代华南处于板块活动阶段，首先在青白口纪早期（冷家溪群沉积期），华夏大陆西北缘尚无可靠的沟弧盆体系，但是华南洋与华夏大陆组成一个板块向扬子板块俯冲，在扬子陆块南缘形成沟弧盆体系，俯冲界线位于鹰潭—长沙—安化—罗成一线。板溪群沉积早期，华南洋发生双向俯冲，扬子大陆边缘增生，形成新的沟弧盆体系，俯冲带向东南方向后退至萍乡—南宁一线，在华夏大陆此时也出现沟弧盆系统，即武夷-云开岛弧和闽浙弧后盆地。板溪群沉积晚期，华夏与扬子陆块在江山以东缝合，江山以西为华南残留盆地。从南华纪开始，华南残留盆地拉张，中奥陶世盆地发生收缩，在志留纪末—泥盆纪初形成加里东期南华造山带。本书提出的双向俯冲模式与刘宝珺等（1993）有所不同，具体阐述如下。

一、北部俯冲界线

（一）青白口纪早期

北边的界线，即华南洋向扬子陆块的俯冲界线，为广西罗城—桂林—邵阳一线（图 5.1），该界线以北总体表现为由岛弧—弧后盆地组成的弧—盆系火山—浊流沉积组合类型（柏道远 等，2011；潘桂棠 等，2009），在桂北地区沉积四堡群，总体上为灰色、灰绿色变质细砂岩、变质粉砂岩及变质泥质粉砂夹中性、基性熔岩、科马提岩、火山碎屑岩及层状或似层状的基性-超基性岩，王自强和索书田（1986）称为岛弧—浊流沉积类型，鲍马序列发育，其中的基性火山岩有拉斑玄武岩、细碧岩等。砂岩地球化学特征表明其物源区为成熟大陆石英质或基性火成岩物源区（Wang et al.，2012a）。碎屑锆石以

950～810 Ma 的年龄为主要集中区间，峰值年龄为 838 Ma，次级的峰值年龄为 944 Ma，另含有少量 1 600～1 800 Ma 及 2 600～2 400 Ma 的年龄。与扬子陆块的碎屑锆石特征相似，说明四堡群物源为扬子陆块。根据四堡群中基性火山岩的地球化学特征，推断其形成于活动大陆边缘，具有岛弧色彩，本书称之为桂北岛弧。

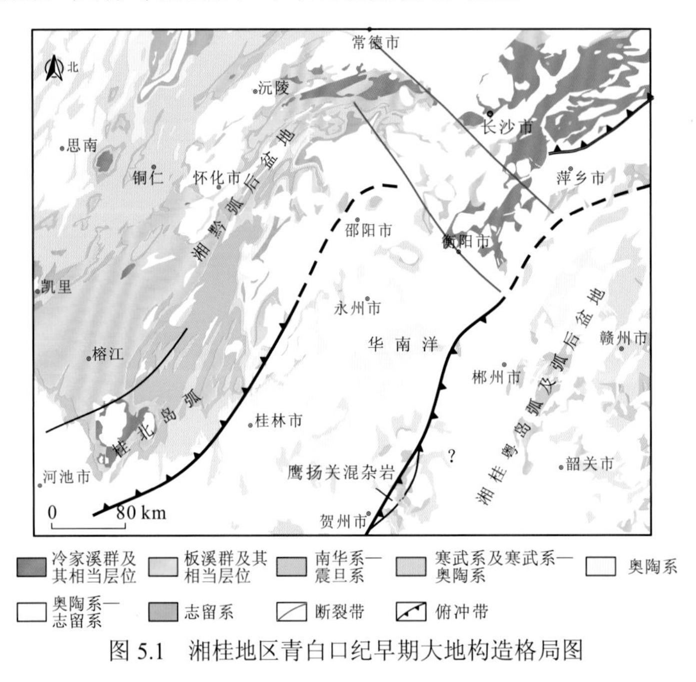

图 5.1　湘桂地区青白口纪早期大地构造格局图

湖南境内的冷家溪群由浅变质碎屑岩、泥质岩和凝灰岩组成。凝灰岩（或者凝灰质岩石）多分布于冷家溪群下部层位，总体来看，火山物质较少，鲍马序列较为发育，表现为相对稳定的弧后盆地浊积沉积类型（王自强和索书田，1986）。总体经历了由深海盆地→半深海斜坡盆地→浅海盆地→残余浅海盆地的演化过程，可以划分出 6 个相段（湖南省地质调查院，2017）。火山岩为岛弧拉斑玄武岩类，具有岛弧或活动大陆边缘环境特征（马慧英 等，2013），砂岩地球化学特征表示其形成与活动陆缘或大陆岛弧相关，Hf 及 Nd 同位素结果表明为弧后环境（张恒 等，2013；Wang et al.，2010b；顾雪祥 等，2003a，b；Gu et al.，2002）。

贵州境内的梵净山群主要由粉砂质泥岩、泥岩、粉砂岩、砂岩夹基性-超基性岩组成，为陆缘碎屑浊积岩为主的边缘海—弧后盆地复理石沉积组合，其中的超基性-基性岩组合和细碧岩—石英角斑岩组合为扬子陆块边缘由岛弧向板内过渡地带的产物，属于弧后盆地环境下发育的岩石组合（贵州省地质调查院，2017）。

柏道远等（2010）重塑了雪峰造山带（江南造山带西段）及其东南缘新元古代构造演化过程：880～820 Ma 为岛弧岩浆作用阶段，820～810 Ma 雪峰造山带为弧—陆（主）碰撞阶段，810～800 Ma 雪峰造山带进入后碰撞环境，反映出扬子陆块东南缘的岛弧增生过程。

综合上述，由于华南洋持续向扬子陆块的北北西向俯冲，四堡群及其相当地层沉积、基性-酸性火山岩侵位-喷发（包括高 Mg 玄武岩的喷发）和花岗岩侵位等（柏道远 等，2010）。在 820 Ma 碰撞造山，发生四堡（武陵）运动，使江南造山带冷家溪群及其相当地层抬升回返并产生褶皱变形。刘宝珺等（1993）研究认为，四堡（武陵）运动的影响是四堡（武陵）晚期扬子边缘造山带向盆地提供了粗碎屑物质，因此，四堡运动不是华南洋消减后华夏与扬子陆块缝合产生的特提斯型造山运动，而是发生于大陆边缘的地体拼贴及岛弧、弧后造山作用。

发生在 820 Ma 的四堡（武陵）运动造成扬子陆块及江南岛弧带拼贴在一起，北边的俯冲界线消失（图 5.2），在青白口纪晚期构成扬子陆块东南缘活动陆缘盆地，奠定了湘桂地区北西高、南东低的古地貌格局。冷家溪群的变形变质及其与上覆板溪群之间的角度不整合，其不整合效应由湘西、湘北高角度不整合，至湘中北部及湘东为中-低角度不整合—假整合（局部见高角度不整合），反映变形强度总体由西往东、由北而南减弱（湖南省地质调查院，2017）。

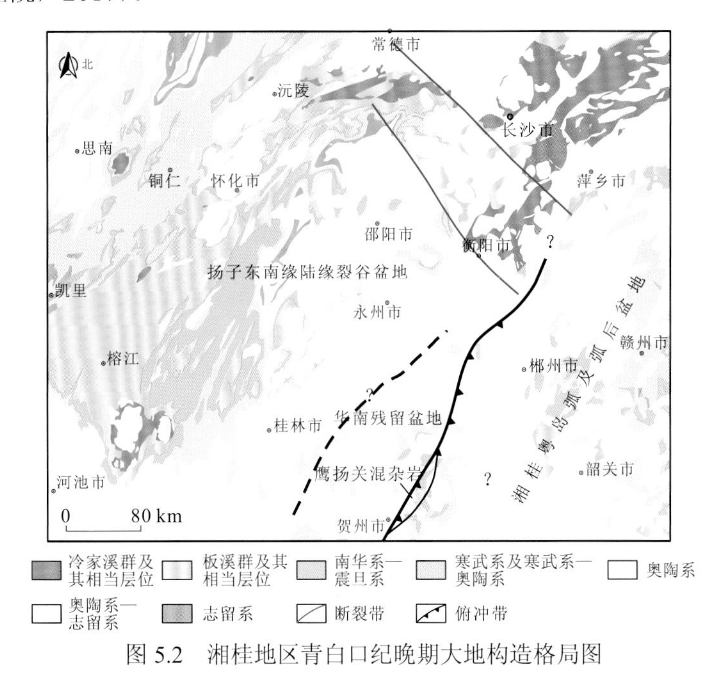

图 5.2　湘桂地区青白口纪晚期大地构造格局图

（二）青白口纪晚期

武陵期造山事件后，曾有短暂的后碰撞事件发生（柏道远 等，2010），从沉积环境来看，湘桂地区的扬子陆块东南缘此时进入陆缘裂谷盆地演化阶段，湖南益阳宝林冲火山岩（马慧英 等，2013；王剑 等，2000）、黔东南下江群甲路组底部基性火山岩（王剑 等，2006）、湘中高涧群石桥铺组（罗来 等，2016）即为初始裂解产物，海水由南向北，向北东海侵上超，在不同的盆地部位接受了代表不同环境意义的板溪群（黔北、湘北）、高涧群（湘中南）、下江群（黔东南）、丹洲群（桂北）陆缘火山—碎屑沉积，构成了区域上的南北岩相分带和三维空间上的楔状地层体（马慧英 等，2013）。王剑等（2000）

确立了扬子新元古代裂谷盆地的早期演化特征，代表裂谷盆地早期形成阶段的成因相组合有：冲洪积相组合、陆相（或海相）火山岩及火山碎屑岩相组合、滨浅海相沉积组合、淹没碳酸盐台地及欠补偿盆地黑色页岩相组合，整体上反映了一个由陆到海的演化特征。

从前文（第三章第一节）青白口纪晚期的地层特征来看，板溪群为由砾岩、砂岩和板岩、凝灰岩组成的滨岸—陆棚相沉积；而南部的下江群、高涧群、丹洲群则具有可对比性，标志层有下部的钙质岩系、黑色岩系，上部的含大量凝灰质板岩层系，地球化学特征反映物源区为成熟大陆石英质和中酸性物源区，沉积于裂谷盆地，由于靠近青白口纪早期形成的岛弧地区而使地球化学特征携带了部分大陆岛弧的特征。碎屑锆石以～800 Ma 的年龄为主体，另含有少量 2 000～1 800 Ma 和～2 500 Ma 的年龄，与扬子陆块的碎屑锆石特征相似。反映物源总体上来自北部的扬子陆块。

在扬子陆块内部，青白口纪末期发生雪峰运动，主要表现为差异升降与断块旋转，由北而南，南华系与下伏地层呈角度不整合至假整合接触。

二、南部俯冲界线

南边的界线为南华洋向华夏陆块的俯冲位置。刘宝珺等（1993）认为在新元古代早期华夏大陆西北缘尚无可靠的沟弧盆体系，本书对鹰扬关混杂岩的“岩块”与“基质”的研究表明，虽然鹰扬关混杂岩的岩性组合十分复杂，空间上变化也较大，但不同部位的变质火山（碎屑）的锆石 U-Pb 测试结果却较为一致（850～758 Ma），因此，其实质为形成于新元古代的多种构造环境的岩石，经历构造混杂作用形成的构造混杂岩系，其中的变质火山（碎屑）岩形成于岛弧或弧后环境，从而证明青白口纪存在洋陆俯冲—消减作用，如此，本书初步确定鹰扬关一带存在华南洋向华夏陆块的俯冲，北部延展目前不清，南部暂时至云开地块西侧的信宜一带（图 5.1）。

从鹰扬关混杂岩的变质火山岩碎屑锆石年龄来推断，这个俯冲至少在 850 Ma 就发生了，区域上江南造山带东段至少在 848 Ma 之前也开始拼合、俯冲消减（丁炳华 等，2008）。研究区南部直至青白口纪的晚期一直为俯冲状态（图 5.2），可能持续 100 Ma，与北部界线在 820 Ma 碰撞闭合明显不同。目前并不清楚南、北部的俯冲是否互相产生效应，但是南部俯冲结束的时间与雪峰运动吻合，值得今后做进一步对比研究。

鹰扬关地区为增生楔，但岛弧及弧后盆地不清楚（图 5.1），因为缺少同时代的火山—沉积建造，目前暂时存疑。刘宝珺等（1993）曾划分出来武夷-云开岛弧和闽浙弧后盆地，其时代需要再讨论，现在看来至少不是青白口纪早期出现的。许效松等（2012）认为华夏所属的各块体小而不稳定，而称为华夏陆块群，可分成五个地块——闽粤地块、武夷地块、罗霄地块、云开地块、粤东南地块，各地块间为裂解的深海槽相隔。湖南境内的大江边组为深水滞流还原环境下形成的黑色板岩夹少量的大理岩建造，伍皓等（2013）研究认为其物源可能主要来源于武夷地块南东部。本书将大江边组作为青白口纪晚期的弧后盆地。

从目前的地质记录来看，南部的俯冲结果是并未发现明显的碰撞造山事件记录，还需要再做工作，仅在鹰扬关地区发现南华系天子地组与下伏青白口系呈角度不整合接触，在接触面上普遍有铁锰质古风化壳（徐志贤 等，2006）。在湖南郴州一带，南华系泗洲山组与下伏青白口系大江边组呈整合接触（唐晓珊 等，1994）。因此，在华夏陆块内需要更多的资料印证这次俯冲碰撞事件是否存在。

第二节　南华纪—震旦纪构造演化

青白口纪华南洋的双向俯冲的结果造成了湘桂（扬子）与粤北（可能的华夏）最晚在南华系合在一起，中间只是残留的盆地，形成了类似于现在中国东海至日本列岛的古地理格局。在南华纪—震旦纪湘桂地区不存在华南洋，即潘桂棠等（2017，2016）、赵小明等（2015）提出的江绍—萍乡—钦防（华南）洋盆在湘南至桂北地区不存在。彭松柏等（2016）研究表明桂东南岑溪市糯垌镇存在早古生代蛇绿岩，认为在早古生代存在洋盆和俯冲—增生碰撞造山，这表明在广东境内的中南部应该是有大洋的，潘桂棠等（2016）研究认为此时存在云开岛弧、武夷地块、华夏陆块，其间为陆缘裂陷盆地。许效松等（2012）认为华夏陆块群由多个块体组成，是新元古代—早古生代初大量碎屑物的物源区，华夏陆块群经多次构造热事件导致拼合、裂解，早古生代碰撞造山，也造成扬子陆块东南被动陆缘盆地向前陆盆地的转化。

一、南华系

传统的扬子陆块区在南华系为裂谷盆地阶段，属裂谷成因相的第 III 冰碛岩相组合（王剑 等，2001），以冰期和间冰期地层序列为特征，其间的砂岩物源特征具有亲扬子型（宋芳 等，2016a，b；王鹏鸣 等，2013）（本书第四章）。岩相古地理格局继续保持北西高、南东低的古地貌，并以会同—溆浦—娄底—醴陵一线分为南、北两大区，其中南区受凤凰—大庸、洪江—溆浦、城步—新化、双牌—衡阳等北北东向深大断裂伸展活动控制而形成“堑—垒”构造格局（湖南省地质调查院，2017）。顶部的南沱组/洪江组冰碛岩是华南最为明显的沉积标志，其向南最远沉积至桂林永福地区，岩性为灰色、灰褐色含砾不等粒杂砂岩，冰碛特征明显（广西壮族自治区地质调查研究院，2004）。

南部的华夏陆块沉积物以巨厚的砂岩建造为特征，物源区来自华夏陆块群。南华系华夏型沉积物位于贺州、郴州一带，仅在底部的泗洲山组为含砾泥质建造，向上天子地组为近陆源浊积岩建造，底部见凸镜状、条带状赤铁矿或硅质岩（唐晓珊 等，1994），这些沉积特征与扬子陆块表现出了相似性，其大地构造背景尚需进一步研究。目前其向北西向的扬子陆块沉积延伸较为明确的是到达湖南江华县梅子沟—码市（湖南省地质调查院，2004），该处出现约 500 m 厚的南华系正园岭组砂岩粉砂岩建造；湖南省地质调查院（2005）在 1∶25 万衡阳市幅区域地质调查报告中提到，衡东秋草湖剖面的南华系泗洲山组灰绿色含砂砾绢云母板岩角度不整合覆于冷家溪群小木坪组绢云母板岩之上，广西壮族自治区地质调查研究院（2004）在 1∶25 万鹿寨县幅区域地质调查报告中提到，广西金秀老山采育场南华系正园岭组（原报告中的待建组）（杂）砂岩夹泥岩粉砂岩建造，厚达 1 300 余米，这两处的南华系层位和大地构造背景需要再研究。

二、震旦系

震旦纪为华南新元古代裂谷盆地演化的最后一个阶段，属裂谷成因相第 IV 碳酸盐台地、碳硅质细碎屑岩相组合（王剑 等，2001），震旦系顶部的硅质岩和寒武纪初期的黑色页岩相、磷块岩相组合标志着盆地拉张达到最大规模（刘宝珺 等，1993）。

继南华纪海退之后，震旦纪迎来了一次大规模海侵，海底地形总体继续保持北西高、南东低格局，北部的扬子陆块碳酸盐岩台地已经形成，地垒—地堑相间的格局已不存在，华南沉积盆地已连成一片，形成了一个稳定的大陆边缘海。

扬子陆块地区以内源建造为特征，上部的硅质岩建造是扬子陆块区的典型沉积特征，在湘桂地区岩性为灰白色、灰黑色厚层至块状硅质岩夹硅质板岩，由北而南分布非常稳定，在扬子陆块区分布的最南端为广西永福大园沟，为厚 17 m 的灰白色、紫红色中-薄层状（个别厚层状）含铁质硅质岩夹灰色薄层硅质岩、硅质泥岩（广西壮族自治区地质调查研究院，2004）。

华夏型沉积物以砂岩夹硅质岩浊积岩建造为特征，砂岩的物源特征表现为亲华夏型（伍皓 等，2013；王鹏鸣 等，2013），厚度由南东至北西（或由东至西）逐渐减薄，其在湘桂地区沉积的最西北端也是在广西永福大园沟，为厚 12 m 的杂砂岩、粉砂质泥岩夹白云岩透镜体（广西壮族自治区地质调查研究院，2004）。广西永福大园沟剖面是扬子与华夏陆块间物源连续过渡的实例。而且，震旦系顶部的硅质岩层从扬子区跨越至华夏区，成为一个很好的对比标志，只是至华夏陆块后厚度有所减小，这也是扬子与华夏陆块在震旦纪中间存在广阔洋盆提出质疑的一个依据。

综合上述，通过对湖北通山、湖南龙田、茶园头、广西永福、湖南桂阳南华系—震旦系 6 个具有过渡性质的剖面研究，建立了不同沉积相区的对比桥梁，认为湘桂地区晚新元古代开始进入板内裂谷盆地阶段，以剖面上亲扬子型物源和亲华夏型物源转换界面为突破点，揭示出亲华夏型物源砂体至少在南华纪早期到达萍乡—郴州一线（图 5.3），转换界面为南华系天子地组与泗洲山组界线，震旦系到达广西永福，转换界面为震旦系培地组与南华系洪江组界线，而寒武系到达湖南新宁（图 5.3）及苗儿山（王鹏鸣 等，2013）一带，转换界面为寒武系茶园头组与牛蹄塘组界线（表 5.1），奥陶系则至湘中隆回，转换界面则是天马山组与下伏层位界线（何垚砚 等，2016）及至更北地区，但此时存在雪峰山（扬子型）与华夏地区的双向物源，变得更加复杂（图 5.3），总体呈现出持续稳定的北西向推进过程。砂体时空范围的限定勾勒出华夏西缘—扬子东南缘新元古代—早古生代物源转变迁移过程，揭示出湘桂地区东南部必须有一个连续隆升的块体提供碎屑物源，从而对湘桂地区茶陵—郴州一线新元古代晚期至早古生代时期存在华南洋提出了质疑。

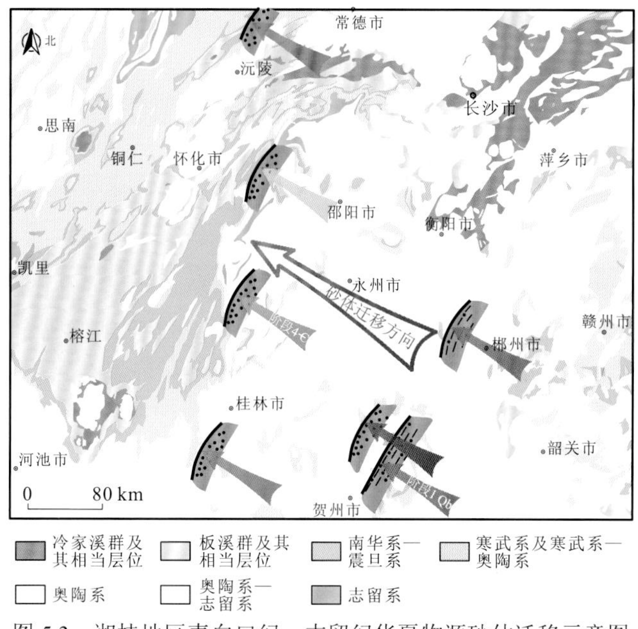

图 5.3　湘桂地区青白口纪—志留纪华夏物源砂体迁移示意图

表 5.1　湘桂地区寒武系—青白口系地层序列及物源转换界面表

年代地层		湘西	城步	新宁	永福	桂阳	鹰扬关
寒武系	$∈_4$	比条组	探溪组	爵山沟组 小紫荆组	边溪组	爵山沟组	黄洞口组
	$∈_3$	车夫组 敖溪组	污泥塘组	茶园头组		茶园头组	
	$∈_2$	清虚洞组	牛蹄塘组	牛蹄塘组	清溪组	香楠组	小内冲组
	$∈_1$	杷榔组 牛蹄塘组					
震旦系	Z_2	老堡组	老堡组	老堡组	老堡组	丁腰河组	培地组
	Z_1	陡山沱组	金家洞组	金家洞组	培地组	埃歧岭组	
南华系	Nh_3	南沱组	洪江组	洪江组	洪江组	正园岭组	正园岭组
	Nh_2	大塘坡组 古城组	大塘坡组 古城组	大塘坡组 富禄组		天子地组	天子地组
	Nh_1	富禄组	富禄组 长安组	长安组		泗洲山组	
青白口系	Qb	板溪群	板溪群	高涧群		大江边组	鹰扬关混杂岩

注：表中蓝色代表亲扬子型的物源，黄色代表亲华夏型的物源，红色箭头代表两种物源转换界面位置

综合上述，湘桂地区新元古代大地构造演化主要过程概括：古元古代及之前为陆核形成阶段，至中元古代陆核增生阶段。新元古代为板块俯冲阶段，早期华南洋向南北两侧的扬子陆块和华夏陆块俯冲，在 820 Ma 扬子东南缘发生弧陆碰撞后停止俯冲，扬子东

南缘陆块增生，武陵运动之后北部扬子陆块东南缘发生裂解，裂陷盆地逐步形成。而南部在 820 Ma 之后持续俯冲，直至～750 Ma 或略晚，形成俯冲增生混杂岩带，华南洋闭合，在南华纪初期扬子东南缘与粤北的“华夏陆块”接合在一起，进入板内构造演化阶段，湘桂地区为深海盆地，在其北缘接受亲扬子型物源沉积，南缘沉积华夏物源特征的浊积岩砂体，且砂体逐步向北推进，这种向北西向的推进持续至早古生代。但在晚奥陶世，武夷-云开造山带和江南造山带的隆起导致盆地变窄、盆缘变陡，物源充填模式发生动荡，双向混合物源区变化更大。依据湘桂地区奥陶系硅质岩系上下层位碎屑物源发生变化特征，提出造成华夏陆块抬升的动力来源于湘桂地区更南部（何垚砚，2016）。然而，关于湘桂地区新元古代—早古生代这个大地构造过程还有许多问题不可回避，更需要今后的工作中进行研究。

第六章　几个问题的讨论

第一节　鹰扬关混杂岩时代与构造背景

关于鹰扬关混杂岩主要存在两个问题，而且认识差异较大。一是地质时代，其最早定为寒武纪（李自惠，1979；广西壮族自治区地质局，1965），后来则为早震旦世（即现今划分的南华纪）（广西壮族自治区地质矿产局，1997；陈显伟和何崇泉，1983；广东省地质局，1973）。自周汉文等（2002）获得青白口纪 TIMS 锆石 U-Pb 年龄[（819±11）Ma]后，被认可并广为引用。直至最近覃小锋等（2015）获得变角斑岩锆石 U-Pb 年龄[（415.1±2.1）Ma]，地质时代为早古生代，同时田洋等（2015）获得变质熔结凝灰岩 LA-ICP-MS 锆石 U-Pb 年龄为（821.3±3.9）Ma，支持前人青白口纪的地质认识，经过进一步工作，田洋等（中国地质调查局武汉地质调查中心，2016）获得不同层位的变质火山（碎屑）锆石 U-Pb 测试年龄[（850～758）Ma]，仍然支持新元古代的认识。当然覃小锋等（2015）、中国地质调查局武汉地质调查中心（2016）对鹰扬关群的共同认识是构造混杂岩系，但最核心的问题是它是新元古代的混杂岩还是早古生代的混杂岩？覃小锋等（2015）也提到了获得其中变基性火山岩的锆石 LA-ICP-MS U-Pb 谐和年龄为（755.8±3.9）Ma，两个变质凝灰质砂岩的最新锆石 LA-ICP-MS U-Pb 加权平均值年龄为（673.0±3.0）Ma 和（398.6±4.0）Ma，其地质意义还在继续研究中。二是构造背景，周汉文等（2002）、许效松等（2012）认为其形成于裂谷环境，王剑等（2013，2009，2006）认为其代表华南新元古代裂谷盆地的开启；另外，广西壮族自治区地质矿产局（1985）认为其形成于造山带或岛弧环境，覃小锋等（2015）认为是具有俯冲-消减作用形成的岛弧—弧后盆地型火山岩特征，中国地质调查局武汉地质调查中心（2016）在 1∶5 万富川县幅区域地质矿产调查工作中也获得同样的地质认识。因而，鹰扬关混杂岩存在着早古生代与青白口纪之争，是代表盆地开启的裂谷环境还是俯冲-消减作用的岛弧环境之争，这些都是华南大地构造的关键科学问题。

本书将鹰扬关混杂岩作为新元古代华南洋向华夏陆块群俯冲—消减的岛弧环境下的构造混杂岩系，是青白口纪存在华南洋并且在晚期闭合的主要依据，因而茶陵—郴州—鹰扬关一线早古生代华南洋是否存在还需要进一步研究。然而，对于鹰扬关混杂岩还有许多问题需要进一步研究，首先是地质时代继续做工作，第二是构造属性还需要再研究，第三是本书提出的这种持续俯冲-消减模式最后造山了吗？如果造山，在华夏陆块，南华系/青白口系界线及其内部有着怎样的沉积显示？从目前来看，未发现有明显的造山迹象。在扬子陆块内的板溪群/南华系界线的雪峰运动还是相应的？另外，湖南境内的大江边组与鹰扬关群混杂岩的关系是相变还是有上下关系？

第二节　湘桂盆地构造属性

湘桂盆地是华南大地构造属性争议最大的地区，其处于传统的扬子与华夏陆块的过渡地带，在基底组成、成矿作用、典型矿床及新元古代以来各时期的构造活动、岩浆作用、变质变形等与扬子陆块等周边地区有所不同；尤其是震旦纪—奥陶纪，其北西的陆缘斜坡—盆地相沉积和南东侧的碎屑岩浊流沉积有显著区别，并且在加里东期末遭受了强烈的变质变形和岩浆侵入（赵小明 等，2015）。本书中认为湘桂地区在青白口纪为华南洋，其向南北两侧俯冲，南华纪和震旦纪属于扬子陆块东南缘的组成部分。湖南省地质调查院（2017）认为浏阳—新化—城步一线南东为古华南洋，属华南洋于扬子陆块前缘的增生楔与盆地沉积，即覆于洋壳之上的表层陆源碎屑沉积。此处未见有同期的地层，与之相邻的只是零星出露的冷家溪群板岩夹杂砂岩建造，板岩中条带构造发育，其与湖南北部同期地层在地球化学、沉积学等方面是否反映近似的构造背景，上覆的高涧群主要为半深海-深海相还原环境下的产物（吴湘滨 等，2001），与冷家溪群的接触关系也存在不同认识（赵小明 等，2015）。孙海清等（2013）认为高涧群与下伏冷家溪群之间未发生沉积间断，高涧群及其相当层位分布区在盆地演化过程中，可能没有经历由俯冲造山—伸展裂谷盆地的完整演化过程，盆地从板片俯冲形成岩浆弧的初期演化即已停止，形成所谓的残余盆地。许效松等（2012）认为湘桂海盆在青白口纪晚期为宽大的弧前—深海盆地，夹持在中上扬子陆块的东南缘与华夏陆块群之间，是古华南洋与下扬子陆块俯冲碰撞后在西南方向的残留海。因而湘桂盆地的性质还需要再研究，这不仅确定其在青白口纪是否属于华南洋至关重要，而在南华纪至震旦纪时是洋盆还是海盆则更为重要，这涉及此时期扬子与华夏陆块是否已经完成俯冲碰撞还是仍处于相对隔离状态等科学问题。

本书对湘桂盆地在北西—南东方向的岩性组合、沉积物源等特征研究较为详细，然而对于上述较多专家认为是向东南方向逐渐缩小的残留盆地研究还未开展，从江西境内资料来看，扬子与华夏陆块间为宜（丰）-德（兴）混杂叠覆造山带，其属于钦杭结合带赣中段的晋宁期至加里东期造山带，推断晋宁期为华南洋残留洋壳蛇绿混杂岩，而青白口纪晚期至早古生代为次深海裂谷海槽（江西省地质调查研究院，2017），如上所述，如认为湘桂地区为其向南西方向的残留海，其应在北东—南西方向存在沉积相和物源的变化，这一点以往的工作中并未受到重视。对湘中南、湘东北地区新元古界冷家溪群和板溪群/高涧群在南西方向和北西方向的空间变化、组合特征及其大地构造背景都值得进一步研究。

湘桂地区新元古代—早古生代盆地及构造演化有三个问题需要讨论，一是提出的早期双向俯冲、晚期单向俯冲的动力学机制是什么？为什么出现这种区别？这种双向俯冲是否是合适的解释？华南洋盆中间是否还存在一个块体？二是南部隆升的块体，为湘桂盆地物源的主要提供者之一，物源特点以石英质为主，包含少量的火山物质，是否真正属于华夏陆块（或陆块群）的一部分，或者说这一隆升的块体与华夏陆块的关系是什么？

三是造成湘桂地区早古生代前陆盆地形成的动力学机制从何而来，结合区域资料，本书研究认为应该还是华夏陆块向扬子陆块的俯冲，即存在华南洋，当然也有学者以陆内演化的观点讨论前陆盆地的形成（舒良树，2012；周小进和杨帆，2007），目前越来越多的文章提出支持华南洋的存在（彭松柏 等，2016；覃小锋 等，2015；赵小明 等，2015；何卫红 等，2014），但是华南洋存在的位置还没有定论，从湘桂地区早古生代地层序列及烟溪组沉积背景分析来看，对湘桂地区存在广阔的华南洋提出质疑，全国矿产资源潜力评价研究（赵小明 等，2015；何卫红 等，2014）所确定的早古生代华南洋位于江绍—郴州—钦防一带，本书认为此界线并未造成沉积相和生物群明显变化，早古生代华南洋的位置应该更向南，推测可能在广东境内，这还需要更多的工作研究讨论。

第三节　广东境内大地构造背景

本书中虽然对南华系之后湘桂地区存在华南洋提出了质疑，湘南至粤北地区连为一体，湖南及桂北地区成为扬子陆块东南缘裂谷盆地的组成部分，但粤北鹰扬关、韶关及湘南郴州地区是否也有相同的构造背景，扬子陆块上新元古代冰期沉积、堑垒相间的格局在华夏地区是否也有存在，还需要下一步工作再深入研究，毕竟与之相隔一个深水盆地，但有一点非常明确，越来越多的碎屑锆石研究表明，原来属于华夏陆块的部分向这个深水海盆提供了大量亲华夏型的砂质碎屑，这些砂质碎屑的地球化学特征显示出被动大陆边缘、活动大陆边缘和大陆岛弧等多种环境信息（柏道远 等，2007），这也反映了另一个问题——广东境内的大地构造背景非常复杂。尹福光等（2003）较早提出了泛华夏大陆群东南缘多岛弧盆系统概念，这种多块体的格局逐渐清晰（潘桂棠 等，2016；许效松 等，2012），华夏陆块不是单一的一个块体的认识也趋于一致，但其内部的各块体的地质结构特征及如何演化、拼合、裂解，粤北地区与扬子陆块东南缘盆地的关系仍然较为模糊。武夷和云开地区前泥盆系构造格局也不明确，这些都需在今后的工作中进一步深化研究。

参考文献

柏道远, 周亮, 王先辉, 等, 2007. 湘东南南华系—寒武系砂岩地球化学特征及对华南新元古代—早古生代构造背景的制约. 地质学报, 81(6): 755-771.

柏道远, 贾宝华, 刘伟, 等, 2010. 湖南城步火成岩锆石 SHRIMPU-Pb 年龄及其对江南造山带新元古代构造演化的约束. 地质学报, 84(12): 1715-1727.

柏道远, 贾宝华, 钟响, 等, 2011. 雪峰造山带新元古代构造演化框架. 沉积与特提斯地质, 31(3): 78-87.

蔡明海, 刘国庆, 2000. 桂东寒武系培地组硅质岩成因与金的富集. 华南地质与矿产 (1): 29-33.

常华进, 储雪蕾, 冯连君, 等, 2008. 湖南安化留茶坡硅质岩的 REE 地球化学特征及其意义. 中国地质, 35(5): 879-887.

常华进, 储雪蕾, 冯连君, 等, 2010. 桂北泗里口老堡组硅质岩的常量、稀土元素特征及成因指示. 沉积学报, 28(6): 1098-1107.

陈建书, 戴传固, 彭成龙, 等, 2014. 黔东及邻区新元古代甲路组岩石地层对比及其古地理意义. 沉积学报, 32(1): 19-26.

陈建书, 戴传固, 彭成龙, 等, 2016. 湘黔桂相邻区新元古代 820～635 Ma 时期裂谷盆地充填序列与地层格架. 中国地质, 43(3): 899-920.

陈骏, 王汝城, 周建平, 等, 2000. 锡的地球化学. 南京: 南京大学出版社.

陈世悦, 李聪, 张鹏飞, 等, 2011. 江南-雪峰地区加里东期和印支期不整合分布规律. 中国地质, 38(5): 1212-1219.

陈文勇, 杨瑞东, 2012. 贵州从江南华系长安组沉积特征及地质意义. 贵州地质, 29(4): 307-312.

陈显伟, 何崇泉, 1983. 桂湘粤边境鹰扬关震旦系剖面. 广西区测(1): 8-22.

陈旭, 戎嘉余, ROWLEY D B, 等, 1995. 对华南早古生代板溪洋的质疑. 地质论评, 41(5): 389-400.

陈旭, 张元动, 樊隽轩, 等, 2010. 赣南奥陶纪笔石地层序列与广西运动. 中国科学: 地球科学, 40(12): 1621-1631.

戴传固, 陈建书, 卢定彪, 等, 2010. 黔东及邻区武陵运动及其地质意义.地质力学学报, 16(1): 78-84.

戴传固, 王敏, 陈建书, 等, 2012. 黔桂交界龙胜地区玄武岩-流纹英安岩组合特征及其地质意义. 地质通报, 21(9): 1379-1386.

邓乾忠, 石先滨, 杜小峰, 2015. 神农架蚂蟥沟地区南华系岩石地层序列与沉积特征. 资源环境与工程, 29(2): 124-131.

邓孺孺, 方佩娟, 1997. 雪峰山构造带构造分布特征的遥感分析. 中山大学学报(自然科学版)(S1): 96-100.

丁炳华, 史仁灯, 支霞臣, 等, 2008. 江南造山带存在新元古代(～850 Ma)俯冲作用: 来自皖南 SSZ 型蛇绿岩锆石 SHRIMP U-Pb 年龄证据. 岩石矿物学杂志, 27(5): 375-388.

董宝林, 1991. 广西的四堡群. 地层学杂志, 21(2): 139-14.

董宝林, 雷英凭, 1997. 论桂东南地区培地组的归属. 广西地质, 10(4): 21-24.

杜秋定, 汪正江, 王剑, 等, 2013. 湘中长安组碎屑锆石 LA-ICP-MS U-Pb 年龄及其地质意义. 地质论评, 59(2): 334-344.

杜晓东, 邹和平, 苏章歆, 等, 2013. 广西大瑶山-大明山地区寒武纪砂岩-泥岩的地球化学特征及沉积-构造环境分析. 中国地质, 40(4): 1112-1128.

杜远生, 周琦, 余文超, 等, 2015. Rodina 超大陆裂解、Sturtian 冰期事件和扬子地块大规模锰成矿作用. 地质科技情报, 34(6): 1-7.

樊隽轩, 彭善池, 侯旭东, 等, 2015. 国际地层委员会官网与《国际年代地层表》(2015/01 版). 地层学杂志, 39(2): 125-132.

冯连君, 储雪蕾, 张启锐, 等, 2003. 化学蚀变指数(CIA) 及其在新元古代碎屑岩中的应用. 地学前缘, 10(4): 539-544.

冯连君, 储雪蕾, 张启锐, 等, 2004. 湘西北南华系渫水河组寒冷气候成因的新证据. 科学通报, 49(12): 1172-1178.

付建明, 卢友月, 牛志军, 等, 2017. 中国重要成矿区带成矿特征、资源潜力和选区部署: 南岭成矿带. 北京: 中国原子能出版社.

甘晓春, 赵凤清, 唐晓珊, 等, 1993. 湖南板溪群的单颗粒锆石 U-Pb 等时年龄//壳幔演化与成岩成矿同位素地球化学. 北京: 地震出版社.

甘晓春, 李献华, 赵凤清, 等, 1996. 广西龙胜丹洲群细碧岩锆石 U-Pb 及 Sm-Nd 等时线年龄. 地球化学, 25(3): 270-276.

高红灿, 郑荣才, 魏钦廉, 等, 2012. 碎屑流与浊流的流体性质及沉积特征研究进展. 地球科学进展, 27(8): 815-827.

高林志, 戴传固, 刘燕学, 等, 2010a. 黔东地区下江群凝灰岩锆石 SHRIMP U-Pb 年龄及其地层意义. 中国地质, 37(4): 1071-1080.

高林志, 戴传固, 刘燕学, 等, 2010b. 黔东南-桂北地区四堡群凝灰岩锆石 SHRIMP U-Pb 年龄及其地层学意义. 地质通报, 29(9): 1259-1268.

高林志, 陈峻, 丁孝忠, 等, 2011a. 湘东北岳阳地区冷家溪群和板溪群凝灰岩 SHRIMP 锆石 U-Pb 年龄: 对武陵运动的制约. 地质通报, 30(7): 1001-1008.

高林志, 丁孝忠, 庞维华, 等, 2011b. 中国中—新元古代地层年表的修正: 锆石 U-Pb 年龄对年代地层的制约. 地层学杂志, 35(1): 1-7.

高林志, 丁孝忠, 张传恒, 等, 2012. 江南古陆变质基底地层年代的修正和武陵运动构造意义. 资源调查与环境, 33(2): 71-76.

高林志, 陆济璞, 丁孝忠, 等, 2013. 桂北地区新元古代地层凝灰岩锆石 U-Pb 年龄及地质意义. 中国地质, 40(5): 1443-1452.

高林志, 陈建书, 戴传固, 等, 2014. 黔东地区梵净山群与下江群凝灰岩 SHRIMP 锆石 U-Pb 年龄. 地质通报, 33(7): 949-959.

高林志, 尹崇玉, 丁孝忠, 等, 2015. 华南地区新元古代年代地层标定及地层对比. 地球学报, 36(5):

533-545.

高维, 张传恒, 2009. 长江三峡黄陵花岗岩及莲沱组凝灰岩锆石 SHRIMP U-Pb 年龄及其构造地层意义. 地质通报, 28(1): 45-56.

葛文春, 李献华, 李正祥, 等, 2001a. 桂北新元古两类过铝花岗岩的地球化学研究. 地球化学, 30(1): 24-33.

葛文春, 李献华, 李正祥, 等, 2001b. 龙胜地区铁镁质侵入体: 年龄及其地质意义. 地质科学, 36(1): 112-118.

顾雪祥, 刘建明, OSKAR S, 等, 2003a. 江南造山带雪峰隆起区元古宙浊积岩沉积构造背景的地球化学制约. 地球化学, 32(5): 406-426.

顾雪祥, 刘建明, OSKAR S, 等, 2003b. 扬子地块南缘元古代浊积岩源区风化特征和源岩性质的沉积地球化学记录. 成都理工大学学报(自然科学版), 30(3): 221-235.

广东省地质调查院, 广东省佛山地质局, 2009. 1∶25 万韶关市幅区域地质调查报告. 广州: 广东省地质调查院.

广东省地质局, 1973. 1∶20 万连县幅区域地质矿产调查报告. 佛山: 广东省佛山地质局.

广东省地质矿产局, 1988. 广东省区域地质志. 北京: 地质出版社.

广东省地质矿产局, 1996. 广东省岩石地层. 武汉: 中国地质大学出版社.

广西壮族自治区地质局, 1965. 1∶20 万贺县幅区域地质矿产报告. 桂林: 广西壮族自治区区域地质调查研究院.

广西壮族自治区地质矿产局, 1985. 广西壮族自治区区域地质志. 北京: 地质出版社.

广西壮族自治区地质矿产局, 1997. 广西壮族自治区岩石地层. 武汉: 中国地质大学出版社.

广西壮族自治区区域地质调查研究院, 2004. 1∶25 万鹿寨县幅区域地质调查报告. 桂林: 广西壮族自治区区域地质调查研究院.

广西壮族自治区区域地质调查研究院, 2005. 1∶25 万贺县幅区域地质调查报告. 桂林: 广西壮族自治区区域地质调查研究院.

贵州省地质调查院, 2017. 中国区域地质志: 贵州志. 北京: 地质出版社.

贵州省地质矿产局, 1987. 贵州省区域地质志. 北京: 地质出版社

贵州省地质矿产局, 1997. 贵州省岩石地层. 武汉: 中国地质大学出版社.

郭福祥, 1994. 广西大地构造单元. 桂林理工大学学报, 14(3): 233-243.

郭令智, 施央申, 马瑞士, 1980. 华南大地构造格架和地壳演化 // 地质部书刊编辑室. 第 26 届国际地质大会论文集(1): 构造地质、地质力学. 北京: 地质出版社: 109-116.

郭令智, 施央申, 卢华复, 等, 1990. 武夷-云开震旦纪—早古生代沟、弧、盆褶皱系//中国地质学会构造专业委员会. 国际大陆岩石圈构造演化与动力学讨论会第三届全国构造会议论文集: 造山带·盆地环太平洋构造论文集. 北京: 地质出版社.

郭令智, 卢华复, 施央申, 等, 1996. 江南中、新元古代岛弧的运动学和动力学. 高校地质学报, 2(1): 1-13.

韩坤英, 王梁, 丁孝忠, 等, 2016. 桂北地区南华系沉积物源分析: 来自碎屑锆石 U- Pb 年龄的证据. 岩石学报, 32(7): 2066-2180.

何卫红, 唐婷婷, 乐明亮, 等, 2014. 华南南华纪–二叠纪沉积大地构造演化. 地球科学(中国地质大学学报), 39(8): 929-953.

何垚砚, 2016. 湘桂地区中–晚奥陶世之交黑色岩系沉积特征及构造意义. 北京: 中国地质大学(北京).

何垚砚, 牛志军, 杨文强, 等, 2016. 湘中南中–晚奥陶世硅质岩地球化学特征及其对奥陶纪盆地演化的启示. 中国地质, 43(3): 936-952.

何垚砚, 牛志军, 宋芳, 等, 2017. 鄂东南新元古界冷家溪群大药菇组地质特征及区域对比. 地层学杂志, 41(2): 195-208.

胡蓉, 李双庆, 王伟, 等, 2016. 扬子北部三峡地区南沱组冰碛岩的物源特征: 锆石年龄和地球化学证据. 地球科学(中国地质大学学报), 41(10): 1630-1654.

湖北省地质调查院, 2007. 1∶25 万宜昌市幅区域地质调查报告. 武汉: 湖北省地质调查院.

湖北省地质局, 1966. 1∶20 万通山幅区域地质报告. 武汉: 湖北省地质局.

湖北省地质局, 1976. 1∶20 万蒲圻幅区域地质调查报告. 武汉: 湖北省地质局.

湖北省地质局第四地质大队, 1984. 1∶5 万通山县北半幅区域地质调查报告. 咸宁: 湖北省第四地质大队.

湖北省地质矿产局, 1990. 湖北省区域地质志. 北京: 地质出版社.

湖北省地质矿产局, 1996. 湖北省岩石地层. 武汉: 中国地质大学出版社.

湖北省区域地质矿产调查所, 1999. 1∶5 万通山幅、宝石河幅区域地质调查报告. 武汉: 湖北省区域地质矿产调查所.

湖南省地质调查院, 2002a. 1∶25 万益阳市幅区域地质调查报告. 长沙: 湖南省地质调查院.

湖南省地质调查院, 2002b. 1∶25 万长沙市幅区域地质调查报告. 长沙: 湖南省地质调查院.

湖南省地质调查院, 2004. 1∶25 万道县幅区域地质调查报告. 长沙: 湖南省地质调查院.

湖南省地质调查院, 2005. 1∶25 万衡阳市幅区域地质调查报告. 长沙: 湖南省地质调查院.

湖南省地质调查院, 2007a. 1∶25 万大庸市幅区域地质调查报告. 长沙: 湖南省地质调查院.

湖南省地质调查院, 2007b. 1∶25 万吉首市幅区域地质调查报告. 长沙: 湖南省地质调查院.

湖南省地质调查院, 2009a. 1∶25 万常德市幅区域地质与环境调查报告. 长沙: 湖南省地质调查院.

湖南省地质调查院, 2009b. 1∶25 万岳阳市幅区域地质与环境调查报告. 长沙: 湖南省地质调查院.

湖南省地质调查院, 2013a. 1∶25 万怀化市幅区域地质调查报告. 长沙: 湖南省地质调查院.

湖南省地质调查院, 2013b. 1∶25 万邵阳市幅区域地质调查报告. 长沙: 湖南省地质调查院.

湖南省地质调查院, 2013c. 1∶25 万武冈市幅区域地质调查报告. 长沙: 湖南省地质调查院.

湖南省地质调查院, 2013d. 1∶25 万永州市幅区域地质调查报告. 长沙: 湖南省地质调查院.

湖南省地质调查院, 2013e. 1∶25 万株洲市幅区域地质调查报告. 长沙: 湖南省地质调查院.

湖南省地质调查院, 2017. 中国区域地质志: 湖南志. 北京: 地质出版社.

湖南省地质矿产局, 1988. 湖南省区域地质志. 北京: 地质出版社.

湖南省地质矿产局, 1997. 湖南省岩石地层. 武汉: 中国地质大学出版社.

黄建中, 唐晓珊, 张纯臣, 等, 1994. 湘东南地区震旦纪地层的新划分与区域对比. 湖南地质, 13(3): 129-136.

黄照先, 1989. 湘鄂边境东山峰背斜震旦系的下界问题//中国地质科学院宜昌地质矿产研究所文集, 14. 北京: 地质出版: 135-140.

江西省地质调查研究院, 2017. 中国区域地质志: 江西志. 北京: 地质出版社.

江西省地质矿产局, 1984. 江西省区域地质志. 北京: 地质出版社.

江西省地质矿产局, 1997. 江西省岩石地层. 武汉: 中国地质大学出版社.

焦文放, 吴元保, 彭敏, 等, 2009. 扬子板块最古老岩石的锆石 U-Pb 年龄和 Hf 同位素组成. 中国科学(D辑), 39(7): 972-978.

金文山, 赵凤清, 王祖伟, 等, 1998. 湘东北—桂北中元古界岩石地球化学特征. 广西地质, 11(1): 59-64.

康育义, 1984. 赣西北前震旦系内不整合的再观察. 地层学杂志, 8(1): 71-73.

寇彩化, 刘燕学, 李廷栋, 等, 2017. 桂北地区丹洲群碎屑锆石 LA-ICP-MS U-Pb 年龄和 Hf 同位素特征及其地质意义. 地质通报, 36(8): 1393-1406.

李红中, 周永章, 杨志军, 等, 2015. 钦-杭结合带硅质岩的分布特征及其地质意义. 地学前缘, 22(2): 108-117.

李继亮, 孙枢, 许靖华, 等, 1989. 南华夏造山带构造演化的新证据. 地质科学(3): 217-225.

李利阳, 张传恒, 贾龙龙, 2016. 江南造山带西段四堡群的沉积地质特征和构造属性探讨. 地质论评, 62(5): 1115-1124.

李明龙, 田景春, 方喜林, 等, 2019. 鄂西走马地区大塘坡组顶部泥岩碎屑锆石 LA-ICP-MS U-Pb 年龄及其地质意义. 沉积与特提斯地质, 39(1): 22-31.

李青, 段瑞春, 凌文黎, 等, 2009. 桂东早古生代地层碎屑锆石 U-Pb 同位素年代学及其对华夏陆块加里东期构造事件性质的约束. 地球科学(中国地质大学学报), 34(1): 189-202.

李献华, 周国庆, 赵建新, 1994. 赣东北蛇绿岩的离子探针锆石 U-Pb 年龄及其构造意义. 地球化学, 23(2): 125-131.

李献华, 王选策, 李武显, 等, 2008. 华南新元古代玄武质岩石成因与构造意义: 从造山运动到陆内裂谷. 地球化学, 37(4): 382-398.

李献华, 李武显, 何斌, 等, 2012. 华南陆块的形成与 Rodinia 超大陆聚合-裂解: 观察、解释与检验. 矿物岩石地球化学通报, 31(6): 543-559.

李曰俊, 郝杰, 胡文虎, 1991. 从岩石化学特点看板溪群的沉积大地构造背景. 湖南地质, 10(3): 186-188.

李自惠, 1979. 广西贺县鹰扬关海相火山岩基本地质特征初步认识 // 广西地质学会. 广西地质学会第二届会员代表及学术报告论文摘要集. 桂林: 广西区域地质调查研究院: 21-28.

林树基, 1995. 板溪群和莲沱组对比问题与震旦/前震旦界限. 贵州地质, 12(1) : 23-29.

林树基, 肖加飞, 卢定彪, 等, 2010. 湘黔桂交界区富禄组与富禄间冰期的再划分. 地质通报, 29(z1): 195-204.

林树基, 卢定彪, 肖加飞, 等, 2013. 贵州南华纪冰期地层的主要特征. 地层学杂志, 37(4): 542-557.

凌文黎, 高山, 郑海飞, 等, 1998. 扬子克拉通黄陵地区崆岭杂岩 Sm-Nd 同位素地质年代学研究. 科学通报, 43(1): 86-89.

刘邦秀, 左祖发, 1998. 赣北中元古代双桥山群修水组“不整合”的形成与构造背景分析. 江西地质, 12(4): 257-261.

刘宝珺, 许效松, 潘杏南, 等, 1993. 中国南方古大陆沉积地壳演化与成矿. 北京: 科学出版社.

刘鸿允, 李曰俊, 1992. 论板溪群的时代归属和层位对比. 地质科学(s1): 1-16.

刘鸿允, 沙庆安, 胡世玲, 等, 1966. 贵州北部的震旦系及其与邻区的对比. 地层学杂志(2): 137-162.
刘建清, 赵瞻, 林家善, 等, 2015. 南华系底界年龄: SHRIMP Ⅱ定年新证据. 矿物岩石, 35(3): 35-40.
刘鹏举, 尹崇玉, 陈寿铭, 等, 2010. 华南埃迪卡拉纪陡山沱期管状微体化石分布、生物属性及其地层学意义. 古生物学报, 49(3): 308-324.
刘鹏举, 尹崇玉, 陈寿铭, 等, 2012. 华南峡东地区埃迪卡拉(震旦)纪年代地层划分初探. 地质学报, 86(6): 849-866.
刘玉平, 苏文超, 皮道会, 等, 2009. 滇黔桂低温成矿域基底岩石的锆石年代学研究. 自然科学进展, 19(12): 1319-1325.
卢定彪, 肖加飞, 林树基, 等, 2019. 黔湘桂交界地区南华系划分: 基于连续完整的贵州从江县黎家坡南华系剖面. 地质通报, 38(2/3): 200-207.
陆松年, 2001. 从罗迪尼亚到冈瓦纳超大陆: 对新元古代超大陆研究几个问题的思考. 地学前缘, 8(4): 441-448.
罗海晏, 1994. “宝林冲组”及其建组的必要性. 湖南地质, 13(2): 69-70.
罗来, 贺良, 孙海清, 等, 2016. 扬子东南缘高涧群底部锆石SHRIMPU-Pb年龄. 华南地质与矿产, 32(1): 15-20.
马大铨, 李志昌, 肖志发, 1997. 鄂西崆岭杂岩的组成、时代及地质演化. 地球学报, 18(3): 233-241.
马国干, 李华芹, 张自超, 1984. 华南震旦纪时限范围的研究. 宜昌地质矿产研究所所刊, 8: 1-29.
马慧英, 孙海清, 黄建中, 等, 2013. 湘中地区高涧群凝灰岩 LA-ICP-MS 锆石 U-Pb 年龄及其地质意义. 矿产勘查, 4(1): 69-75.
马瑞士, 2006. 华南构造演化新思考兼论“华夏古陆”说中的几个问题. 高校地质学报, 12(4): 448-450.
毛景文, 陈懋弘, 袁顺达, 等, 2011. 华南地区钦杭成矿带地质特征和矿床时空分布规律. 地质学报, 85(5): 636-658.
毛晓冬, 汪啸风, 陈孝红, 1998. 扬子地台东南缘震旦纪—早寒武世沉积环境及有关矿产. 华南地质与矿产(2): 26-33.
孟庆秀, 2014. 江南造山带中段新元古代冷家溪群、板溪群年代学研究及构造意义. 成都: 成都理工大学.
孟庆秀, 张健, 耿建珍, 等, 2013. 湘中地区冷家溪群和板溪群锆石 U-Pb 年龄、Hf 同位素特征及对华南新元古代构造演化的意义. 中国地质, 40(1): 191-216.
牟军, 罗香建, 王安华, 等, 2015. 贵州锦屏地区新元古代下江群地球化学特征及构造环境研究. 高校地质学报, 21(1): 68-78.
牛志军, 杨文强, 刘浩, 等, 2014. 南岭成矿带前寒武纪地层区划与岩石地层的厘定. 华南地质与矿产, 30(4): 308-318.
牛志军, 彭练红, 龙文国, 等, 2016. 中南地区区域地质概论. 武汉: 中国地质大学出版社.
潘桂棠, 肖庆辉, 陆松年, 等, 2009. 中国大地构造单元划分. 中国地质, 26(1): 1-4.
潘桂棠, 陆松年, 肖庆辉, 等, 2016. 中国大地构造阶段划分和演化. 地学前缘, 23(6): 1-23.
潘桂棠, 肖庆辉, 尹福光, 等, 2017. 中国大地构造. 北京: 地质出版社.
彭军, 徐望国, 2001. 湘西上震旦统层状硅质岩沉积环境的地球化学标志. 地球化学, 30(3): 293-298.

彭松柏, 刘松峰, 林木森, 等, 2016. 华夏早古生代俯冲作用(I): 来自糯垌蛇绿岩的新证据. 地球科学, 41(5): 765-778.

彭学军, 刘耀荣, 吴能杰, 等, 2004. 扬子陆块东南缘南华纪地层对比. 地层学杂志, 28(4): 354-359.

秦守荣, 朱顺才, 王砚耕, 1984. 黔东晚元古早期地层岩组的重新划分. 贵州地质(2): 11-14.

丘元禧, 梁新权, 2006. 两广云开大山-十万大山地区盆山耦合构造演化: 兼论华南若干区域构造问题. 地质通报, 25(3): 340-347.

丘元禧, 张渝昌, 马文璞, 1999. 雪峰山的构造性质与演化: 一个陆内造山带的形成演化模式. 北京: 地质出版社.

全国地层委员会, 1962. 全国地层会议学术报告汇编: 中国的前寒武系. 北京: 科学出版社.

佘振兵, 2007. 中上扬子上元古界—中生界碎屑锆石年代学研究. 武汉: 中国地质大学(武汉).

舒良树, 2006. 华南前泥盆纪构造演化: 从华夏陆块到加里东期造山带. 高校地质学报, 12(4): 418-431.

舒良树, 2012. 华南构造演化的基本特征. 地质通报, 31(7): 1035-1053.

宋芳, 牛志军, 何垚砚, 等, 2016a. 中扬子地区南华纪早期碎屑锆石U-Pb年龄及其对物源特征及古地理格局的约束. 地质学报, 90(10): 2661-2680.

宋芳, 牛志军, 刘浩, 等, 2016b. 鄂东南地区南华系沉积特征与接触关系: 扬子陆块内部与东南缘盆地对比的良好借鉴. 地层学杂志, 40(3): 251-260.

宋芳, 牛志军, 何垚砚, 等, 2019. 湘中地区南华系地层沉积序列、物源特征及区域对比. 地球科学, 44(9): 3074-3087.

孙海清, 陈俊, 孟德保, 等, 2009. 湘东北地区冷家溪群大药菇组. 华南地质与矿产, 25(4): 54-58.

孙海清, 黄建中, 郭乐群, 等, 2012. 湖南冷家溪群划分及同位素年龄约束. 华南地质与矿产, 28(1): 20-26.

孙海清, 黄建中, 江新胜, 等, 2013. 扬子东南缘“南华纪”盆地演化: 来自新元古代花岗岩的年龄约束. 中国地质, 40(6): 1725-1735.

孙海清, 黄建中, 杜远生, 等, 2014. 扬子地块东南缘南华系长安组同位素年龄及其意义. 地质科技情报(2): 15-20.

谈昕, 邱振, 卢斌, 等, 2018. 华南地区不同时代硅质岩地球化学特征及地质意义. 科学技术与工程, 18(2): 7-19.

覃小锋, 王宗起, 胡贵昂, 等, 2013. 两广交界地区壶垌片麻状复式岩体的年代学和地球化学: 对云开地块北缘早古生代构造-岩浆作用的启示. 岩石学报, 29(9): 3115-3130.

覃小锋, 王宗起, 王涛, 等, 2015. 桂东鹰扬关群火山岩时代和构造环境的重新厘定: 对钦杭结合带西南段构造格局的制约. 地球学报, 36(3): 283-292.

覃永军, 杜远生, 牟军, 等, 2015. 黔东南地区新元古代下江群的地层年代及其地质意义. 地球科学(中国地质大学学报), 40(7): 1107-1131.

汤加富, 符鹤琴, 余志庆, 1987. 华南晚前寒武纪硅铁建造的层位, 类型与形成条件. 矿床地质, 6(1): 1-10.

唐晓珊, 1989. 湖南冷家溪群岩石地层的研究. 湖南地质, 8(2): 1-9.

唐晓珊, 黄建中, 1994. 华南地体北缘 (湖南部分)前寒武纪地层. 中国区域地质(4): 303-310.

唐晓珊, 黄建中, 何开善, 1994. 论湖南板溪群. 中国区域地质(3): 274-277.

唐晓珊, 黄建中, 郭乐群, 1997. 再论湖南板溪群及其大地构造环境. 湖南地质, 16(4): 219-226.

唐晓珊, 黄建中, 陈俊, 等, 2000. 谈谈冷家溪群坪原组、“杨林冲组”和大药菇组的归属. 湖南地质, 19(2): 83-86.

唐专红, 张能, 李玉坤, 等, 2017. 广西 1∶5 万水口幅、林溪幅、龙额乡幅、良口幅区域地质矿产调查//付建明, 卢友月, 牛志军, 等. 南岭成矿带地质矿产调查“十二五”成果集. 武汉: 中国地质大学出版社: 15-21.

田洋, 王令占, 李响, 等, 2015. 广西鹰扬关组变质熔结凝灰岩的发现及年代特征. 华南地质与矿产, 31(1): 110-111.

汪正江, 王剑, 卓皆文, 等, 2011. 扬子陆块震旦纪—寒武纪之交的地壳伸展作用: 来自沉积序列与沉积地球化学证据. 地质论评, 57(5): 731-742.

汪正江, 江新胜, 杜秋定, 等, 2013a. 湘桂邻区板溪期与南华冰期之间的沉积转换及其地层学涵义. 沉积学报, 31(3): 385-395.

汪正江, 许效松, 杜秋定, 等, 2013b. 南华系底界讨论: 来自沉积学与同位素年代学证据. 地球科学进展, 28(4): 477-489.

汪正江, 王剑, 江新胜, 等, 2015. 华南扬子地区新元古代地层划分对比研究新进展. 地质论评, 61(1): 1-22.

王鹤年, 1961. 湘西前震旦纪板溪群中复理石建造的发现及不整合问题的探讨. 地质学报(1): 16-22.

王鹤年, 周丽娅, 2006. 华南地质构造的再认识. 高校地质学报, 12(4): 457-465.

王鸿祯, 1986. 中国华南地区地壳构造发展的轮廓//王鸿祯, 等. 华南地区古大陆边缘构造史. 武汉: 武汉地质学院出版社: 1-15.

王鸿祯, 杨巍然, 刘本培, 等, 1986. 华南地区古大陆边缘构造史. 武汉: 武汉地质学院出版社.

王剑, 2000. 华南新元古代裂谷盆地沉积演化: 兼论与 Rodinia 解体的关系. 北京: 地质出版社.

王剑, 2005. 华南“南华系”研究新进展: 论南华系地层划分与对比. 地质通报, 24(6): 491-495.

王剑, 潘桂棠, 2009. 中国南方古大陆研究进展与问题评述. 沉积学报, 27(5): 818-825.

王剑, 刘宝珺, 潘桂棠, 2001. 华南新元古代裂谷盆地演化: Rodinia 超大陆解体的前奏. 矿物岩石, 21(3): 135-145.

王剑, 李献华, DUAN T Z, 等, 2003. 沧水铺火山岩锆石 SHRIMPU-Pb 年龄及“南华系”底界新证据. 科学通报, 48(16): 1726-1732.

王剑, 曾昭光, 陈文西, 等, 2006. 华南新元古代裂谷系沉积超覆作用及其开启年龄新证据. 沉积与特提斯地质, 26(4): 1-7.

王剑, 周小琳, 郭秀梅, 等, 2013. 华南新元古代盆地开启年龄及沉积演化特征: 以赣东北江南次级盆地为例. 沉积学报, 31(5): 834-844.

王丽娟, 于津海, O’REILLY S Y, 等, 2008. 华夏南部可能存在 Grenville 期造山作用: 来自基底变质岩中锆石 U-Pb 定年及 Lu-Hf 同位素信息. 科学通报, 53(14): 1680.

王令占, 涂兵, 田洋, 等, 2017. 广西 1∶5 万富川县、涛圩、桂岭圩、太保圩幅区域地质矿产调查 // 付建明, 卢友月, 牛志军, 等.南岭成矿带地质矿产调查“十二五”成果集. 武汉: 中国地质大学出版社:

87-95.

王令占, 涂兵, 田洋, 等, 2019. 桂东鹰扬关地区 1∶5 万区域地质矿产调查成果与主要进展. 华南地质与矿产(3): 283-292.

王敏, 戴传固, 王雪华, 等, 2011. 贵州梵净山白云母花岗岩锆石年代、铪同位素及对华南地壳生长的制约. 地学前缘, 18(5): 213-223.

王敏, 戴传固, 王雪华, 等, 2012. 贵州梵净山群沉积时代: 来自原位锆石 U-Pb 测年证据. 岩石矿物学杂志, 31(6): 843-857.

王鹏鸣, 于津海, 孙涛, 等, 2012. 湘东新元古代沉积岩的地球化学和碎屑锆石年代学特征及其构造意义. 岩石学报, 28(12): 3841-3857.

王鹏鸣, 于津海, 孙涛, 等, 2013. 湘桂震旦-寒武纪沉积岩组成的变化: 对华南构造演化的指示. 中国科学: 地球科学(11): 1893-1906.

王孝磊, 周金城, 邱检生, 等, 2006. 桂北新元古代强过铝花岗岩的成因: 锆石年代学和 Hf 同位素制约. 岩石学报, 22(2): 326-342.

王泽九, 黄枝高, 姚建新, 等, 2014. 中国地层表及说明书的特点与主要进展. 地球学报, 35(3): 271-276.

王自强, 索书田, 1986. 华南地区中、晚元古代阶段古构造及古地理//王鸿祯, 等. 华南地区古大陆边缘构造史. 武汉: 武汉地质学院出版社: 16-35.

王自强, 尹崇玉, 高林志, 等, 2006. 宜昌三斗坪地区南华系化学蚀变指数特征及南华系划分、对比的讨论. 地质论评, 52(5): 577-585.

王自强, 高林志, 丁孝忠, 等, 2012. "江南造山带"变质基底形成的构造环境及演化特征. 地质论评, 58(3): 401-413.

魏君奇, 王建雄, 2012. 崆岭杂岩中斜长角闪岩包体的锆石年龄和 Hf 同位素组成. 高校地质学报, 18(4): 589-600.

吴根耀, 2000. 华南的格林威尔造山带及其坍塌: 在罗迪尼亚超大陆演化中的意义. 大地构造与成矿学, 24(2): 112-123.

吴湘滨, 戴塔根, 何绍勋, 2001. 湘西南高涧群的地球化学特征及其意义. 岩石学报, 17(4): 653-662.

吴湘滨, 刘义福, 邱冬生, 2002. 湘西南元古宙高涧群微量元素主成分分析. 岩石矿物学杂志, 21(1): 55-61.

吴元保, 郑永飞, 2004. 锆石成因矿物学研究及其对 U-Pb 年龄解释的制约. 科学通报, 49(16): 1589-1604.

吴元保, 陈道公, 夏群科, 等, 2002. 北大别黄土岭麻粒岩锆石 U-Pb 离子探针定年. 岩石学报, 18(3): 378-382.

伍皓, 江新胜, 王剑, 等, 2013. 湘东南新元古界大江边组和埃岐岭组的形成时代和物源: 来自碎屑锆石 U-Pb 年代学的证据. 地质论评, 59(5): 853-868.

伍皓, 江新胜, 王剑, 等, 2015. 湘西托口地区南华系沉积地层学研究及其地质意义. 地层学杂志, 39(3): 300-309.

中国地质调查局武汉地质调查中心, 2015. 1∶5 万南乡幅、上程幅、福堂圩幅、小三江幅区域地质矿产调查报告. 武汉: 中国地质调查局武汉地质调查中心.

中国地质调查局武汉地质调查中心, 2016. 1∶5万富川县幅、涛圩幅、桂岭圩幅、太保圩幅区域地质矿产调查报告. 武汉: 中国地质调查局武汉地质调查中心.

夏文杰, 杜森官, 徐新煌, 等, 1994. 中国南方震旦纪岩相古地理与成矿作用. 北京: 地质出版社.

向磊, 舒良树, 2010. 华南东段前泥盆纪构造演化: 来自碎屑锆石的证据. 中国科学: 地球科学, 40(10): 1377-1388.

谢士稳, 高山, 柳小明, 等, 2009. 扬子克拉通南华纪碎屑锆石U-Pb年龄、Hf同位素对华南新元古代岩浆事件的指示. 地球科学(中国地质大学学报), 34(1): 117-126.

谢小峰, 杨坤光, 袁良军, 2015. 黔东地区"大塘坡式"锰矿研究现状及进展综述. 贵州地质, 32(3): 171-176.

熊清华, 曾佐勋, 1997. 赣北修水观音阁砾岩特征及其构造意义. 江西地质科技, 24(1): 11-19.

徐备, 1990. 论赣东北-皖南晚元古代沟弧盆体系. 地质学报, 64(1): 33-42.

徐德明, 蔺志永, 龙文国, 等, 2012. 钦杭成矿带的研究历史和现状. 华南地质与矿产, 28(4): 277-289.

徐德明, 蔺志永, 骆学全, 等, 2015. 钦-杭成矿带主要金属矿床成矿系列. 地学前缘, 22(2): 7-24.

徐亚军, 杜远生, 2018. 从板缘碰撞到陆内造山: 华南东南缘早古生代造山作用演化. 地球科学, 43(2): 333-353.

徐志贤, 李锦诚, 黄勇, 2006. 论鹰扬关地区天子地组与拱洞组角度不整合界面特征及地质意义//广西地质学会. 华南青年地学学术研讨会论文集. 桂林: 广西区域地质调查研究院: 157-160.

许靖华, 1987. 是华南造山带不是华南地台. 中国科学(B辑)(12): 1107-1115.

许效松, 徐强, 潘桂棠, 等, 1996. 中国南大陆演化与全球古地理对比. 北京: 地质出版社.

许效松, 刘伟, 门玉澎, 等, 2012. 对新元古代湘桂海盆及邻区构造属性的探讨. 地质学报, 86(12): 1890-1904.

薛怀民, 马芳, 宋永勤, 2012. 江南造山带西南段梵净山地区镁铁质-超镁铁质岩: 形成时代、地球化学特征与构造环境. 岩石学报, 28(9): 3015-3030.

薛耀松, 曹瑞骥, 唐天福, 等, 2001. 扬子区震旦纪地层序列和南、北方震旦系对比. 地层学杂志, 25(3): 207-216.

杨恩林, 陈恨水, 陈焕, 等, 2011. 黔东留茶坡组硅质岩元素地球化学特征与形成环境. 矿物学报, 31(3): 406-411.

杨恩林, 吕新彪, 石平, 等, 2014. 黔东震旦—寒武系转换期碎屑锆石年龄及其地质意义. 地球科学(中国地质大学学报), 39(4): 387-398.

杨菲, 汪正江, 王剑, 等, 2012. 华南西部新元古代中期沉积盆地性质及其动力学分析: 来自桂北丹洲群的沉积学制约. 地质论评, 58(5): 854-864.

杨明桂, 梅勇文, 1997. 钦-杭古板块结合带与成矿带的主要特征. 华南地质与矿产(3): 52-59.

杨明桂, 刘亚光, 黄志忠, 等, 2012a. 江西中新元古代地层的划分及其与邻区对比. 中国地质, 39(1): 43-53.

杨明桂, 祝平俊, 熊清华, 等, 2012b. 新元古代—早古生代华南裂谷系的格局及其演化. 地质学报, 86(9): 1367-1375.

杨瑞东, 张晓东, 刘玲, 等, 2009. 贵州锦屏新元古界青白口系下江群稀土、微量元素分布特征: 探讨金的来源问题. 地质学报, 83(4): 505-514.

杨巍然, 胡德祥, 张旺生, 1986. 华南加里东阶段古构造特征 // 王鸿祯, 等. 华南地区古大陆边缘构造史. 武汉: 武汉地质学院出版社: 39-64.

杨彦均, 魏绪寿, 陈文斌, 等, 1984. 湖南省石门县杨家坪上前寒武系剖面研究. 湖南地质, 3(4): 1-96.

殷鸿福, 吴顺宝, 杜远生, 等, 1999. 华南是特提斯多岛洋体系的一部分. 地球科学(中国地质大学学报), 24(1): 1-12.

尹崇玉, 高林志, 2013. 中国南华系的范畴、时限及地层划分. 地层学杂志, 37(4): 534-541.

尹崇玉, 刘敦一, 高林志, 等, 2003. 南华系底界与古城冰期的年龄: SHRIMP II 定年证据. 科学通报, 48(16): 1721-1725.

尹崇玉, 唐烽, 柳永清, 等, 2005. 长江三峡地区埃迪卡拉(震旦)纪锆石 U-Pb 新年龄对庙河生物群和马雷诺冰期时限的限定. 地质通报, 24(5): 393-400.

尹崇玉, 王砚耕, 唐烽, 等, 2006. 贵州松桃南华系大塘坡组凝灰岩锆石 SHRIMP Ⅱ U-Pb 年龄. 地质学报, 80(2): 273-278.

尹崇玉, 柳永清, 高林志, 等, 2007. 震旦(伊迪卡拉)纪早期磷酸盐化生物群—瓮安生物群特征及其环境演化. 北京: 地质出版社.

尹崇玉, 高林志, 刘鹏举, 等, 2015. 中国新元古代生物地层序列与年代地层划分. 北京: 科学出版社.

尹福光, 许效松, 万方, 等, 2001. 华南地区加里东期前陆盆地演化过程中的沉积响应. 地球学报, 22(5): 425-428.

尹福光, 万方, 陈明, 2003. 泛华夏大陆群东南缘多岛弧盆系统. 成都理工大学学报 (自然科学版), 30(2): 126-131.

于津海, 魏震洋, 王丽娟, 等, 2006. 华夏地块: 一个由古老物质组成的年轻陆块. 高校地质学报, 12(4): 440-447.

余文超, 杜远生, 周琦, 等, 2016. 黔东松桃地区大塘坡组 LA-ICP-MS 锆石 U-Pb 年龄及其地质意义. 地质论评, 62(3): 539-549.

曾昭光, 唐云辉, 彭慈刚, 等, 2005. 黔桂边境四堡岩群中高压变质矿物的发现及其意义. 贵州地质, 22(1): 46-49.

张传恒, 刘耀明, 史晓颖, 等, 2009. 下江群沉积地质特征及其对华南新元古代构造演化的约束. 地球学报, 27(4): 495-504.

张传恒, 高林志, 史晓颖, 等, 2014. 梵净山群火山岩锆石 SHRIMP 年龄及其年代地层学意义. 地学前缘, 21(2): 139-143.

张国伟, 郭安林, 王岳军, 等, 2013. 中国华南大陆构造与问题. 中国科学: 地球科学, 43(10): 1553-1582.

张恒, 谢莹, 张传恒, 等, 2013. 江南造山带西段冷家溪群沉积地质特征及构造属性探讨. 地学前缘, 20(6): 269-281.

张继淹, 1985. 广西贺县一带的震旦纪. 地层学杂志, 9(3): 216-219.

张克信, 潘桂棠, 何卫红, 等, 2015. 中国构造-地层大区划分新方案. 地球科学(中国地质大学学报), 40(2): 206-233.

张克信, 何卫红, 徐亚东, 等, 2017. 中国沉积岩建造与沉积大地构造. 北京: 地质出版社.

张良, 陈培权, 1992. 关于乐昌峡群的修订及新秦组和泗公坑组的建立问题. 广东地质, 7(3): 29-38.
张启锐, 2014. 关于南华系底界年龄 780Ma 数值的讨论. 地层学杂志, 38(3): 336-339.
张启锐, 储雪蕾, 2006. 扬子地区江口冰期地层的划分对比与南华系层型剖面. 地层学杂志, 30(4): 306-314.
张启锐, 黄晶, 储雪蕾, 2012. 湖南怀化新路河地区的南华系. 地层学杂志, 36(4): 761-763.
张世红, 蒋干清, 董进, 等, 2008. 华南板溪群五强溪组 SHRIMP 锆石 U-Pb 年代学新结果及其构造地层学意义. 中国科学: D 辑, 38(12): 1496-1503.
张晓东, 杨瑞东, 刘玲, 等, 2012. 贵州锦屏新元古界下江群元素地球化学特征及其与金矿的关系. 地质学报, 86(2): 258-268.
张雄, 曾佐勋, 潘黎黎, 等, 2016. 对湖北大洪山地区一套紫红色砂-砾岩系沉积年代的再认识: 碎屑锆石 U-Pb 年龄及其地质意义. 地质通报, 35(7): 1069-1080.
张雄华, 章泽军, 郭建秋, 等, 1999. 赣西北修水-武宁地区元古界双桥山群上部地层及沉积序列. 地层学杂志, 23(1): 71-77.
张亚冠, 杜远生, 徐亚军, 等, 2015. 湘中震旦纪—寒武纪之交硅质岩地球化学特征及成因环境研究. 地质论评, 61(3): 499-510.
张玉芝, 王岳军, 范蔚茗, 等, 2011. 江南隆起带新元古代碰撞结束时间: 沧水铺砾岩上下层位的 U-Pb 年代学证据. 大地构造与成矿学, 35(1): 32-46.
赵国连, 赵澄林, 王东安, 等, 2001. 皖南浙西晚震旦世至早寒武世硅岩物源与环境类型初探. 现代地质, 15(4): 370-376.
赵军红, 王伟, 刘航, 2015. 扬子东南缘新元古代地质演化. 矿物岩石地球化学通报, 34(2): 227-233.
赵小明, 刘圣德, 张权绪, 等, 2011. 鄂西长阳南华系地球化学特征的气候指示意义及地层对比. 地质学报, 85(4): 576-585.
赵小明, 张开明, 毛新武, 等, 2015. 中南地区大地构造相特征与成矿地质背景研究. 武汉: 湖北人民出版社.
赵彦彦, 郑永飞, 2011. 全球新元古代冰期的记录和时限. 岩石学报, 27(2): 545-565.
赵银胜, 1995. 鄂东南的震旦系及其微古植物. 湖北地质, 9(1): 21-29.
赵自强, 邢裕盛, 马国干, 等, 1985. 长江三峡地区生物地层学(1)震旦纪分册. 北京: 地质出版社.
郑永飞, 2003. 新元古代岩浆活动与全球变化. 科学通报, 48(16): 1705-1720.
郑永飞, 张少兵, 2007. 华南前寒武纪大陆地壳的形成和演化. 科学通报, 52(1): 1-10.
周传明, 2016. 扬子区新元古界前震旦系地层对比. 地层学杂志, 40(2): 120-135.
周国强, 周振林, 1983. 对粤北震旦系乐昌峡群的新认识. 中国区域地质(5): 138-141.
周汉文, 李献华, 王汉荣, 等, 2002. 广西鹰扬关群基性火山岩的锆石 U-Pb 年龄及其地质意义. 地质论评, 48(增): 22-25.
周金城, 王孝磊, 邱检生, 等, 2003. 桂北中—新元古代镁铁质-超镁铁质岩的岩石地球化学. 岩石学报, 19(1): 9-18.
周金城, 王孝磊, 邱检生, 2008. 江南造山带是否格林威尔期造山带? 关于华南前寒武纪地质的几个问题. 高校地质学报, 14(1): 64-72.

周金城, 王孝磊, 邱检生, 等, 2009. 江南造山带形成过程中若干新元古代地质事件. 高校地质学报, 15(4): 453-459.

周恳恳, 牟传龙, 葛祥英, 等, 2017. 新一轮岩相古地理编图对华南重大地质问题的反映: 早古生代晚期“华南统一板块”演化. 沉积学报, 35(3): 449-459.

周琦, 杜远生, 覃英, 等, 2013. 古天然气渗漏沉积型锰矿床成矿系统与成矿模式: 以黔湘渝毗邻区南华纪 “大塘坡式” 锰矿为例. 矿床地质, 32(3): 457-466.

周琦, 杜远生, 袁良军, 等, 2016. 黔湘渝毗邻区南华纪武陵裂谷盆地结构及其对锰矿的控制作用. 地球科学, 41(2): 177-188.

周小进, 杨帆, 2007. 中国南方新元古代-早古生代构造演化与盆地原型分析. 石油实验地质, 29(5): 446-451.

周永章, 曾长有, 李红中, 等, 2012. 钦杭结合带(南段)地质演化及找矿方向分析. 地质通报, 31(2/3): 486-491.

周永章, 郑义, 曾长有, 等, 2015. 关于钦-杭成矿带的若干认识. 地学前缘, 22(2): 1-6.

卓皆文, 汪正江, 王剑, 等, 2009. 铜仁坝黄震旦系老堡组顶部晶屑凝灰岩 SHRIMP 锆石 U-Pb 年龄及其地质意义. 地质论评, 55(5): 639-646.

邹才能, 2009. 陆相湖盆深水砂质碎屑流成因机制与分布特征: 以鄂尔多斯盆地为例. 沉积学报, 27(6): 1068-1075.

BHATIA M R, 1983. Plate tectonics and geochemical compositon of sandstones. The journal of geology, 91(6): 611-627.

BHATIA M R, CROOK K, 1986. Trace element characteristics of graywackes and tectonic setting discrimination of sedimentary basins. Contributions to mineralogy and petrology, 92: 181-193.

BOYNTON W V, 1984. Cosmochemistry of the rare earth elements: meteorite studies. Developments in geochemistry, 2: 63-114.

CAWOOD P A, WANG Y J, XU Y J, et al., 2013. Locating South China in Rodinia and Gondwana: A fragment of greater India lithosphere? Geology, 41(8): 903-906.

CHARVET J, 2013. The Neoproterozoic–Early Paleozoic tectonic evolution of the South China Block: An overview. Journal of Asian earth sciences, 74: 198-209.

CHEN X, ZHANG Y D, FAN J X, et al., 2010. Ordovician graptolite-bearing strata in southern Jiangxi with a special reference to the Kwangsian Orogeny. Science China earth science, 53(11): 1602-1610.

COCKS L R M, TORSVIK T H, 2013. The dynamic evolution of the Palaeozoic geography of eastern Asia. Earth-science reviews, 117: 40-79.

CONDON D C, ZHU M Y, SAMUEL B, et al., 2005. U-Pb ages from the Neoproterozoic Doushantuo Formation, China. Science, 308: 95- 98.

CUI X, ZHU W B, GE R F, 2014. Provenance and crustal evolution of the Northern Yangtze Block revealed by detrital zircons from Neoproterozoic-Early Paleozoic sedimentary rocks in the Yangtze Gorges Area, South China. Journal of geology, 122(2): 217-235.

CUI X, ZHU W B, FITZSIMONS I C W, et al., 2015. U-Pb age and Hf isotope composition of detrital zircons from Neoproterozoic sedimentary units in southern Anhui Province, South China: Implications for the provenance, tectonic evolution and glacial history of the eastern Jiangnan Orogen. Precambrian research, 271: 65-82.

CULLERS R L, PODKOVYROV V N, 2002. The source and origin of terrigenous sedimentary rocks in the Mesoproterozoic Ui group, southeastern Russia. Precambrian research, 117(3/4): 157-183.

DICKINSON W R, SUCZEK C A, 1979. Plate tectonics and sandstone composition. AAPG bulletin, 63(12): 2164-2182.

DICKINSON W R, BEARD L S, BRAKENRIDGE G R, et al., 1983. Provenance of North American Phanerozoic sandstones in relation to tectonic setting. Geological society of America bulletin, 94(2): 222.

DING R X, ZOU H P, MIN K, et al., 2017. Detrital zircon U-Pb geochronology of Sinian-Cambrian strata in the Eastern Guangxi area, China. Journal of earth science, 28(2): 295-304.

DU Q D, WANG Z J, WANG J, et al., 2013. Geochronology and paleoenvironment of the pre-Sturtian glacial strata: Evidence from the Liantuo Formation in the Nanhua rift basin of the Yangtze Block, South China. Precambrian research, 233(233): 118-131.

DUAN L, MENG Q R, ZHANG C L, et al., 2011. Tracing the position of the South China block in Gondwana: U-Pb ages and Hf isotopes of Devonian detrital zircons. Gondwana research, 19(1): 141-149.

EVANS D A D, 2003. A fundamental Precambrian-Phanerozoic shift in earth's glacial style? Tectonophysics, 375(1/2/3/4): 353-385.

FANNING C M, LINK P K, 2004. U-Pb SHRIMP ages of Neoproterozoic(Sturtian) glaciogenic Pocatello Formation, southeastern Idaho. Geology, 32(10): 881-884.

GENG Y S, 2015. Early Precambrian Geological Signatures in South China Craton // ZHAI M G. Precambrian geology of China. Berlin, Heidelberg: Springer : 207-239.

GREENTREE M R, LI Z X, 2008. The oldest known rocks in south-western China: SHRIMP U-Pb magmatic crystallisation age and detrital provenance analysis of the Paleoproterozoic Dahongshan Group. Journal of Asian earth sciences, 33(5/6): 289-302.

GREENTREE M R, LI Z X, LI X H, et al., 2006. Late Mesoproterozic to earliest Neoproterozoic basin record of the Sibao Orogenesis in western South China and relationship to the assembly of Rodinia. Precambrian research, 151(1/2): 79-100.

GU X X, 1994, Geochemical characteristics of the Triassic Tethys-turbidites in the northwestern Sichuan, China: Implications for provenance and interpretation of the tectonic setting. Geochimica et cosmochimica acta, 58(21): 4615-4631.

GU X X, LIU J M, ZHENG M H, et al., 2002. Provenance and tectonic setting of the Proterozoic turbidites in Hunan, South China: geochemical evidence. Journal of sedimentary research, 72(3): 393-407.

HOFFMAN P F, KAUFMAN A J, HALVERSON G P, et al., 1998. A Neoproterozoic snowball earth. Science, 281(5381): 1342-1346.

HSÜ K J, LI J L, Chen H, et al., 1990. Tectonics of South China: Key to understanding West Pacific Geology. Tectonophysics, 183(1/2/3/4): 9-39.

HU Z C, GAO S, LIU Y, et al., 2008. Signal enhancement in laser ablation ICP-MS by addition of nitrogen in the central channel gas. Journal of analytical atomic spectrometry, 23(8): 1093-1101.

KIRSCHVINK J L , 1992. Late Proterozoic low-latitude global glaciation: the snowball earth // SCHOPF J W, KLEIN C. The Proterozoic Biosphere. Cambridge: Cambridge University Press: 51-52.

KUMON F, KIMINAMI K, 1994. Modal and chemical compositions of the representative sandstones from the Japanese Islands and their tectonic implications// Proceedings of the 29th International Geological Congress, Part A: 135-151.

LAN Z W, LI X H, ZHU M Y, et al., 2014. A rapid and synchronous initiation of the wide spread Cryogenian glaciations. Precambrian research, 255: 401-411.

LAN Z W, LI X H, ZHU M, et al., 2015. Revisiting the Liantuo Formation in Yangtze Block, South China: SIMS U–Pb zircon age constraints and regional and global significance. Precambrian research, 263(1): 123-141.

LI Z X, LI X H, KINNY P D, et al , 1999. The breakup of Rodinia: did it start with a mantle plume beneath South China? Earth and planetary science letters, 173(3): 171-181.

LI Z X, LI X H, KINNY P D, et al., 2003. Geochronology of Neoproterozoic Syn-rift magmatism in the Yangtze Craton, South China and correlations with other continents, evidence for a mantle superplume that broke up Rodinia. Precambrian research, 122(1/2/3/4): 85-109.

LI X H, LI Z X, GE W, et al., 2004. Reply to the comment, mantle plume, but not arcrelated Neoproterozoic magmatism in South China. Precambrian research, 132(4): 405-407.

LI Z X, BOGDANOVA S V, COLLINS A S, et al., 2008. Assembly, configuration, and break-up history of Rodinia: A synthesis. Precambrian research, 160(1/2): 179-210.

LI X H, LI Z X, HE B, et al., 2012. The Early Permian active continental margin and crustal growth of the Cathaysia Block: In situ U-Pb, Lu-Hf and O isotope analyses of detrital zircons. Chemical geology, 328: 195-207.

LI Z X, EVANS D A D, HALVERSON G P, 2013. Neoproterozoic glaciations in a revised global palaeogeography from the breakup of Rodinia to the assembly of Gondwanaland. Sedimentary geology, 294: 219-232.

LI X H, LI Z X, LI W X, 2014. Detrital zircon U-Pb age and Hf isotope constrains on the generation and reworking of Precambrian continental crust in the Cathaysia Block, South China: a synthesis. Gondwana research, 25(3): 1202-1215.

LIN S F, XING G F, DAVIS D W, et al., 2018. Appalachian-style multi-terrane Wilson cycle model for the assembly of South China. Geology, 46(4): 319-322.

LIU X M, GAO S, DIWU C, et al., 2008. Precambrian crustal growth of Yangtze Craton as revealed by detrital zircon studies. American journal of science, 308(4): 421-468.

LIU Y S, GAO S, HU Z C, et al., 2010a. Continental and oceanic crust recycling-induced melt-peridotite interactions in the Trans-North China Orogen: U-Pb dating, Hf isotopes and trace elements in zircons from mantle xenoliths. Journal of petrology, 51(1/2): 537-571.

LIU Y S, HU Z C, ZONG K Q, et al., 2010b. Reappraisement and refinement of zircon U-Pb isotope and trace element analyses by LA-ICP-MS. Chinese science bulletin, 55(15): 1535-1546.

LUDWIG K R, 2003. User's manual for Isoplot 3. 00: a geochronological toolkit for Microsoft Excel. Berkeley geochronology center special publication (4): 1-70.

MA X, YANG K G, LI X G, et al., 2016. Neoproterozoic Jiangnan Orogeny in southeast Guizhou, South China: evidence from U-Pb ages for detrital zircons from the Sibao Group and Xiajiang Group. Canadian journal of earth sciences, 53(3): 219-230.

MACDONALD F A, SCHMITZ M D, CROWLEY J L, et al., 2010. Calibrating the cryogenian. Science, 327(5970): 1241-1243.

MAYNARD J B, VALLONI R, YU H S, 1982. Composition of modern deep-sea sands from arc-related basins. Geological society of London special publications, 10(1): 551-561.

MCLENNAN S M, TAYLOR S R, MCCULLOCH M T, et al., 1990. Geochemical and Nd-Sr isotopic composition of deep-sea turbidites: crustal evolution and plate tectonic associations. Geochimica et cosmochimica acta, 54(7): 2015-2050.

MCLENNAN S M, HEMMING S R, MCDANIEL D K, et al., 1993. Geochemical approaches to sedimentation, provenance, and tectonics. Special papers of the geological society of America, 284: 21-21.

MCLENNAN S M, HEMMING S R, TAYLOR S R, et al., 1995. Early Proterozoic crustal evolution: geochemical and NdPb isotopic evidence from metasedimentary rocks, southwestern North America. Geochimica et cosmochimica acta, 59(6): 1153-1177.

MIDDLETON G V, HAMPTON M A, 1973. Sediment gravity flows: Mechanics of flow and deposition// MIDDLETON G V, BOUMA A H. Turbidites and deep-water sedimentation. Los Angeles: SEPM Pacific Section: 1-38.

NESBITT H W, YOUNG G M, 1982. Early proterozoic climates and plate motions inferred from major element chemistry of lutites. Nature, 299: 715-717.

NESBITT H W, YOUNG G M, 1984. Prediction of some weathering trends of plutonic and volcanic rocks based on thermodynamic and kinetic considerations. Geochimica et cosmochimica acta, 48(7): 1523-1534.

PI D H, JIANG S Y, 2016. U-Pb dating of zircons from tuff layer, sandstone and tillite samples in the uppermost Liantuo Formation and the lowermost Nantuo Formation in Three Gorges area, South China. Chemie der erde-geochemistry, 76(1): 103-109.

QI L, XU Y J, CAWOOD P A, et al., 2018. Reconstructing Cryogenian to Ediacaran successions and paleogeography of the South China Block. Precambrian research, 314: 452-467.

READING H G, 1982. Sedimentary basins and global tectonics. Proceedings of the geologists' association, 93(4): 321-350.

READING H G, 1996. Sedimentary environments: Processes, facies, and stratigraphy. 3rd Ed. Oxford: Blackwell Publishing.

ROSER B P, KORSCH R J, 1986. Determination of tectonic setting of sandstone-mudstone suites using SiO_2 content and K_2O/Na_2O ration. The journal of geology, 94(5): 635-650.

ROSER B P, KORSCH R J, 1988. Provenance signatures of sandstone-mudstone suites determined using discriminant function analysis of major-element data. Chemical geology, 67: 119-139.

RUDNICK R L, GAO S, 2003. Composition of the continental crust. Treatise on geochemistry, 3: 659.

SHANMUGAM G, 1996. High-density turbidity currents: Are they sandydebris flows? Journal of sedimentary research, 66 : 2-10.

SHANMUGAM G, 2000. 50 years of the turbidite paradigm(1950s-1990s) : Deep-water processes and facies models: A critical perspective. Marine and petroleum geology , 17(2): 285-342.

SHU L S, FAURE M, YU J H, et al., 2011. Geochronological and geochemical features of the Cathaysia block(South China): New evidence for the Neoproterozoic breakup of Rodinia. Precambrian research, 187(3/4): 263-276.

SHU L S, WANG B, CAWOOD P A, et al., 2015. Early Paleozoic and early Mesozoic intraplate tectonic and magmatic events in the Cathaysia Block, South China. Tectonics, 34(8): 1600-1621.

SONG G Y, WANG X Q, SHI X Y, et al., 2017. New U-Pb age constraints on the upper Banxi Group and synchrony of the Sturtian glaciation in South China. Geoscience frontiers, 8(5): 243-255.

STOW D A V, READING H G, COLLISION J D, 1996. Deep sea // READING H G. Sedimentary environments: processes, facies and stratigraphy. Oxford: Wiley-Blackwell: 395-453.

SU J B, DONG S W, ZHANG Y Q, et al., 2017. Orogeny processes of the western Jiangnan Orogen, South China: Insights from Neoproterozoic igneous rocks and a deep seismic profile. Journal of geodynamics, 103: 42-56.

SU H M, JIANG S Y, MAO J W, et al., 2018. U-Pb ages and Lu-Hf isotopes of detrital zircons from sedimentary units across the mid-Neoproterozoic unconformity in the western Jiangnan Orogen of South China and their tectonic implications. The journal of geology, 126(2): 207-228.

SUN W H, ZHOU M F, GAO J F, et al., 2009. Detrital zircon U-Pb geochronological and Lu-Hf isotopic constraints on the Precambrian magmatic and crustal evolution of the western Yangtze Block, SW China. Precambrian research, 172(1/2): 99-126.

TAYLOR S R, MCLENNAN S M, 1985. The continental crust: its composition and evolution, an examination of the geochemical record preserved in sedimentary rocks. Oxford: Blackwell Scientific Publications.

TIAN Y, WANG L Z, LI X, et al., 2016. The Reconfirmation of Age of metamorphic Volcanic Rocks of the Yingyangguan Group in the Eastern Guangxi, South China. Geology and mineral resources of south china, 32(3): 301.

TRINDADE R I F, MACOUIN M, 2007. Palaeolatitude of glacial deposits and palaeogeography of Neoproterozoic ice ages. Comptes Rendus geoscience, 339(3/4): 200-211.

WANG J, LI Z X, 2003. History of Neoproterozoic rift basins in South China: implications for Rodinia break-up. Precambrian research, 122(1): 141-158.

WANG X L, ZHOU J C, TORSVIK T H, et al., 2004. Petrogenesis of Neoproterozoic peraluminous granits from northeastern Hunan Province: Chronological and geochemical constraints. Geological review, 50(1): 65-76.

WANG X C, LI X H, LI W X, et al., 2007a. Ca. 825 Ma komatiitic basalts in South China: First evidence for >1500℃ mantle melts by a Rodinian mantle plume. Geology, 35: 1103-1106.

WANG X L, ZHOU J C, GRIFFIN W L, et al., 2007b. Detrital zircon geochronology of Precambrian basement sequences in the Jiangnan Orogen: Dating the assembly of the Yangtze and Cathaysia blocks. Precambrian research, 159(1/2): 117-131.

WANG X C, LI X H, LI W X, et al., 2009. Variable involvements of mantle plumes in the genesis of mid-Neoproterozoic basaltic rocks in South China: A review. Gondwana research, 15(3/4): 381-395.

WANG L J, GRIFFIN W L, YU J H, et al., 2010a. Precambrian crustal evolution of the Yangtze Block tracked by detrital zircons from Neoproterozoic sedimentary rocks. Precambrian research, 177: 131-144.

WANG W, WANG F, CHEN F, et al., 2010b. Detrital zircon ages and Hf-Nd isotopic composition of Neoproterozoic sedimentary rocks in the Yangtze Block: Constraints on the deposition age and provenance. The journal of geology, 118(1): 79-94.

WANG W, ZHOU M F, YAN D P, et al., 2012a. Depositional age, provenance, and tectonic setting of the Neoproterozoic Sibao Group, southeastern Yangtze Block, South China. Precambrian research, 192-195: 107-124.

WANG X C, LI X H, LI Z X, et al., 2012b. Episodic Precambrian crust growth: Evidence from U-Pb ages and Hf-O isotopes of zircon in the Nanhua Basin, central South China. Precambrian research, 222-223: 386-403.

WANG L J, GRIFFIN W L, YU J H, et al., 2013a. U-Pb and Lu–Hf isotopes in detrital zircon from Neoproterozoic sedimentary rocks in the northern Yangtze Block: Implications for Precambrian crustal evolution. Gondwana research, 23(4): 1261-1272.

WANG W, ZHOU M F, YAN D P, et al., 2013b. Detrital zircon record of Neoproterozoic active-margin sedimentationin the eastern Jiangnan Orogen, South China. Precambrian research, 235: 1-19.

WANG Z J, YANG F, HAO W U, et al., 2013c. Depositional Transformation from Banxi Period to Nanhua Glacial Period in Southeast Margin of Yangtze Block and its Implications to Stratigraphic Correlation. Acta sedimentologica sinica, 31: 385-395.

WANG J Q, SHU L S, SANTOSH M, 2017. U-Pb and Lu-Hf isotopes of detrital zircon grains from Neoproterozoic sedimentary rocks in the central Jiangnan Orogen, South China: Implications for Precambrian crustal evolution. Precambrian research, 294: 175-188.

WEI S D, LIU H, ZHAO J H, 2018. Tectonic evolution of the western Jiangnan Orogen: Constraints from the Neoproterozoic igneous rocks in the Fanjingshan region, South China. Precambrian research, 318: 89-102.

WIEDENBECK M, ALLE P, CORFU F, et al., 1995. Three natural zircon standards for U-Th-Pb, Lu-Hf, trace element and REE analyses. Geostandards newsletter, 19(1): 1-23.

XIA Y, XU X S, NIU Y L, et al., 2018. Neoproterozoic amalgamation between Yangtze and Cathaysia blocks: The magmatism in various tectonic settings and continent-arc-continent collision. Precambrian research, 309: 56-87.

XU X S, O'Reilly S Y, Griffin W L, et al., 2007. The crust of Cathaysia: age, assembly and reworking of two terranes. Precambrian research, 158(1/2): 51-78.

YAN C L, SHU L S, SANTOSH M, et al., 2015. The Precambrian tectonic evolution of the western Jiangnan Orogen and western Cathaysia Block: Evidence from detrital zircon age spectra and geochemistry of clastic rocks. Precambrian research, 268: 33-60.

YANG C, LI X H, WANG X C, et al., 2015. Mid-Neoproterozoic angular unconformity in the Yangtze Block revisited: Insights from detrital zircon U-Pb age and Hf-O isotopes. Precambrian research, 266: 165-178.

YAO W H, LI Z X, 2016. Tectonostratigraphic history of the Ediacaran-Silurian Nanhua foreland basin in South China. Tectonophysics, 674: 31-51.

YAO W H, LI Z X, LI W X, et al., 2015. Detrital provenance evolution of the Ediacaran-Silurian Nanhua foreland basin, South China. Gondwana research, 28(4): 1449-1465.

YAO J L, CAWOOD P A, SHU L S, et al., 2016. An early Neoproterozoic accretionary prism ophiolitic mélange from the western Jiangnan Orogenic Belt, South China. The journal of geology, 124(5): 587-601.

YU J H, O' REILLY S Y, WANG L J, et al., 2008. Where was South China in the Rodinia supercontinent? Evidence from U-Pb geochronology and Hf isotopes of detrital zircons. Precambrian research, 164(1/2): 1-15.

YU J H, O'REILLY S Y, WANG L J, et al., 2010. Components and episodic growth of Precambrian crust in the Cathaysia Block, South China: Evidence from U-Pb ages and Hf isotopes of zircons in Neoproterozoic sediments. Precambrian research, 181(1/2/3/4): 97-114.

ZHANG K J, 2017. A Mediterranean-style model for early Neoproterozoic amalgamation of South China. Journal of geodynamics, 105: 1-10.

ZHANG S H, JIANG G Q, ZHANG J M, et al., 2005. U-Pb sensitive high-resolutionion microprobe ages from the Doushantuo Formation in south China: Constraints on Late Neoproterozoic glaciaiton. Geology, 33: 473-476.

ZHANG S B, ZHENG Y F, WU Y B, et al., 2006. Zircon U-Pb age and Hf isotope evidence for 3.8 Ga crustal remnant and episodic reworking of Archean crust in South China. Earth and planetary science letters, 252(1/2): 56-71.

ZHANG Q R, LI X H, FENG L J, et al., 2008a. A New Age Constraint on the Onset of the Neoproterozoic Glaciations in the Yangtze Platform, South China. Journal of geology, 116(4): 423-429.

ZHANG S H, JIANG G Q , HAN Y G, 2008b. The age of the Nantuo Formation and Nantuo Glaciation in South China. Terranova, 20: 289-294.

ZHANG Y Z, WANG Y J, FAN W, et al., 2012. Geochronological and geochemical constraints on the metasomatised tource for the Neoproterozoic(～825Ma) high-Mg volcanic rocks from the Cangshuipu area(Hunan Province) along the Jiangnan Domain and their tectonic implications. Precambrian research, 220-221: 139-157.

ZHANG Y Z, WANG Y J, ZHANG Y H, et al., 2015a. Neoproterozoic assembly of the Yangtze and Cathaysia blocks: Evidence from the Cangshuipu Group and associated rocks along the Central Jiangnan Orogen, South China. Precambrian research, 269: 18-30.

ZHANG C L, SANTOSH M, ZHU Q B, et al., 2015b. The Gondwana connection of South China: Evidence from monazite and zircon geochronology in the Cathaysia Block. Gondwana research, 28(3): 1137-1151.

ZHAO G C, 2015. Jiangnan Orogen in South China: developing from divergent double subduction. Gondwana research, 27(3): 1173-1180.

ZHAO G C, CAWOOD P A, 2012. Precambrian geology of China. Precambrian research, 222-223: 13-54.

ZHAO J H, ZHOU M F, 2013. Neoproterozoic high-Mg basalts formed by melting of ambient mantle in South China. Precambrian research, 233: 193-205.

ZHAO J H, ZHOU M F, YAN D P, et al., 2011. Reappraisal of the ages of Neoproterozoic Strata in South China: no connection with the Grenvillian Orogeny. Geology, 39: 299-302.

ZHENG Y F, ZHANG S B, ZHAO Z F, et al., 2007. Contrasting zircon Hf and O isotopes in the two episodes of Neoproterozoic granitoids in South China: Implications for growth and reworking of continental crust. Lithos, 96: 127-150.

ZHOU M F, YAN D P, KENNEDY A K, et al., 2002. SHRIMP U–Pb zircon geochronological and geochemical evidence for Neoproterozoic arc-magmatism along the western margin of the Yangtze Block, South China. Earth and planetary science letters, 196(1/2): 51-67.

ZHOU C M, TUCKER R, XIAO S H, et al., 2004. New constraints on the ages of Neoproterozoic glaciations in south China. Geology, 32: 437- 440.

ZHOU J B, LI X H, GE W, et al., 2007. Age and origin of Middle Neoproterozoic mafic magmatism in Southern Yangtze Block and relevance to the break-up of Rodinia. Gondwana research, 12: 184-197.

ZHOU J C, WANG X L, QIU J S, et al., 2009. Geochronology of Neoproterozoic mafic rocks and sandstones from northeastern Guizhou, South China: Coeval arc magmatism and sedimentation. Precambrian research, 170: 27-42.

附录 英文摘要

Neoproterozoic sequence, provenance and tectonic evolution in Hunan and Guangxi, South China

Abstract

The research area is located in central part of the South China, including central south of Hubei, southern east of Guizhou, north Guangxi and north Guangdong, mainly hilly region with convenient transportation. The Nanling Mountain is the most principle part, obviously natural barriers, dividing its northern and southern parts into two with different climate, culture, geography and economy.

This area is a part of Qinhang Metallogenic Belt, which is one of the twenty officially confirming metallogenic areas/belts, distributing on the strip area from Qinzhou Bay in Guangxi to Hangzhou Bay in Zhejiang through Eastern Hunan and Central Jiangxi. This belt has been the suture zone between the Yangtze and Cathaysia, being an important polymetallic metallogenic belt of copper, gold, tungsten-tin together with prospecting scarce mineral such as lead-zinc.

Precambrian sedimentary strata have been distributed both on the Yangtze and Cathaysia, with time spanning of assembly, configuration and break-up of Columbia and Rodinia supercontinents resulting in mineral sedimentary formation , the rich resources in continuous stratigraphic records especially the well-developed Precambrian strata being basic sedimentary research materials for timing and type of collision between Yangtze and Cathaysia.

Since the mid-1950s, the geological survey teams of various provinces(regions) in Central Southern China have completed a large number of regional geological surveys, geophysical prospecting and geochemical surveys in different scales. With the completion of these works, a wealth of basic geological data have been accumulated, stratigraphic sequence has been established, magmatic activity period has been determined, tectonic framework has been identified, and metallogenic models have been established. In recent years, with the introduction of Oceanic Plate Stratigraphy and the compiling of the new generation of geological chronicles, Neoproterozoic stratigraphy, chronology, petrology and tectonic evolution have become the research hotspots of basic geology, and have achieved important research results domestic and abroad. However, some important geological problems still remain controversial.

The Neoproterozoic strata in study area are mainly distributed in the central and southern parts of Hunan, northern and eastern Guangxi and northern Guangdong. They have a wide distribution area and large sedimentary thickness, composed of clastic rocks, tuff, argillaceous rocks, a few carbonate intercalations and volcanic rocks. There are plenty of researches on these strata, and still much controversy about them which are mainly about stratigraphic correlation of Banxi and correlation about tillite of Nanhuan and the latter one is resulted from disputation on the age of strata bottom.

The Qingbaikouan system metamorphic basement and basin properties are debatable. There are two different understandings of the nature and tectonic setting of the basin of the Lengjiaxi Group and its equivalent strata. The first opinion is that these strata formed in the trench-arc-basin system. The second opinion is that these strata were form in passive continental margin. Three main opinions on the Banxi Group and its equivalent horizons are 1. Rift environment; 2. combination of activities and stability; and 3. island arc system.

And two main viewpoints coexist on evolution and tectonic setting of the basin during Nanhuan to Paleozoic. One viewpoint is that the pre-Devonian sedimentary facies in Hunan-Guangxi area are characterized by the gradual deepening of seawater from the Yangtze Block to its southeastern margin and to the Cathaysian Block, which is littoral facies(or plateau facies)-shelf facies-slope facies-deep-sea basin facies. There is an oceanic basin between the Yangtze Block and the Cathaysian Block, namely, the South China Ocean, or one oceanic basin(South China Ocean) in the pre- Neoproterozoic, while two oceanic basins during Neoproterozoic to Early Paleozoic, closed in the Mesozoic, or in the Early Paleozoic. The other viewpoint is that there is no ocean in the study area during late Neoprotozoic to Palaeoaoic because the changes of Ordovician and Silurian biofacies and sedimentary facies in the two corridors are continuous transitions.

In this research, we focused on the sedimentary facies, provenance of pre-Devonian sediments and important tectonic interface via several typical Pre-Devonian clastic sections, established the evolution pattern of sedimentary basin in Neoproterozoic in Hunan-Guangxi area, discussed the process and time-series of collision of Yangtze and Cathaysian.

(1) According to the tectonic setting and basin sedimentary pattern, different stratigraphic subregions of the Neoproterozoic strata in study area were carried out, on basis of which a comparative study of stratigraphic sequences in each stratigraphic subregion was conducted.

(2) Based on the sedimentology and geochemistry study of Qingbaikouan System, the Lengjiaxi Group and its equivalent horizons are derived from mature continental quartz and mafic igneous rocks provenance in the back-arc basin. The Banxi Group and its equivalent horizon deposits are originated from the mature continental quartz and intermediate-acid igneous rock provenance in the rift environment.

(3) Through the statistical analysis of detrital zircon from the Qingbaikouan system and

the combination of sedimentology studies, the detrital zircons of the Lengjiaxi Group and the Sibao Group and their overlying layers are mainly 750～900 Ma, with a bit of ～2 000 Ma and ～2 500 Ma ages. However, the Greenville(～1 000 Ma) age is lacking, which is similar to the detrital zircon age spectrum of Yangtze block, reflecting that the provenance is Yangtze block.

(4) By systematically studying of three transitional sections, eg. Nanhuan in Tongshan, Nanhuan-Sinian in Longtian and Guilin, we established a contrast bridge for different sedimentary facies. This work reveals the sedimentary characteristics and distribution laws of the Nanhuan-Sinian system in the study area.

(5) The lithofacies paleogeographic system of the Nanhuan-Sinian is summarized. The geochemical sedimentary characteristics of the Nanhuan and Sinian sandstones show that both the southeastern margin of the Yangtze block and the Xiang-Gui-Yue stratigraphic subregion represent a passive continent or continental island arc environment. Combined with sedimentary characteristics, it is believed that the tectonic setting of the study area in Nanhuan-Sinian is a continental rift basin.

(6) Through the statistical analysis of the Nanhuan-Sinian detrital zircons, it is believed that the provenance of Liantuo Formation and its equivalent horizon source from the central Hubei land, moreover, this ancient erosion land could provide a source for the Nanhuan rift basin on the southeastern margin of the Yangtze block. The study shows that the Nanhuan-Sinian sediments in the northern part of the Xianggui Basin is characterized by the Yangtze-type provenance, however, the southern part is much closer to cathaysian-type. By comparing the characteristics of rock assemblages and the detrital zircon age spectrum, it is concluded that the Neoproterozoic turbidite sand bodies of the cathaysian-type source are gradually migrated to the north.

(7) We proposed the tectonic evolution model of Hunan-Guangxi area during Neoproterozoic. Huanan Ocean subducted northward to Yangtze and southward to Cathaysian in early Qingbaikouan system. The subduction of north part stopped and ran into collision period in Late Qingbaikouan system, while in the south part, the subduction scontinued till the latest Qingbaikouan system. There is no ocean in Hunan-Guangxi area during Nanhuan to Sinian period, South China has entered the tectonic evolution stage of rift basins during Nanhuan to Sinian period. The wide-spread South China Ocean in Hunan-Guangxi during Nanhuan-Sinian has been called in question based on the evidence in this research.